하늘의 과학

장조원

항공 우주
과학의 정석

하늘의 과학

사이언스북스
SCIENCE
BOOKS

늘 소중한 가족과

일찍 떠난 장진원 교수에게

『하늘의 과학』을 시작하며

우리나라 학생들에게 항공 우주 과학이란 무엇이고 어떤 의미일까? 항공 우주 과학의 근본이 되는 수학과 물리학은 단순히 '좋은' 대학교에 가기 위해 공부해야만 하는 과목에 불과할까? 오죽하면 '수포자(수학 포기자)', '무리학(물리학)'이란 말까지 나오게 되었을까도 생각해 보았다. 수학과 물리학이라는 심오한 학문이 없었다면 하늘을 나는 비행기를 비롯해 인류가 누리고 있는 모든 과학 문명의 이기(利器)들이 존재하지 못했을 것이다. 첨단 과학을 대표하는 항공 우주 과학에 수학과 물리학을 접목해 설명하고 싶었고, 학생을 비롯한 독자들이 이 분야에 호기심을 갖고 스스로 다가갈 수 있기를 바랐다.

눈에 보이진 않지만 항상 하늘을 가득 메우고 있는 물리 법칙들을 파헤치기 위해 수학이라는 언어로 표현했으며, 이를 통해 하늘을 날아가는 비행기의 모든 것을 마스터할 수 있도록 했다. 『하늘의 과학』에서는 중·고등학교 교과 과정에 포함된 수학과 물리학이 항공 우주 분야에 어떻게 응용되는지를 다뤘다. 어떤 함수들이 어떻게 적용되는지, 비교적 최근 학문적 진전을 보인 확률 이론을 어떻게 활용하고 있는지, 그리고 미분과 적분을 비롯해 벡터와 행렬, 로그 함수, 삼각 함수 등이 비행기에 응용된 사례를 다룬다. 특히 수학과 물리학이 항공 우주 과학, 또는 비행 현상과 어떻게 연관되는지 교과서에는 수록되어 있지 않은 내용도 다뤘다.

17세기 중반 수학의 눈부신 발전을 이끌었던 위대한 수학자 피에르 드 페르마(Pierre de Fermat)는 단지 수학이 재미있었을 뿐 업적과 명예를 연구의 목적으로 두지 않았다고 한다. 페르마가 수학 삼매경에 빠져들었듯, 독자들도 최첨단 과학의 산물인 비행기와 그 속에 담긴 수학과 물리학의 매력에 흠뻑 빠지는 데 이 책이 조금이라도 보탬이 되기를 바란다. 또 독자들이 친근한 비행기를 매개로 수학과 물리학을 재미있게 공부해 창의적인 사고 능력을 얻고 새로운 질문을 찾는 데 한몫할 수 있으면 좋겠다.

2021년 봄에

장조원

차 례

1부

민항기 조종석에서 바라본 하늘 길

1장

KE073 편
관숙 비행
(북태평양 항공로)

관숙 비행이란 익숙해지도록 경험하는 비행이란 뜻으로, 해당 노선 또는 기종의 운항 전반을 간접 경험으로 파악하기 위해 조종실 내 뒷좌석에서 비행을 눈으로 익히는 것을 말한다. 대학교에서 비행 이론을 가르치는 학자로서 국제선 민항기 조종실에 들어가 운항 전반을 체험하고 여객기 조종 현장을 최초로 기록했다. 다음은 항공법과 항공사의 보안성 검토를 마친 내용이다.

운항 브리핑

비행 당일 아침 8시 인천 공항 제2터미널에서 운항 브리핑에 참석하기 위해 새벽부터 서둘렀다. 운항 브리핑은 운항 승무원 자신이 항공기 운항과 관련된 비행 계획서와 날씨 등 비행에 필요한 필수 정보를 자체적으로 점검하고 확인하는 절차다. 필요할 경우에는 운항 관리사(dispatcher)에게 설명을 요청하기도 한다. 이번에 캐나다 토론토까지 탑승할 여객기 기종은 보잉 787-9로 승객 숫자, 항속 거리(range), 운용 가능 여객기, 심지어는 연료 소모 성능 등까지 고려해 배정된다. 인천 국제 공항 제2터미널에 도착해 좌석을 배정받고 지하 1층에 있는 브리핑실에 들어갔다. 금색 줄 4개(기장)와 3개(부기장)의 견장을 단 조종사 제복 차림의 운항 승무원들을 만날 수 있었다. 조종사가 일반 승객과 구분되는 복장을 입는 이유는, 운항과 안전에 지휘권과 책임을 가진 사람임을 명확하게 하기 위해서다. 운항 브리핑을 통해 인천 공항에서 목적지 공항까지 항공기의 편명, 기종, 출발 및 도착 공항, 항공로, 승객 숫자, 무게(weight, 중량) 등의 운항 정보, 교체 공항, 항공로상의 운항 제한 사항을 확인하기 위한 항공 정보, 탑재 연료의 계산 자료와 기상 정보 등을 확인했다.

브리핑 후 출발 여객기가 있는 제2터미널 게이트에 도착했다. 승무원들이 먼저 들어가고 게이트 근무자가 온 후 승객들이 들어갈 때 같이 들어갔다. 객실 승무원에게 조종실 출입 인가 서류(Cockpit Authorization, Cockpit Auth., 조종실을 출입할 수 있는 문서다.)를 보여 주고 기장의 허락하에 출입이 엄격히 제한된 조종실에 들어갔다. 2001년 9·11 테러 이전에는 기장의 허락하에 조종실에 들어갈 수 있었지만, 그 이후에는 항공 보안 규정이 엄격해져 민간인이 출입 인가 서류 없이 조종실에 들어가기란 불가능하다.

긴장감 도는 조종실

조종사(pilot in command, PIC, 이번 KE073 편에서는 지휘 기장이 맡았다.)는 여객기 밖으로 나가 직접 항공기 외부 점검을 수행해야 한다. 조종사들이 모자를 쓰는 주된 이유가 바로 여기에 있다. 외부 점검할 때 떨어지는 유압액, 연료 등의 이물질로부터 보호해 주기 때문이다. 같이 외부 점검을 하고 싶었지만, 규정상 계류장 출입이 안 된다. 조종사는 조종석 내의 스위치와 레버 등이 정 위치에 있는지를 점검하고 비행 관리 컴퓨터(flight management computer, FMC)에 비행 자료들을 입력하느라 정신없이 바빴다. 물론 항공로상에 수십 개나 되는 지상점(waypoint, 위도와 경도로 이루어진 비행 경로의 특정 지점이다.)을 일일이 입력하지 않고 이미 입력된 항공로를 택해 모든 지상점을 입력한다. 또 비행기의 정 비 이력부(maintenance log)를 확인하고 해당 항공기의 고장 여부 를 확인한 다음 정비 기록부에 서명해 기장이 정비부로부터 항공 기를 인수했다.

이륙 예정 시간 40분 전인 오전 8시 55분부터 승객이 탑승하 기 시작했다. 프레스티지석(또는 비즈니스석)에는 24석 중 20석, 이 코노미석(또는 일반석)에는 245석 중 244석이 탑승해 총 264명의 승객으로 여객기는 거의 만석이었다. 인천-토론토 왕복 비행기 표 가격은 성수기와 비수기 여부에 따라 다르고 구입 시점이 언 제나에 따라 다르다. 아울러 성수기의 경우 일반석과 비즈니스석 이 대략 3배 차이가 난다. 이는 비즈니스석이 일반석 3배 이상의 공간을 차지하기 때문인 것으로 생각된다. 객실 승무원들은 최종 적으로 계수기로 승객 숫자를 점검하기 시작했다. 가끔 동명이인 이 탑승하거나 잘못 탑승하는 사례를 방지하기 위해서다.

오전 9시 34분에 여객기 중량 및 평형 매니페스트(weight and balance manifest) 또는 로드 시트(load sheet)가 운항 정보 교

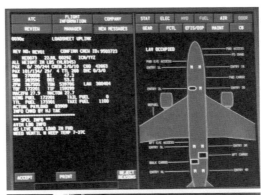

조종석의 항공기 시스템에 수신된 로드 시트와 자동 프린트된
로드 시트.

신 시스템(aircraft communications addressing and reporting system, ACARS)을 통해 수신됐으며 자동으로 출력되었다. 운항 정보 교신 시스템은 기상을 비롯한 각종 정보를 항공사와 송수신할 수 있는 디지털 데이터링크 시스템을 말한다. 로드 시트는 조종사가 안전 운항을 도모하고 경제 운항을 하기 위해 여객기의 승객과 화물 중량 및 무게 중심(center of gravity) 위치가 제작사에서 정한 운용 한계를 넘지 않는지 확인하기 위한 자료다.

연료 값만 8800만 원

최대 이륙 중량(maximum takeoff weight, MTOW)은 항공기가 이륙할 때 설계 또는 운영상 한계를 벗어나지 않는 한도 내에서 지상에 정지했을 때 최대 적재 가능한 중량을 말한다. 보잉 787-9의 최대 이륙 중량은 254톤이었다. 최대 허용 이륙 중량(allowable gross takeoff weight)은 출발 공항에서 이륙할 수 있는 최대 중량으로 활주로의 길이와 고도, 활주로 상태, 기상, 장애물 제한, 영 연료 중량(zero fuel weight, ZFW)의 최댓값, 목적지 공항의 최대 허용 착륙 중량 등으로 제한돼 가변적이나 최대 이륙 중량인 254톤을 넘을 수는 없다.

대한항공은 탑재 관리팀에서 운영하는 중량 및 평형 시스템으로 'WinLOADs'를 사용하고 있다. 이 시스템은 연료량, 좌석 및 화물칸의 무게, 승무원들의 정보 등 모든 무게 정보가 입력돼 시각적으로 무게 중심을 표현하고 로드 시트 작성을 위한 중량 및 평형 업무 수행이 가능하다.

승객 표준 중량은 국내선과 국제선이 다르고, 하계와 동계 등 계절별로 다르다. 국제선인 경우 동계 미주 지역은 성인인 경우 휴대품 포함 81킬로그램(미주 지역 이외 78킬로그램)이며, 무더운 하계에는 추운 복장을 한 동계보다 좀 가볍게 75킬로그램을 적용한다. 휴대하지 않는 수하물인 경우 체크인 카운터에서 티켓팅 할 때 잰 중량 데이터를 직접 사용해 탑재 관리를 하지만, 일부 항공사는 5년에 한 번씩 직접 측정한 평균값으로 탑재 관리하기도 한다.

로드 시트에는 승객 숫자, 객실 승무원 10명 등 탑승자 숫자와 연료 무게 17만 2201파운드(78.1톤), 이륙 중량 53만 9706파운드(244.8톤) 등이 기록돼 있었다. 조종사가 이륙 중량을 비행 관리 시스템(flight management system, FMS, 조종사의 비행 업무를 도와주기 위한 항공 전자 시스템으로 비행 관리 컴퓨터를 비롯해 자동 비행 시스템, 전자식 비행 계기 등을 포함한다.)에 입력하면 속도계에 이륙 결심 속도(takeoff decision speed) V_1, 이륙 전환 속도(rotation speed) V_R, 안전 이륙 속도(takeoff safety speed, 또는 이륙 상승 속도라 한다.) V_2 가 표시되며, 이들을 통칭하는 이륙관련속도(V_1, V_R, V_2)가 결정되면 운항 중 항공기 조종을 담당하는 PF(pilot flying)는 운항 중 비행 상태를 모니터링하는 PM(pilot monitoring)에게 이륙 브리핑을 실시한다. 인천에서 토론토까지 소모되는 연료량은 원화로 환산해 8800만 원 정도로, 어림잡아 왕복 이코노미석 수십여 석에 해당하는 비용이다.

운항 승무원은 싱가포르와 같이 비행 시간이 8시간 이내인 경우 2명, 암스테르담 또는 로스앤젤레스와 같이 12시간 30분 이내인 경우 3명, 댈러스 또는 뉴욕과 같이 12시간 30분이 넘는 경우에는 4명으로 편조를 구성한다. 약 13시간 10분이 소요되는 이번 비행 같은 경우에는 당연히 조종사 4명이 탑승한다. 운항 승무원 근무 패턴은 항공사마다, 기종마다 다르지만 단순히 전·후반으로 비행 시간을 이등분해 비행하기도 한다.

이번 비행에서 기장은 PF고 부기장은 PF에게 조언하고 항공 교통 관제 통신(air traffic control communication, ATC communication)을 담당하는 PM이었다. 비행 매뉴얼대로 PF가 PM에게 엔진 시동 절차, 유도로(taxiway) 이동 절차와 주파수 변경, 계기 출항 절차 등 이륙 브리핑을 했다. 기장은 비행 전 체크리스트의 절차대로 일일이 점검한 후 탑승객 숫자가 로드 시트와 일치하는 것을 확인한 다음 여객기 출입문을 닫았다.

항공기 이동 및 이륙

여객기의 예정 출발 시각은 오전 9시 35분이고 예정 도착 시각은 현지 시각으로 같은 날 오전 9시 45분으로 13시간 10분 소요된다. 탑승한 여객기는 제2터미널 256번 게이트에서 여객 터미널 건물 쪽을 향하고 있고 후진을 할 수 없기 때문에 지상의 견인 차량(towing car)이 여객기가 뒤로 이동할 수 있도록 도와야 한다.

이를 항공 용어로 푸시백(push-back)이라 한다. 대부분의 항공기는 후진이 안 되지만, 터보프롭 엔진을 장착한 록히드 C-130 수송기를 비롯해 일부 비즈니스 제트기는 지상에서도 역추력으로 후진이 가능하다.

조종사는 출발 준비 상태를 확인하고 운항 정보 교신 시스템을 통해 비행 허가(flight clearance)를 받고 항공기를 움직일 준비가 되자 주기장 관제사(ramp controller)에게 푸시백과 엔진 시동(start up)을 동시에 요청해 허가를 얻었다. 그리고 유도로 점유 시간을 줄이고 연료를 절감하기 위해 푸시백 도중에 엔진 시동을 걸었다.

객실 승무원들은 이륙하기 전에 승객들에게 휴대 전화를 비롯해 게임기, 컴퓨터, 디지털 카메라 등 전자 기기를 비행 모드로 전환하거나 전원을 끄라고 요청한다. 항공기는 외부에서 오는 전자파는 기체 구조물로 강력하게 차단할 수 있지만, 내부에서 발생하는 전자파에는 약하다. 또 휴대 전화는 사용하지 않을 때도 위치 파악을 위해 무선 기지국과 전파를 주고받기 때문에 항상 전자파가 나온다. 이렇게 전자 기기에서 나오는 전자파가 비행 계기나 무선 장치에 오작동을 유발할 수 있다.

KE073 편 여객기는 오전 9시 44분에 지상의 견인 차량의 도움으로 뒤쪽으로 이동(푸시백)하기 시작했다. 시동을 걸고 주기장 지역을 빠져나와 유도로로 접어들면서 지상 관제사(ground controller)에게 교신이 넘겨졌다. 기장은 관제사의 지시에 따라

이륙을 위해 인천 공항 활주로에 정대한 KEO73 편 보잉 787 여객기.

러더(rudder, 방향타)와 틸러(tiller, 지상 이동할 때 사용하는 방향 전환 핸들이다.)를 이용해 그린 라이트를 따라 활주로 시단을 향해 지상 주행(taxiing)했다. 여기서 지상 주행은 유도로에서 활주로로 항공기를 몰고 가는 것을 말한다.

　이륙 활주로에 가까워지자 이착륙을 담당하는 관제사(tower controller)에게 관제 통신용 주파수가 이양됐으며, 이륙 전 최종 점검을 마치고 이륙 허가를 요청했다. 이어 조종사는 객실 승무원에게 이륙 신호를 주고 객실로부터 이륙 준비 완료 보고를 받은 다음 이륙을 위해 활주하기 시작했다.

　보잉 787 항공기의 경우 이륙할 때 고양력 장치인 플랩(flap)은 대략 5~20도 사용하며 착륙할 때는 20~30도 정도 사용한다. 이륙 초기에 스로틀을 약 70퍼센트 정도 개방해 모든 엔진에 문제가 없는지 확인한 다음 토가(takeoff go-around, TOGA) 스위치를 누르면 이미 이륙 중량으로부터 계산된 이륙 추력으로 추력 조절기(thrust lever, 추력을 조절하는 조종 장치다.)가 자동 조절돼 비행기가 활주로 위를 고속으로 달리게 된다.

순식간에 증가하는 엔진 굉음과 진동이 흥분과 긴장을 불러 일으켰다. 이륙할 때 조종간 당김 조작을 해야 하는 이륙 전환 속도인 V_R을 PM이 PF에게 육성으로 알려 준다. PF인 기장이 조종간을 당기고 잠시 기다리자 여객기는 토론토를 향해 힘차게 떠올랐다. 관제사의 이륙 지시가 떨어지고 나서 10시 5분에 인천 공항 34(활주로 양 끝의 번호는 10도 간격으로 방위를 나타내는 것으로 01부터 36까지 사용되며, 남쪽은 18, 북쪽은 36을 의미한다.) 활주로 방향으로 이륙한 것이다. 항공기의 속도는 단위 시간당 비행한 국제 해상 마일(NM)로 정의되는 노트(knot, kt)를 사용한다. 여기서 1국제 해상 마일은 약 6,000피트(1,852미터)로 정의된다.

이륙 단계는 지상 활주(ground run), 회전(rotation), 전환 (transition), 상승(climb) 단계로 구성된다. 회전 단계는 지상 활주할 때 조종사가 이륙 전환 속도 V_R에서 조종간을 당겨 기수 올림 (nose-up) 상태로 양력을 증가시켜 부양하는 과정을 말한다. 회전 단계에서 조종사가 적절한 피치각(pitch angle)을 준 경우 항공기는 부양 속도를 유지하며 상승한다. 이륙 후에 조종사는 일정 고도가 되기 전에 '이륙 후 체크 리스트'대로 점검을 수행했다.

상승 및 순항 중 비행 감시, 2.5도 들린 상태에서 순항 비행

이륙 후 상승(takeoff climb) 단계에서는 지시 받은 항공로인 표준

인천 공항 이륙 후 상승 선회.

계기 출발 방식(standard instrument departure, SID)에 따라 고도와 속도 제한을 지키며 본 비행 궤도에 진입하게 된다.

인천 공항의 경우 소음 민감 지역이 가까운 33, 34 활주로 방향에서는 NADP(noise abatement departure procedure, 소음 저감 이륙 절차) 1을 적용하는 상승을 통해 항공기 소음을 줄인다. 그러나 소음 민감 지역이 먼 15, 16 활주로 방향에서는 NADP 2를 적용해 빠르게 상승한다. 공항 주변 지역민들의 소음 피해를 줄이기 위해서는 NADP에 규정된 고도에서 이륙 추력에서 상승 추력으로 변경해 소음 발생을 줄여야 한다.

따라서 조종사는 이륙 전 항공기의 비행 관리 컴퓨터에 NADP를 미리 적용해야 한다. 안전상 문제가 없는 경우 모든 이륙 항공기는 동일한 방식으로 규정에 따라 소음 감소를 위해 노력한다. 일반적으로 이륙 후 상승 단계에서는 연료 절감을 위해 최적 연료(fuel optimum) 소비 상승으로 입력해 놓은 고도까지 올라간다. 이륙과 상승 비행에 대한 자세한 내용은 3장을 참조하기 바란다.

비행기가 이륙 후 사전에 허가 받은 3만 3000피트(1만 58미터)에 도달하면 순항 비행을 위한 수평 비행 자세로 바꾸게 된다. 순항 고도에 도달하자 조종사는 좌·우측 조종석 계기의 고도계 사이에 오차가 어느 정도 있는지 확인하고 연료, 유압(hydraulic power), 여압 등 각종 시스템을 확인했다.

여객기는 마하계 기준 마하 0.84의 속도로 예정 항공로인 북태평양 항공로(Northern Pacific route, NOPAC)를 통해 목적지인 토론토 공항으로 순항하기 시작했다. 마하계는 진대기 속도(true air speed)를 음속으로 나눈 마하수를 나타내는 계기로, 항공기 구조물이 실제로 겪는 진대기 속도의 음속에 대한 배율을 알려 준다. 진대기 속도는 비행기와 대기와의 상대 속도로 공기 밀도와 온도를 보정한 속도다. 그러므로 바람이 불 때 진대기 속도와 대지 속도(ground speed, GS)는 서로 다르다. 승객들이 개인 모니터로 보는 대지 속도는 진대기 속도와 달리 항법(navigation) 장치를 통해 얻은 이동 거리와 시간으로 구한 속도이기 때문이다. 여객기가 같은 마하수($\frac{진대기\ 속도}{음속}$)로 비행하더라도 대지 속도는 정풍(head wind, 앞에서 불어오는 바람이다.)이 불거나 배풍(tail wind, 비행기 진행 방향으로 부는 바람이다.)이 불면 바람 속도만큼 느려지거나 빨라진다.

조종사는 순항 비행할 때 마하수를 참조하는데 이는 마하계의 마하수가 1.0이 되지 않아도 날개 윗면에서 마하 1.0을 초과해 충격파 현상이 발생할 수 있기 때문이다. 날개 윗면에 충격파가 발생하면 항력이 급격히 증가하고 진동 현상이 발생한다. 따라서 현대 여객기의 최대 속도에는 한계 속도(한계 마하수)가 존재하는 것이다. 현재 계획 중인 초음속 여객기들은 그래서 아예 처음부터 아음속 여객기와 다르게 날렵한 형태로 제작되고 있다.

대부분의 아음속 항공기의 양항비 $\frac{L}{D}$은 받음각 2~5도 범위에서 최댓값을 갖는다. 순항 비행과 같이 등속 수평 비행에서는 양항비가 클수록 필요한 추력은 줄어들어 연료를 절감할 수 있다. 따라서 보잉 787 여객기는 순항 비행할 때 받음각이 0도가 아니고 약 2.5도 들린 상태에서 비행한다. 순항 고도처럼 공기가 희박한 높은 고도에서 받음각을 증가시켜 떨어진 양력을 보충하고 항력을 줄여 연료를 절감하려는 의도다. 또 무게 중심이 뒤로 이동하는 경우 연료를 절감할 수 있으므로 무게 중심을 약간 뒤쪽에 둘 수 있도록 연료를 소비한다. 적절한 무게 중심의 위치로 최적의 순항 속도를 얻을 수 있기 때문이다. 연비는 고도에 따라 변하며 연비가 최적인 고도가 존재하고 그 고도는 무게가 가벼워질수록 올라간다. 그러나 조종사는 순항 비행 중에 인건비와 연비 등 운항과 관련된 모든 비용을 고려한 경제 순항 방식(economy cruise, EC)의 관점에서 고도와 속도를 선택해 비행한다.

북태평양 항공로, 패콧 항공로, 북극 항공로

북태평양 항공로는 일본과 알래스카 알류산 열도를 따라 북태평양을 가로지르는 항공로다. 그 아래에는 아시아와 미국, 캐나다 사이의 태평양을 횡단하는 패콧 항공로(Pacific Organized Track System, PACOTS)가 있다. 패콧 항공로는 거리가 길지만, 제트 기류(jet stream)의 활동에 따라 최적 항공로로 설정되기도 한다. 항공사의 운항 관리사는 기상 상황에 따라 비행 시간과 연료 소모를 고려해 가장 효율적인 항공로와 고도를 선정한다.

인천 공항에서 토론토 공항으로 동쪽을 향하는 이번 비행 편은 북태평양 항공로를 이용하지만, 토론토에서 인천 공항으로 서쪽을 향하는 귀국 비행 편은 북극 항공로(arctic route 또는 polar route, 북위 78도 이상의 북극 지역에 설정된 항공로를 말한다.)를 이용한다. 항공사들은 북반구를 기준으로 서쪽에서 동쪽으로 부는 편서풍인 제트 기류를 여객기 운항에 활용하기 때문이다. 제트 기류는 일반적으로 적도에서의 따뜻한 공기와 극지방의 차가운 공기가 만나는 지점에서 자주 발생하는 고고도의 강한 편서풍이다. 제트 기류를 잘 활용하면 시간과 연료를 크게 줄일 수 있으므로 비행 계획에 필수적으로 고려하는 요소다.

이륙 후 36분이 지난 10시 41분에 기장은 현재 확인된 기상 상황과 컴퓨터에 나타난 비행 정보를 간단히 메모한 후 기내 안내 방송을 했다. 그리고 객실 사무장에게 전화해 방송이 잘 나갔는지 확인했다. 조종사는 비행 계획서에 따라 고도를 선택해 비

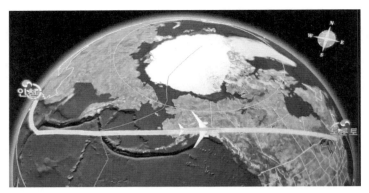

북태평양 항공로.

행하지만, 기상 조건이나 관제사의 지시에 따라 다른 순항 고도로 비행하기도 한다. 한국 시각 오전 11시경 고도 3만 3000피트에서 비행하다가 난기류로 흔들리기 시작하자 기장은 3만 5000피트(1만 668미터)로 고도를 변경했다. 그리고 11시 4분에 일본 관제구역에 들어오면서 도쿄 컨트롤 센터와 교신했다.

하늘과 지상은 문자로 통한다

여객기가 북태평양으로 순항하면서 조종사는 관제 구역을 통과하거나 관제 기관으로부터의 지시에 응답할 때마다 "어셉트(accept, 지시 사항을 상호 확인하기 위해 통신하는 절차로 수신을 확인했다는 것을 의미한다.)"라 말하며 스위치를 눌렀다. 지상 기반 무선국이 더 이상 없는 대양으로 나가면 초단파(very high frequency, VHF) 통신이 안 돼 극지 비행과 예비용의 단파(high frequency,

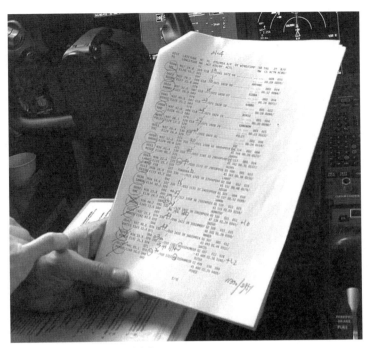

북태평양 항공로 비행 중 내비게이션 로그.

HF) 통신을 사용한다. 그런데 단파 통신은 잡음이 심하거나 기상으로 인해 대화할 수 없는 상태가 빈번히 발생한다. 이 경우에는 통신 위성이나 단파를 이용한 CPDLC(controller pilot data link communications, 관제사·조종사 간 데이터 링크 통신)를 통해 문자로 통신을 한다. 여객기들이 대양을 건너거나 북극 항공로로 비행하는 경우 통신하는 내용은 주로 위치 통보나 고도 변경과 같은 간단한 것이다. 그러므로 단파를 통해 음성으로 통신을 하지 않고

CPDLC를 통해 문자로 대신해 통신 오류와 어려움을 혁신적으로 개선했다.

조종사는 해당 비행기가 출발해 목적지 공항에 도착할 때까지 비행 계획에 따라 안전 운항을 하고 있는지 비행 감시를 해야한다. 이에 따라 순항 비행 중에 통과하는 각 관제 구역 관제사의 통신에 집중하면서 엔진 및 각종 장비의 정상 작동 여부를 점검해야 한다.

또 항공로상 지상점의 위도와 경도 좌표, 비행 지점별 통과 시간, 비행 고도 및 방향, 연료 소모량, 풍향 및 풍속 등을 내비게이션 로그(navigation log)로 지속적으로 확인하고 기록해야 한다. 조종사는 문자 통신으로 지상에 관제 센터나 회사 종합 통제실에 엔진을 비롯한 각종 장비의 작동 상태, 위치 및 고도, 연료 소모량, 기상 상태 등을 보고하고 항공기 컴퓨터의 수치와 본인의 비행 계획 간의 차이를 확인해야 한다.

꿈의 여객기 보잉 787 '드림라이너'

필자가 탑승한 보잉 787은 2009년 12월 첫 비행을 한 광폭 동체 여객기로 드림라이너(Dreamliner)라 부른다. 기체 구조물 대부분에 탄소 복합 소재를 사용해 무게는 줄이고 내구성을 높였으며, 타 기종 대비 20퍼센트 정도 향상된 연료 효율을 자랑한다. 조종실의 기압을 고도 5,400피트(1,646미터) 기준, 객실은 고도 6,000피트 기준에 맞추어 다른 기종의 객실 기압 기준인 8,000피트

(2,438미터)에 비해 여압이 높다. 또 기내 습도도 다른 여객기의 기내 습도인 10퍼센트에 비해 약 40퍼센트를 높인 14퍼센트를 유지해 객실이 상당히 쾌적하다. 보잉 787-9의 도입 가격은 옵션에 따라 다르지만 대략 3500억 원 정도다.

보잉 787은 2011년 9월 전일본공수(All Nippon Airways, ANA)에 처음으로 인도되었으며, 긴 항속 거리로 항공 여행에 혁명을 일으킨 여객기다. 그러나 리튬 이온 배터리 문제가 발생하기도 했다. 2013년 1월 7일 일본 항공(Japan Airlines, JAL)의 보잉 787-8 여객기가 미국 보스턴 로건 공항에 계류 중 여객기 뒷부분에 있는 리튬 이온 배터리에서 과열로 인한 화재가 발생한 것이다. 이어서 9일 뒤 전일본공수의 보잉 787-8 여객기가 야마구치 우베 공항에서 도쿄 하네다 공항을 향해 비행하던 중 조종석 밑 리튬 이온 배터리에서 연기가 감지돼 가가와 현 다카마쓰 공항에 비상 착륙하는 사건이 발생하기도 했다. 보잉 사는 새로운 배터리 시스템을 설계해 그 문제를 해결했다.

대한항공은 2017년 2월 첫 번째 보잉 787-9 여객기 1대를 인도받은 것을 시작으로 2019년 3월 중순에 초기 주문분 10대를 모두 도입했다. 이번에 탑승한 보잉 787-9는 대한항공에서 10번째로 도입한 최신예기였다. 대한항공은 2019년 6월 파리 에어쇼에서 보잉 787-9 10대와 보잉 787-10 20대를 추가로 도입하기로 했다. 드림라이너 시리즈의 최신 모델인 보잉 787-10은 미국 사우스캐롤라이나 주 노스 찰스턴 공장에서 제작된다. 787-10은 기존 787과 마찬가지로 가볍고 견고한 탄소 복합 소재로 제작됐으며, 여압과 습도를 향상시켜 다른 기종의 여객기보다 편안한 객실 환경을 제공한다.

그동안 보잉 사는 보잉 787을 단기간에 최대로 많이 주문을 받았으며, 2011년부터 인도하기 시작해 2020년까지 900대 이상을 판매했다. 보잉 사는 밀린 주문량을 소화하기 위해 2019년부터는 한 달에 12대 생산하던 것을 14대로 늘렸다. 우리나라 항공 산업에서도 보잉 787 같은 대형 여객기는 아니더라도 이와 유사한 최신 중형 여객기를 개발했어야 함을 절감케 하는 아쉬운 대목이다.

보잉 787-9(항속 거리 1만 3950킬로미터)는 초기 787 버전에서 동체 길이가 6미터 늘어났으며, 보잉 787-10(항속 거리 1만 1750킬로미터)은 여기서 추가로 5미터 더 늘어났다. 따라서 보잉 787-10의 전체 길이는 68미터이므로 승객과 화물을 15퍼센트 정도 추가로 더 수송할 수 있다. 하지만 동체 길이가 길어 이착륙할 때 부적절한 조작으로 테일 스트라이크(tail strike, 비행기 동체 후미가 활주로에 부딪히는 사고를 말한다.)가 발생할 수도 있다는 우려가 제기됐다. 이를 방지하기 위해 보잉 사는 세미-레버드 주 착륙 장치(semi-levered main landing gear)를 설치해 문제를 해결했다. 세미-레버드 주 착륙 장치는 4~6개의 주 착륙 장치(main landing gear) 바퀴의 앞이 약간 올라가 있고, 뒤가 활주로 바닥 쪽으로 약간 내려가 있는 것을 말한다. 주 착륙 장치가 까치발을 뒤집은 형태로

세미-레버드 주 착륙 장치.

더 높아졌으므로 더 높은 피치각이나 더 큰 동체 후미의 여유(tail clearance)를 확보할 수 있다.

한때 지그재그로 하늘을 날던 여객기

국제 민간 항공 기구(International Civil Aviation Organization, ICAO)는 2012년부터 EDTO(extended diversion time operations, 회항 시간 연장 운항)라는 용어를 사용하고 있다. 그 전에는 미국 연방 항공청(Federal Aviation Administration, FAA)의 ETOPS(extended-range twin-engine aircraft operations 또는 extended-range twin-engine operational performance standards, 쌍발 항공기 연장 운항)를 썼다. 유럽 항공 안전 기구(European Aviation

북태평양 항공로의 EDTO를 확인 중인 기장.

Safety Agency, EASA)는 ETOPS를 2엔진 항공기에 적용하며, 3
엔진 및 4엔진 항공기에는 LROPS(Long Range OPerationS, 장거
리 운항)를 적용한다. EDTO는 2엔진 이상의 항공기가 운항 중
에 엔진 1대가 고장 나 위급 상황에 처했을 때 표준 대기와 무풍
상태를 기준으로 한 순항 속도로 항공로상 교체 공항까지 갈 수
있는 운항 허용 시간을 항공기마다 갖춘 장비에 따라 다르게 규
정한 것이다. EDTO는 2엔진 이상의 항공기가 항공로상 한 지
점에서 교체 공항까지의 회항(diversion) 시간이 국토 교통부에서
정한 기준 시간 60분을 초과하는 항공기 운항에 적용된다. 항공
기는 비상 상황에 대비해 언제라도 긴급 회항이 가능한 공항을

확보해야 한다는 것이다.

보잉 787-9 기종은 특정 여객기가 보잉 사에서 EDTO 330분 인증을 받았으며, 한국에서는 국토 교통부로부터 여객기에 따라 207분 또는 180분 인증을 받았다고 한다. 필자가 탑승한 보잉 787-9 여객기는 EDTO 180분 인증을 받았으므로 북태평양 항공로의 항공 차트에 180분에 도달할 수 있는 거리의 원과 그 원 안에는 교체 공항(alternate aerodrome)이 표시되어 있었다.

만약 항공기가 EDTO 인증 기준이 120분인 경우 태평양을 횡단할 때 육지 교체 공항과의 거리를 고려해 목적지까지 무조건 직선 구간으로만 가는 것이 아니라 지그재그로 비행하기도 한다. 물론 항공로의 기준은 항공기마다 다를 수 있다. 하지만 이제는 엔진이 하나 꺼지더라도 단일 엔진으로 비행할 수 있는 시간이 길어지면서 좀 더 먼 대양까지 항공로로 활용할 수 있으므로 직선 구간이 늘어나 효율적인 비행이 가능해졌다.

보잉 787 조종석 계기판

보잉 787의 조종실에는 4개의 열리지 않는 창문이 있으며, 조종사 탈출용 비상구는 천정에 따로 있다. 조종사는 보잉 777 창문과 비슷하게 앞을 볼 수 있으며 조종석에서도 주 날개 끝을 볼 수 있다. 조종석은 기종 전환할 때의 교육 시간 단축을 위해 전체적으로 보잉 777 조종석과 유사하게 제작됐다. 그러나 보잉 787의 조종석 디스플레이 스크린은 보잉 777의 것과 다르다. 보잉 787의

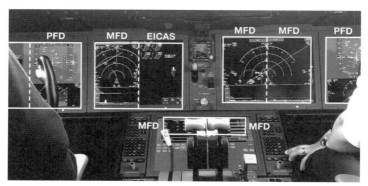

보잉 787 조종석 계기.

경우 12×9인치 디스플레이 스크린 5개가 설치되어 있다. 이는 조종사에게 화면을 나눠 분리할 수 있는 유연성을 제공한다.

참고로 보잉 여객기는 컨트롤 휠을 사용하지만, 에어버스 여객기는 사이드 스틱을 사용한다. 또 보잉 사의 스위치는 OFF 기

보잉 787-9의 주 비행 표시 계기.

능을 적용하려면 위로 올려야 하지만, 에어버스 사의 스위치는 아래로 내려야 한다. 이처럼 보잉 사와 에어버스 사는 시스템이나 스위치가 서로 다르게 설계돼 있다. 물론 여객기 조종사는 어떤 기종의 여객기든 마음대로 조종할 수 있는 것이 아니라

기종별로 따로 교육을 받고 그 기종을 조종할 수 있는 자격 증명을 추가로 취득해야 한다.

위 그림의 조종석 왼쪽 기장석에서 정면 왼쪽에 주 비행 표시 계기(primary flight display, PFD)가 있다. 이것은 속도계, 방위 지시계, 고도계, 자세계(attitude indicator), 수직 속도계(vertical speed indicator, VSI) 등이 표시되는 가장 중요한 비행 계기다.

계기 화면 왼쪽은 속력 정보를 표시하고 오른쪽은 고도를 표시하며, 가운데는 자세를 나타낸다. 상단에는 자동 조종 또는 엔진 작동 여부가 나타나며, 좌우 상단에 표시된 속력과 고도는 각각 목표 속력, 목표 고도를 나타낸다. 좌우 중간에 변하는 속력과 고도는 각각 현재 속력과 현재 고도를 나타낸다. 또 속력 정보를 표시하는 계기 화면 왼쪽에는 최대 속력 경고 표시 및 최소 속력 경고 표시가 있다. 가운데의 자세계는 상승 또는 강하, 좌선회 또는 는 우선회 등을 나타낸다. 맨 아래에는 비행 방향을 방위로 표시해 준다.

보잉 787은 주 비행 표시 계기를 기존 보잉 777에 비해 향상시켰으며, 주 비행 표시 계기 왼쪽 위에는 비행 정보를 나타내고 왼쪽 아래에는 데이터 링크를 통해 커뮤니케이션을 할 수 있도록 했다. 주 비행 표시 계기 오른쪽 위쪽에 넓은 수평선이 있고, 그 아래에는 작은 항공 차트가 있다. 기장석 주 비행 표시 계기 화면 왼쪽과 부기장석 주 비행 표시 계기 화면 오른쪽에 시계가 있다. 세계 각 나라를 날아다니는 여객기의 시계는 GPS 신호를 받아 협정 세계시(Coordinated Universal Time, UTC)에 맞춰져 있다. 협정 세계시는 영국 그리니치 천문대의 천문 관측을 바탕으로 결정되는 그리니치 평균 태양시(Greenwich mean solar time, GMT)에 기반한 국제 표준시다. 우리나라 시간은 UTC+9시간이므로 협정 세계시가 아침 10시 10분이면 한국은 오후 7시 10분이 된다. 만약 여객기가 공항에서 이륙하기 전에 시계가 고장 나 있으면 이륙을 하지 못할 만큼 시계는 중요한 장비다.

기장석 우측에는 대형 다기능 디스플레이(multifunction display, MFD)가 있으며 이는 조종사에게 많은 정보를 제공하고 각 비행 단계의 요구에 맞게 디스플레이 형식을 조정할 수 있다. 이러한 다기능 디스플레이는 독립적인 형식으로 분할되거나 단일 대형 지도를 제공할 수 있다.

이번 KE073 편의 이착륙을 담당한 PF는 지휘 기장이며, 기장석인 왼쪽 좌석에 앉았다. 기장석의 다기능 디스플레이 화면은 항법 표시 계기(navigation display, ND)와 EICAS(engine indicating and crew alerting system, 엔진 정보 및 조종사 경고 시스템)로 분할되어 있다. 반면에 PM인 부기장의 다기능 디스플레이 화면은 분할되어 있지 않고 항법 표시 계기만을 나타내고 있다.

PF의 다기능 디스플레이 화면의 오른쪽은 EICAS로, 주로 엔진과 관련된 정보를 표시하거나 조종사에게 경보를 표시하는 통합 계기다. 이는 조종사에게 분당 엔진 회전수, 배출 가스 온도, 시간당 연료 소모량, 탱크별 연료량 등 엔진 상태뿐만 아니

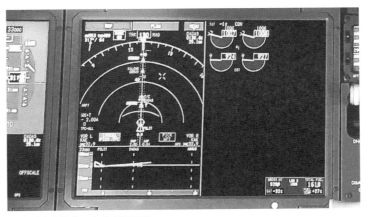

PF인 기장의 항법 표시 계기와 EICAS.

라 유압, 공압(pneumatic), 방빙 같은 다른 시스템의 정상 작동 여
부와 경고 메시지까지 알려 주는 시스템이다. 그림의 EICAS 왼
쪽 위는 기본 엔진 계기(primary engine display)를 나타내고, 왼쪽
아래는 2차 엔진 계기(secondary engine display)를 나타낸다. 오른
쪽 위는 EICAS 메모와 메시지를 보여 주며 그 아래는 랜딩 기
어 상태, 안정판과 러더 트림 상태, 연료 정보와 총 중량 등을 나
타낸다. 한편 보잉 사의 EICAS에 해당하는 계기를 에어버스 사
에서는 ECAM(electronic centralized aircraft monitor)이라 한다.

　한편 오른쪽 부기장석의 다기능 디스플레이 화면은 항법과
관련된 정보를 표시하는 통합 계기인 항법 표시 계기를 나타내고
있다. 항법 계기는 항공로, 기수 방향, 항적(track), 기상 레이다의
정보, 풍향 및 풍속, 공중 충돌 방지 장치(traffic collision avoidance

system, TCAS)의 정보 등이 표시된다. 이 계기의 화면은 다양한 모드로 전환할 수도 있고 화면의 축소와 확대도 가능하다. 보잉 787의 항법 표시 계기는 종전에 비해 항법 거리도 증가하고 공항 지도도 제공하며, 아래쪽에는 수직 상황 화면(vertical situation display)을 보여 준다.

이렇듯 보잉 787의 대형 디스플레이는 다양한 기능을 통합해 생산 및 예비 비용을 절감하고 효율성을 극대화한 결과다. 한편 비행 관리 컴퓨터는 조종사의 비행 업무를 도와주는 항공 전자 시스템의 하나로 추력 조절기 바로 앞에 있다.

하늘에서 벌어지는 '시간·에너지 전략', 경제 순항 방식 비행

어느덧 여객기는 태평양 상공을 진입하면서 3만 3000피트 고도에서 마하수 0.84로 순항 비행하고 있었다. 항공로를 비행할 때 여객기의 순항 마하수는 기종마다 어느 정도 차이가 있지만, 대형 기종의 경우 대략 마하 0.85 정도로 비행한다.

여객기는 대부분 경제 순항 방식으로 순항 비행하는데 이것은 연료 소모와 운항 시간의 효율을 극대화한 속도를 택하는 것을 의미한다. 즉 경제 속도(economy speed)는 시간 관련 비용과 연료 관련 비용을 합한 값이 최소가 되는 속도를 말한다. 이러한 경제 순항 속도는 연료 가격을 고려한 비용 지수(cost index, CI)를 회사가 정해 주면, 입력된 비용 지수로 비행 관리 시스템의 비행 관리 컴퓨터가 순항 속도 데이터를 자동으로 조절해 비행한다.

항공사는 안전과 정시성을 아주 중요한 서비스 품질 요소로 간주하므로 안전에 저촉되지 않는 한 정시 운항을 우선으로 지키기 위해 순항 속도를 조절하기도 한다. 이런 정시성을 지키는 가운데 연료 가격이 저렴하면 연료를 더 사용해 빠른 속도로 비행하고, 비싸면 속도를 줄이는 연비 모드를 적용한다.

최적 순항 고도는 여객기의 중량과 성능, 기상 등에 따라 결정된다. 장거리 비행 중에 여객기는 연료를 소모하고, 그 때문에 중량이 점점 가벼워진다. 이에 따라 단계 상승(step climb)을 통해 연료를 절감한다. 연료가 소비되어 비행기 중량이 가벼워지는 것을 컴퓨터가 조종사에게 알려 준다. 비행기 중량이 가벼워지면 조종사는 관제사에게 연락해 허가를 득한 후 고도를 상승한다. KE073 편 여객기도 순항 비행하면서 2,000피트(610미터)씩 단계적으로 상승해 결국은 3만 7000피트(1만 1278미터)까지 상승했다.

속도와 고도 변경은 기종에 따른 허용 속도 범위 내에서 이루어지지만, 조종사 마음대로 조정하기 힘들 때도 있다고 한다. 여객기들이 항공로상에 많이 밀려 있기 때문이다. 이때는 고도를 올릴 수 없으므로 연료 관리를 위해 고도 확보 전략이 필요하다. 또 앞서가는 여객기가 속도를 줄였다면 아마도 난기류가 심하거나 정풍이 부는 상황일 수 있으므로 최적의 고도와 속도를 다시 파악해 변경을 고려하기도 한다.

기장에게 같이 탑승한 조종사가 아프면 어떻게 하냐고 물어보았다. 기장에 따르면, 장거리 비행은 조종사가 2명이 한 팀을

대한항공 영종도 운북 운항 훈련 센터의 보잉 747 모의 비행 장치.

이뤄 두 팀(총 4명)이 탑승하기 때문에 특별한 경우가 아니라면 일반 환자 승객과 같은 절차로 대응한다고 한다. 환자 상태에 따라 기내 방송을 해 의료진 승객에게 도움을 요청하고, 응급 환자인 경우 매뉴얼대로 회항하거나 비상 착륙한다.

목적지까지의 비행 시간이 8시간 이내인 노선에서는 조종사 2명만 탑승하는데 비상 상황에 대비해 부기장이 비상 착륙 훈련을 받는다고 한다. 비상 착륙은 기장이 직접 하도록 돼 있는데 부기장이 응급 환자라면 기장이 직접 비상 착륙하므로 큰 문제는 없다. 그러나 기장이 응급 환자인 경우에는 부기장이 비상 착륙을 해야 한다. 이런 상황에 대비해 부기장은 평소 영종도 운북 운항 훈련 센터에 있는 모의 비행 장치로 비상 착륙 훈련을 받는다.

왼쪽 사진은 필자가 보잉 747 모의 비행 장치로 뉴욕 존 F. 케네디 공항에 착륙하는 것을 체험하기 위해 공항에 접근(approach)하는 장면이다.

보잉 787은 전기로 날아간다?

보잉 787-9 같은 대형 여객기는 수백만 개의 부품으로 구성되어 있다. 조종사는 주요 시스템이 고장 난 경우에 착륙이 가능한지 또는 비상 착륙을 할 것인지 시스템 작동 여부를 확인하고 판단해야 한다.

미국 연방 항공청은 항공기의 엔진을 제외하고 주요 시스템을 전력(electrical power), 연료, 에어컨(air conditioning), 화재 방지(fire protection), 유압, 공압 시스템 등 27개로 분류했다.

기장은 주요 구성품별로 정상 작동 여부를 직접 점검하면서 친절하게 설명도 해 줬다. 국내선 같으면 비행 시간이 짧아 설명을 듣지 못했을 텐데 장거리 국제선이라 점검하면서도 설명을 들을 수 있었다.

여객기의 전력은 가볍고 큰 전력을 공급할 수 있는 교류 발전기로 엔진의 회전력으로부터 교류 전원(AC power source)을 만들고, 교류를 정류해 28볼트의 직류 전원을 만들어 사용한다. 엔진은 주로 추력을 만들지만, 그 외에도 전력, 압축 공기, 유압 등을 만든다. 여객기가 동시에 두 엔진 정지와 같은 고장으로 전력 공급이 안 될 때 사용되는 예비 전원 시스템인 램 에어 터빈(ram air turbine, RAT)은 발전기나 고압유 펌프에 연결되는 작은 풍력 터빈을 말한다. 램 에어 터빈은 항공기의 속도로 인한 램 에어로 동체 외부에 돌출된 프로펠러를 회전시켜 소규모의 전력을 생산한다. 이 장비는 모든 전력을 잃게 된 후에도 안전하게 착륙할 수 있도록 최소한의 필수 항행 장비를 작동시킬 정도의 전기를 생산한다.

대형 항공기 중량의 40퍼센트를 차지하는 연료 무게

연료 시스템은 항공기의 엔진을 작동시키기 위해 연료를 탑재하고, 각 엔진에 공급해 연소할 때까지 과정과 연관된 시스템을 말한다. 연료 시스템을 구성하는 장치는 연료 저장 탱크, 연료 공급 파이프, 연료 펌프, 연료와 관련된 다양한 계기 등이 있다.

연료 시스템에 문제가 생기면 항공기의 안전성에 심각한 문제가 일어날 수 있다. 연료는 폭발 위험성이 있을 뿐만 아니라 화재로 연결될 수도 있기 때문이다. 또 연료 기관의 누유가 있을 경우 목적지까지 비행할 수 없게 되는 위험한 상황에 처할 수 있다. 특히 대양을 건너는 동안에 연료 부족이 발생하면 불시착 등 치명적인 항공기 사고(aviation accident)로 연결될 수 있으므로 정기적으로 연료 상황을 반드시 모니터링해야 한다.

연료 계기 시스템(fuel indication system)은 항공기에 탑재한 연료의 중량을 표시하는 시스템이다. 연료 중량은 비행기 기종이나 노선에 따라 다르지만, 소형기는 항공기 중량의 10퍼센트, 대형 수송기는 대략 40퍼센트 정도다. 예를 들어 보잉 787-9과 보잉 777-300ER의 최대 이륙 중량은 각각 247톤, 349톤인데 연료를 가득 채우면 그 무게가 약 102톤, 146톤이어서 각각 전체 중량의 41퍼센트, 42퍼센트를 차지한다. 이러한 연료는 무게 중심에 가까운 주 날개 연료 탱크에 저장해 비행 중에 연료를 소모하더라도 무게 중심의 변화를 최대한 줄인다. 또 날개에서 아래 방향으로 작용하는 연료 무게는 날개 구조물에 작용하는 힘을 줄여주는 역할을 한다. 연료는 온도에 따라 부피의 변화가 심하므로 동일한 부피의 연료를 탑재해도 연료 중량에는 차이가 있을 수 있다.

객실 기압은 11.8피에스아이, 온도는 평균 섭씨 24도

에어컨 시스템은 여압 장치, 냉난방 장치, 공기 순환 장치 등을 아우르며, 이를 종합적으로 제어하는 장치도 포함한다. 미국 연방 항공청은 형식 증명의 조건으로 고고도 항공기의 객실 내 압력을 고도 8,000피트에 해당되는 기압인 10.92피에스아이(psi, 1피에스아이는 1제곱인치의 면적에 가해지는 1파운드의 힘이다.)로 유지해야 한다는 규정을 만들었다. 고도 8,000피트 정도면 9,000피트(2,743미터)인 백두산 정상보다 낮은 고도로, 호흡에 크게 무리가 없다고 판단한 것이다. 이렇게 기내 기압을 유지하는 덕분에 여객기 내에서 산소 호흡기 없이도 자연스럽게 호흡이 가능하다. 동시에 기내 기압을 1기압(14.7피에스아이)보다 낮게 함으로써 동

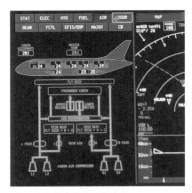

각 구역별 에어컨 시스템 점검.

체 내부와 외부의 기압차를 줄여 동체에 가해지는 하중을 줄이고 있다. 일반적으로 여객기는 신선한 공기를 천장에서 객실 바닥 양쪽 측면으로 빠져나가게 해 대략 2~4분 정도에 기내 공기를 100퍼센트 교환한다.

엔진의 압축 공기는 착빙(icing)을 방지하는 방빙 장치뿐만 아니라 기내 공기, 유압 펌프 등에 사용된다. 기내 공기를 엔진의 압축 공기로 사용하면 고온의 압축 공기를 사용 가능한 온도로 식혀 줘야 하므로 엔진 출력 손실을 동반하는 단점이 있다. 그래서 보잉 787은 엔진 출력의 손실을 줄이기 위해 기내 여압용 압축 공기를 따로 만든다. 전기 모터로 외부 공기를 직접 압축해 필요한 압력과 온도의 공기를 기내에 공급한다.

보잉 777은 전체 구조물의 20퍼센트에 탄소 복합 재료를 사용했지만, 보잉 787은 50퍼센트 이상 사용해 무게를 줄이고 연료 효율을 향상시켰다. 특히 동체와 날개 구조물에 복합 재료를 사용해 기체 강도가 더 단단하며 부식의 염려가 없으므로 객실 고도를 6,000피트에 맞춰 객실 여압을 11.8피에스아이로 다른 여객기보다 더 높였다. 또 순항 비행 중 습도도 약 14퍼센트로 다른 여객기의 기내 습도인 10퍼센트보다 더 높여 쾌적한 환경을 조성했다. 그래도 사막 지역보다 더 건조하므로 쌀쌀함을 느끼고 피부가 당기며 감기가 쉽게 걸릴 수 있다.

여객기는 내부 온도를 전체적으로 조절하지 않고 구역(zone)별로 나누어 조절하며, 조종석에는 구역별로 온도를 자동이나 수동으로 조절할 수 있는 스위치가 있다. 보통 여객기 객실의 온도는 섭씨 18~29도 사이로 조절되지만, 국가별로 승객의 쾌적 온도에 맞추며 온대 지역인 한국에서는 평균 섭씨 24도로 운영한다.

법으로 규정된 조종사 근무 시간

기장이 순항 중 비행 감시를 설명하는 사이 여객기는 어느덧 미국 샌프란시스코 관제 구역에 들어왔다. 조종사들은 교체 공항인 삿포로 공항을 지나 본격적인 해상 비행 항공로에 접어들면서 EDTO 체크 리스트를 확인하고 엔진과 각종 계기의 정상 작동 여부를 점검하기 시작했다.

수십 년 동안 항공기 제작사들은 광대한 태평양을 횡단하기 위해 여객기의 항속 거리를 늘려 왔으며, 그 결과 중간 급유를 위해 알래스카 또는 하와이를 경유하지 않고도 태평양을 건널 수 있게 됐다. 1919년 세계 최초 항공사인 KLM이 암스테르담과 런던을 에어코 DH.16으로 운항하기 시작한 이래 최초의 태평양 직항은 1962년에 미국 팬암 사가 샌프란시스코와 도쿄 간을 보잉 707-320B 제트 여객기로 운항한 것이다. 이제 중간 경유지 없이 거의 직선 항공로를 따라 태평양을 횡단하니 격세지감을 느낀다. 아시아에서 남아메리카까지는 아직 너무 멀어서 직항 항공 서비스를 못 하고 있지만, 언젠가는 가능할 것으로 기대된다.

항공 안전법에 따르면 운항 승무원 조종사들은 피로 관리를 위해 연속 28일간 120시간을 초과해 비행할 수 없다. 연속 365일간 편조 인원과 관계없이 승무 시간(flight time) 1,000시간을 초과할 수도 없다. 여기서 승무 시간은 항공기가 게이트를 출발해 목적 공항 착륙 후 게이트에 도착하기까지의 시간을 말한다. 근무 시간(duty time)은 브리핑실 또는 이에 상응하는 장소 도착부터 착륙 후 게이트 도착 30분 후까지의 시간을 지칭한다.

승무원과 조종사 수

대한항공은 1998년 새로 '에어크루 시스템(AirCrew System)' 소프트웨어를 도입하고 2010년 업그레이드해 운항 및 객실 승무원의 일정을 관리하고 있다. 대한항공의 운항 승무원은 2019년 당시 2,700명 정도였으며, 객실 승무원은 운항 승무원보다 약 2.4배 많다고 한다. 항공 안전법상 객실 승무원은 여객기 좌석 수가 201석 이상인 경우 기본적으로 5명을 배치해야 하고, 승객 50명이 추가될 때마다 1명씩 추가해야 하기 때문이다.

객실 승무원은 국내 여 승무원이 84퍼센트, 국내 남 승무원이 11퍼센트, 9개국 현지 승무원 5퍼센트로 약 460팀으로 분류돼 운영된다. 에어크루 시스템은 월별로 스케줄 패턴을 작성하고, 작성된 스케줄을 승무원에게 할당하며, 스케줄을 매일 관리 조정하는 기능이 있다. 일반적으로 조종사들은 한 달에 장거리 3번, 후쿠오카, 타이베이 등과 같은 단거리를 2~3번 비행을 하거나 장거리 2번, 중·단거리 2~3번 정도를 비행한다고 한다.

항공사에는 대형 여객기 1대당 기장 및 부기장을 포함해 20여 명의 조종사가 필요하다. 예를 들어 대한항공에 보잉 787-9 여객기가 10대 있으니 대략 200명의 조종사가 필요하며, 실제로 그 정도 인원의 보잉 787-9 조종사를 보유하고 있다. 피로 관리를 위해 조종사의 승무 시간이 연속 28일 동안 120시간을 초과할 수 없기 때문에 많은 인원이 필요한 것이다. 2020년부터 보잉 787 여객기 30대가 순차적으로 도입되면 총 40대를 운영해야 한다. 보잉 787의 조종사만 800여 명이 필요한 셈이다.

대한항공은 2019년 8월 말 당시 에어버스 A380 10대, 보잉 747 12대, 보잉 777 44대, 보잉 787 10대, 보잉 737 31대, 에어버스 A330 29대, 에어버스 A220 10대 등 여객기 146대와 화물기 23대 등 총 169대의 항공기를 보유했다. 대한항공의 일일 운항 편수는 국제선 275편, 국내선 150편을 포함해 450편이며 평균 85여 편이 하늘에 떠 있다. 세계 최대 항공사인 미국의 델타 항공과 비교해 보면 델타 항공은 항공기 1,377대를 보유하고 있으며 일일 평균 운항 편수가 6,128편에 달한다. 대한항공과 아시아나항공이 통합되면 240여 대의 항공기를 보유하고, 매출과 자산 규모에서 세계 7위의 항공사가 탄생한다.

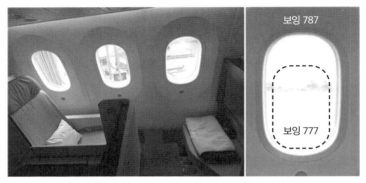

보잉 787의 프레스티지석(왼쪽), 보잉 787과 보잉 777의 유리창 크기 비교(오른쪽).

　대한항공의 조종사는 대략 2,700여 명이며, 군에서 비행 경험을 쌓은 군 경력 조종사와 민간 교육 기관을 통해 비행 경력을 마친 민간 경력 조종사, 외국인 경력 조종사들로 이루어져 있다. 그중 공군사관학교 및 한국항공대학교 출신이 제일 많다고 한다.

　대한항공은 보잉 787 여객기의 일등석 6석을 없애고 프레스티지석과 이코노미석으로만 운영한다고 한다. 에어버스 A330인 경우도 일등석을 운영하지 않는다고 한다. 하지만 에어버스 A380 여객기는 1층에 일등석과 이코노미석, 2층에 프레스티지석으로 구분해 좌석을 운영한다. 보잉 787 여객기의 창문은 여객기 중에서 제일 크며, 그 면적은 기존 항공기에 비해 65퍼센트 정도 크다. 한편 대한항공은 여객기를 대략 20년 정도 운영하며, 임차한 여객기인 경우는 반납하고 구매한 여객기인 경우에는 전체 또는 부품을 팔거나 미국 애리조나 주 남동부의 투손에 있는 시설에 보관한다고 한다.

교대 브리핑 및 착륙을 위한 고도 강하

어느덧 여객기는 미국 앵커리지 관제 센터 지역에 진입해 토론토까지 2시간이 채 남지 않았다. 그동안 프레스티지석에서 휴식을 취하던 교대 조종사들이 시간이 되기도 전에 일찍 조종실로 들어왔으며, 교대 시간이 되자 브리핑을 하기 시작했다. 승무원 교대 체크 리스트에 따라 기상, 착륙, 특이 사항 등을 일일이 설명하며 인수인계하는 장면을 목격했다.

캐나다 현지 시간으로 9시 6분 강하를 시작하기 전에 PF는 어떤 방식으로 어떻게 착륙할 것인지 전반적인 착륙 브리핑(landing briefing)을 실시했다. PF가 목적지 공항 날씨, 착륙 속도 등 착륙 방식을 PM에게 정확히 알려 주고 서로의 의견을 교환하며, 각자 본연의 역할을 명확하게 하기 위해서다. 브리핑 후 조종사가 속도를 줄이기 위해 원하는 속도로 설정하니 추력 조절기는 속도에 맞추어 스스로 움직이기 시작했다. 토론토 관제 센터 영역으로 진입해 통신을 하는 모습을 보니 착륙이 아주 가까워졌음을 실감할 수 있었다. 캐나다 현지 시각으로 9시 30분, 그러니까 착륙하기 40분 전에 기장이 기내 방송을 했다.

착륙 20여 분 전(일본 및 중국행 노선은 고도 2만 피트(6,096미터), 미국 및 유럽행 등의 장거리 노선은 강하 시작 시점이다.)에 기장이 사인을 주면 객실 승무원은 승객들에게 도착한다는 방송을 하고 등받이나 테이블 등이 제자리에 있는지 확인하며 착륙 준비를 한다. 등받이나 테이블이 제자리에 있지 않으면 긴급 상황에서 탈출하는 데 방해가 되어 탑승자 모두가 90초 이내에 탈출하기 곤란하고, 또 몸을 앞으로 굽혀 충격으로부터 보호하는 자세를 취할 수도 없기 때문이다. 미국 연방 항공 규정(Federal Aviation Regulations, FAR)에 따르면 비상시에 승객들이 탈출구의 50퍼센트만을 사용해 90초 이내에 전원 탈출이 가능하도록 탈출구를 마련해야 한다고 규정하고 있다. 이렇게 탈출할 때 필요한 탈출구보다 여객기 탈출구를 2배나 더 많이 제작하는 것은 여객기가 찌그러지거나 화재로 인해 탈출구를 사용하지 못하는 경우가 있기 때문이다.

착륙 10분 전인 1만 피트(3,048미터) 고도에서 객실 승무원은 곧 착륙한다는 실내 방송을 한 후 승객의 안전 벨트를 확인하고 자신들도 의자에 앉아 안전 벨트를 착용한다. 좌석 안전 벨트 표시를 조절하는 계기는 조종석 오버헤드 패널(overhead panel)에 있으며, 지상에서는 ON/OFF 스위치로 작동하지만 공중에서는 AUTO 또는 ON/OFF 스위치로 작동한다. AUTO로 놓은 경우 고도 1만 피트 이하에서는 자동으로 좌석 안전 벨트 표시가 작동한다.

목적지 공항에 착륙하기 위해서는 순항 고도에서 단계적으로 고도를 강하해야 한다. 일정한 속도로 강하하는 방식에는 강하를 늦게 시작해 급강하하는 고속 강하 방식과 강하를 일찍 시작해 느리게 내려가는 저속 강하 방식이 있다. 고속 강하 방식은 길어진 순항 비행으로 인해 연료가 많이 들지만 비행 시간이 짧으며, 저속 강하 방식은 연료가 적게 들지만 비행 시간이 길어진다. 그러므로 조종사는 두 가지 방식을 결합해 연비와 시간을 최적으로 하는 경제 강하 방식을 택한다. 이외에도 여객기가 강하각 3도로 TOD(top of descent, 강하 시작 지점이다.)와 BOD(bottom of descent, 항공로의 통과 지점 또는 도착 공항의 지면이다.)를 연결하는 경로를 강하하는 방식이 있다. 이 방식은 BOD로부터 역으로 계산해 TOD를 결정할 수 있다. 물론 여객기는 비행 관리 시스템으로 경로를 계산해 자동으로 강하하기 시작하지만, 조종사는 3배 법칙(강하각 3도로 1,000피트(305미터)를 내려가려면 3해리(6킬로미터)의 수평 거리가 필요하다는 법칙이다.)으로 간단히 TOD를 계산할 수 있다. 만약 여객기가 고도 3만 7000피트에서 1만 1000피트(3,353미터)로 강하한다면 3배 법칙에 의거해 약 78해리(144.5킬로미터) 전에 강하를 시작해야 한다는 뜻이다. 그렇지만 실제 비행에서는 강하 시작 전에 엔진을 아이들(idle) 상태로 충분히 감속하고, 추가로 배풍이면 미리 강하하고 정풍이면 늦게 강하해 바람의 영향을 고려해야 한다.

목적지 공항에 접근 및 착륙

이제 조종사는 항공로 관제사로부터 관제 권한이 이관된 접근 관제사의 지시에 따라 공항에 접근한다. 또한 조종사는 안전한 강하 및 착륙을 위해 항공기의 상태를 최종 점검하고, 공항 이름과 식별 부호, 착륙 예정 활주로의 이착륙 방향 및 정보, 공항의 기상 정보, 기타 제한 사항 등을 연속적으로 녹음 방송하는 공항 정보 자동 방송 업무(automatic terminal information service, ATIS)를 통해 미리 정보를 입수해야 한다. 이러한 녹음 방송뿐만 아니라 이제는 문자로 정보를 전송하는 데이터 링크 D-ATIS(data link-automatic terminal information service)를 이용해 공항 정보를 눈으로 정확하게 확인할 수 있다.

여객기는 3만 7000피트 순항 고도에서 2만 8000피트(8,534미터)로 강하했다가 1만 1000피트로 순차적으로 강하해 최종 접근 지점(final approach fix, FAF)에 도달했다. 이때 관제 권한이 접근 관제사로부터 착륙을 담당하는 공항 관제사에게로 이양된다. 공항 관제사는 비행 계획서에 예정된 활주로가 아니라 다른 05 활주로로 착륙하라고 통보했다. 기장은 목적지 공항에 다다르면 활주로에 안전하게 착륙하기 위해 계기 접근 절차에 따라 착륙을 시도한다. 착륙은 접근, 플레어(flare, 비행기가 접근 자세에서 착륙 자세로 서서히 전환하는 곡선 비행 과정이다.), 접지(touchdown), 그리고 디로테이션(derotation, 전방 착륙 장치를 부드럽게 활주로 바닥에 접지시키는 절차다.)을 포함한 지상 활주라는 절차를 수행한다.

기장은 토론토 공항 활주로에 착륙하기 위해 수평 위치와 강하각에 대한 정보가 동시에 제공되는 정밀 접근 절차(precision approach procedure)로 접근했다. 조종석 전방 표시 장치(head-

토론토 피어슨 국제 공항에 착륙을 위해 접근 중인 여객기.

up display, HUD)에 있는 글라이드 슬로프 지시기(glide slope indicator, 활공 과정에서 비행 경로와 수평면이 이루는 활공각을 알려 주는 계기)를 통해 활공각 3도로 적절한 강하율(rate of descend, R/D)과 속도를 유지하며 진입한 것이다.

위 그림은 필자가 탑승한 여객기 조종실 참관인 좌석에서 토론토 피어슨 국제 공항의 활주로를 찍은 사진이다. 여객기가 활주로 중앙선에 맞춰 적절한 강하율과 속도로 진입하는 장면을 보여 준다.

착륙 자세로 변경하는 플레어 단계에서 기장은 접지 속도를 줄이고 전방 착륙 장치(nose landing gear)를 활주로와의 충격으로부터 보호하는 조치를 한다. 이를 위해 접지 1~2초 전에 여객기의 접지 자세(기종별로 차이가 있지만 대략 피치각 4~7도 범위에 있다.)

가 유지되도록 조종간을 뒤로 당겨 주는데, 이렇게 하면 주 착륙
장치부터 활주로에 접지해 비행기는 안전하게 착륙하게 된다. 강
하 비행 및 착륙에 대한 자세한 내용은 6장을 참조하기 바란다.

착륙을 마친 여객기는 착륙한 활주로를 빠져나와 유도로로
이동해 지정된 주기장에 현지 시각으로 출발일과 같은 날 오전
10시 20분에 도착했다. 비행 실무에 대해 많은 것을 배우고 경험
한 멋진 13시간 36분이었다. 조종사는 정해진 체크 리스트에 따
라 점검을 하고 비행 일지에 필요한 사항을 기록하고 조종실을
빠져나왔다.

토론토 피어슨 공항의 제3터미널을 빠져나오니 승무원을 숙
소까지 수송할 버스가 대기하고 있었다. 필자를 포함한 승무원
일행은 2박 3일 동안 체류할 토론토 시내 호텔로 향했다.

연습 문제:

1. KE073 편 여객기는 비행하면서 연료 소모로 인해 중량이 점점 가벼워지자 2,000피트 상승해 3만 7000피트까지 상승했다. 일반적으로 엔진은 고도가 올라갈수록 효율이 떨어지는 데에도 불구하고 상승한 것이다. 여객기가 상승함에 따라 엔진 효율이 떨어지는 이유와 조종사가 3만 7000피트로 상승한 이유를 설명하라.

2. 필자가 탑승한 보잉 787은 다른 여객기에 비해 객실 압력이 높고 습도도 높아 쾌적하다. 보잉 787 이외에 5가지 기종의 객실 압력과 습도를 조사해 비교하고, 보잉 787은 어떻게 다른 여객기에 비해 쾌적한 환경을 조성할 수 있는지 설명하라.

2장

KE074 편
관숙 비행
(북극 항공로)

캐나다 도착 후 시내 호텔에 머무는 동안 조종사들과 객실 승무원들은 다음 비행을 위해 충분한 휴식을 취했다. 비행 상황을 따져 보면 쉬는 시간은 그리 많지 않았다. 인천에서 출발해 토론토까지 13시간 넘게 비행한 후 호텔에 도착, 곧바로 수면을 취해도 시차 때문에 다음날까지 뒤척이다가 하루를 보내고 나니 곧바로 귀국 날 아침이었다. 그렇게 2박 3일이 순식간에 지나가 버렸다. 승무원들도 마찬가지였을 것이다. 인천 공항으로 돌아가는 당일 아침, 호텔 로비에서 만나기로 한 약속 시각 10분 전에 승무원 전원이 집합했다. 문득 조종사 선발 영어 시험을 볼 때 정시에 시험장 출입문을 잠그던 일이 생각났다. 1분 늦어 시험장에 입실조차 못 해 중도 탈락한 지원자도 있었다. 조종사로서 반드시 갖추어야 할 시간관념은 그렇게 선발 과정에서부터 길러지는 것이다.

이륙 전 준비

호텔에서 셔틀버스를 이용해 토론토 피어슨 공항 제3터미널에 도착했다. 탑승 수속을 마친 후 탑승구 C35로 이동했다. 그곳에서 비행 전 운항 브리핑(항공 정보를 비롯해 기상 정보, 여객 및 화물 등 운항 관련 모든 정보에 대한 브리핑이다.)을 했다. 조종사들은 운항 브

토론토 공항에 대기 중인 보잉 787-9 여객기.

리핑에서 운항 제한 사항 확인, 기상 정보 분석, 교체 공항 선정, 항공로 선정, 순항 고도 선정, 비행 시간 계산, 탑재 연료량 계산, 최대 허용 이륙 중량 계산 등을 점검했다.

브리핑 후 승무원들이 먼저 들어가고 필자는 게이트에서 기다렸다가 오후 12시 10분(토론토 현지 시각)부터 승객들이 탑승할 때 같이 들어갔다. 탑승하자마자 객실 사무장에게 조종실 출입 인가 서류를 전달하니 사무장이 조종사에게 보고를 하고 확인 절차를 거친 다음 조종실에 들어갈 수 있었다.

이번에 탑승하는 보잉 787-9 여객기는 대한항공에서 2018년 10월에 8번째로 도입한 여객기다. 지난번 인천 공항발 토론토행 여객기는 대한항공이 2019년 3월에 10번째로 도입한 여객기였다. 인천에서 토론토를 왕복하면서 탑승한 대한항공 여객기는 모두 1년도 안 된 최신 여객기였다.

조종실에는 앞좌석에 기장석과 부기장석이 있고, 뒷좌석에

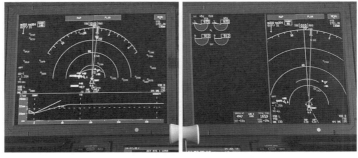

PM인 기장의 항법 표시 계기(왼쪽)와 PF인 부기장의 항법 표시 계기와 EICAS(오른쪽).

는 2개의 참관인 좌석(observer seat)이 있었다. 필자는 조종실 뒷좌석에 앉았다. 앞좌석의 기장과 부기장은 이륙 전 업무를 분담해 비행 관리 컴퓨터에 항공로 입력을 비롯해 탑재 연료량 확인, 비행 시간 계산, 내부 계기 점검 등 이륙 준비에 여념이 없었다. 이번에는 인천에서 출발할 때와 반대로 부기장이 PF, 기장이 PM 역할을 맡기로 했다. 토론토로 올 때 기장 쪽에 있었던 EICAS가 인천으로 갈 때는 PF인 부기장 쪽에 표시되었다. PF인 부기장의 다기능 디스플레이 화면은 항법 표시 계기와 EICAS로 분할되었으며, PM인 기장에게는 항법 표시 계기만 나타나 있었다.

무게 중심과 균형

이륙 전에 웨이트 앤드 밸런스(weight and balance, 항공기가 안전 비행을 할 수 있도록 무게를 알맞게 평형 배분하는 것을 말한다.)를 점검하는 것은 조종사에게 필수 사항이다. 무게 중심은 한마디로 말해 여객기를 줄로 매달았을 때 평형을 유지하는 위치로, 허용 범위는 비행 매뉴얼에 상세히 기록돼 있다. 지상 조업 사(인천 공항에서는 대한항공이 운영하지만 해외 공항은 다른 회사가 운영할 수 있다.)의 로드마스터(load master, 탑재 관리사)는 무게 중심의 허용 범위를 벗어나지 않도록 승객과 화물을 적재해야 한다.

무게 중심의 허용 범위는 엘리베이터(elevator, 승강타)의 효과를 근거로 설정되는 전방 한계(엘리베이터의 효과가 최대로 감소한 최소 속도에서 기수 내림 모멘트를 제어할 수 있는 최전방 위치를 말한다.)부터 세로 안정성이 감소해 피치 조종이 곤란한 후방 한계(통상 중립점 위치 근처, 항공기의 피칭(pitching) 모멘트 계수가 받음각에 따라 변하지 않는 중립점의 위치와 관련된다.)까지의 거리로 나타낸다. 대부분 여객기의 무게 중심 허용 범위는 여객기 전체 길이를 기준으로 약 2.5~3.5퍼센트 범위에 있다. 지상의 탑재 관리팀은 자신들이 작성한 웨이트 앤드 밸런스 보고서를 조종실까지 가져와서 확인받는 대신에 데이터 링크 시스템을 통해 문자로 조종실에 전송한다.

다음 쪽 그림은 지상에서 보잉 787-9 여객기 무게 중심 위치의 일반적인 변화를 보여 주고 있다. 표준 운항 중량(standard operation weight, SOW)은 항공기가 운항하는 데 필수적인 자체 중량에 추가적인 시설 및 장비 무게와 승무원, 승무원 휴대품, 음식물, 물 등의 무게를 포함한 중량이다. 일반적으로 여객기가 운반할 수 있는 승객이나 화물의 무게는 전체 무게의 15~20퍼센트

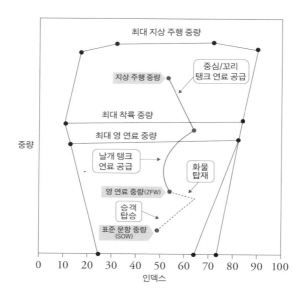

최대 지상 주행 중량

중심/꼬리
탱크 연료 공급

지상 주행 중량

최대 착륙 중량

최대 영 연료 중량

중량

날개 탱크
연료 공급

화물
탑재

영 연료 중량(ZFW)

승객
탑승

표준 운항 중량
(SOW)

0 10 20 30 40 50 60 70 80 90 100

인덱스

보잉 787-9 여객기의 무게 중심 변화.

정도다. 그만큼 비행기 자체의 무게와 운항에 필요한 무게, 연료
무게가 무겁기 때문이다.

　승객과 화물을 많이 탑재하기 위해서는 연료를 가득 채우지
않고 정확히 계산해서 꼭 필요한 분량만을 탑재해야 한다. 영 연
료 중량(zero fuel weight)은 표준 운항 중량에 모든 승객 및 화물
의 무게를 포함하고 연료 무게를 뺀 중량을 말한다. 위 그림은 무
게 중심이 표준 운항 중량에서 영 연료 중량으로 가면서 후방으
로 이동하는 모습을 보여 준다.

　지상 주행 중량(taxi weight)은 승객 및 화물을 탑재하고 연료

까지 보급한 상태의 중량을 말한다. 무게 중심은 날개 탱크에 연료를 보급했을 때 후방으로 이동하지만 항공기 중심과 꼬리 탱크에 연료를 보급했을 때는 중심 앞에 있는 탱크의 많은 연료량으로 인해 무게 중심이 약간 전방으로 이동한 것을 보여 준다. 중간의 가로 직선들은 각각 최대 착륙 중량과 최대 영 연료 중량을 보여 주고 있다.

여객기는 연료뿐만 아니라 승객, 화물 등에 따라 무게가 달라지고 무게 중심 위치가 이동한다. 모든 속도 영역에서 조종면(control surface) 조종 효과를 적절하게 유지하기 위해서는 무게 중심을 적당한 위치에 둬야 한다. 이륙 중량에 대한 항공기 중심 위치는 이륙 조작을 위한 수평 꼬리 날개(horizontal stabilizer)의 각도를 정하는 데 아주 중요한 자료다. 일반적으로 이륙할 때 항공기 성능을 더 유리하게 하기 위해 무게 중심을 후방에 둔다. 왜냐하면 같은 조건에서 무게 중심이 후방에 있는 경우 이륙 성능이 좋아지고 더 낮은 실속 속도(stall speed, 비행기가 날 수 있는 최소한의 속도다.)를 가능하게 하기 때문이다. 그러므로 적정한 무게 중심 위치는 모든 비행 단계에서 자세 변화를 쉽게 할 뿐만 아니라 안정된 상태에서 비행할 수 있게 한다.

유도로 이동 및 이륙

이번 KE074 편은 승객 168명이 탑승해 이륙 중량이 49만 9800파운드(226.7톤)로 지난번 KE073 편에 비해 4만 파운드(18.1톤) 가벼웠다. 지난번 비행보다 승객이 96명 적게 탑승했다. 줄어든 승객 중량은 대략 1만 6000파운드(7.2톤) 정도 되고, 나머지 2만 4000파운드(10.9톤)는 화물을 비롯한 기타 무게가 가벼워졌을 것으로 추정된다. 조종사가 비행 관리 시스템에 이륙 중량을 입력하면 이륙 속도가 산출된다.

이륙 결심 속도(이륙 중지를 할 수 없고 반드시 이륙해야 하는 제한 속도다.) V_1은 159노트(시속 294킬로미터)이고, 이륙 전환 속도 V_R은 163노트(시속 302킬로미터), 활주로 바닥면에서 이탈하는 부양 속도 V_{LOF}는 170노트(시속 315킬로미터)였다. 보통 여객기의 경우 이륙할 때 V_1, V_R, V_{LOF} 등 각 구간마다 대략 5노트(시속 9.26킬로미터) 정도의 속도 차이가 난다고 한다. 여기서 제시된 속도는 지시 대기 속도(indicated air speed, IAS, 평균 해수면에서 국제 표준 대기가 항공기에 부딪히는 압력과 이 대기의 밀도로 계산한 대기 속도로 항공기 계기판에 설치된 속도계에 나타나는 수치다.)를 의미한다. 이 속도는 계기 오차, 항공기 자세 변화에 따른 공기의 흐름 변화 등을 고려하지 않은 속도다.

여객기의 예정 출발 시각은 토론토 현지 시각으로 12시 40분, 예정 도착 시각은 인천 현지 시각으로 다음날 오후 3시 20분으로 총 13시간 40분이 소요되는 여정이다. 출발 시각이 다가오자 여객기가 이동하기 시작했다. 주기된 비행기 대부분이 여객 터미널을 향하고 있으므로 활주로로 이동하기 위해서는 비행기를 뒤로 밀어 방향을 전환한다.

토론토 공항 활주로에서 이륙 활주 중인 KE074 편 여객기.

　12시 34분에 지상 견인 차량이 여객기를 뒤로 밀어 이동하자 부기장이 엔진 시동을 걸었다. PF인 부기장은 러더와 틸러를 이용해 유도로를 지상 주행한 후, 여객기를 05 활주로 방향으로 정대(line up)시켰다.

　항공기의 이륙은 정지 상태에서 부양 후 이륙 경로(takeoff path)의 끝에 도달하는 과정을 말한다. 이러한 이륙 경로는 항공기가 활주로에서 움직이기 시작한 후 안전 이륙 속도인 V_2까지의 이륙 거리와 V_2에서 공중 비행 형태로 전환 후 이륙 최종 단계인 1,500피트(457미터)에 도달한 고도까지의 이륙 비행 경로를 합한 것을 의미한다.

　이륙 거리는 여객기가 활주로 위의 정지 상태에서 가속해 장애물 회피 고도인 35피트(11미터)까지 부양한 거리다. 이는 지상 활주, 회전, 전환, 상승 단계로 구성된다. 여기서 회전 단계는 지상 활주할 때 조종사가 조종간을 당긴 상태에서 양력을 증가시켜 부양할 때까지의 과정을 말하며, 전환 단계는 부양 후 상승 자세까지의 곡선 비행 경로를 말한다.

부기장이 추력 조절기를 앞으로 밀면서 50만 파운드(227톤)의 쇳덩이는 활주로를 힘차게 박차고 나가기 시작했다. 부기장은 이륙 결심 속도 V_1 이전에 이륙을 포기할 경우 즉각 반응하기 위해 한 손을 추력 조절기 위에 올려놓고 있었다. 그리고 V_1을 지나고 나서 추력 조절기에서 손을 떼었다. 조종사가 이륙을 포기할 때 반응 시간은 통상적으로 3초를 허용치로 간주한다고 한다. 조종실에서 PM이 육성으로 이륙 전환 속도(또는 회전 속도)인 V_R을 알려 주자 부드럽고 연속적으로 조종간을 당겨 최적의 이륙과 상승 성능을 냈다.

이륙 경로는 다발 엔진 항공기에서 항공기의 성능 또는 조종에 가장 심각한 영향을 미치는 임계 엔진(critical engine)이 고장 났을 때를 가정해 정의된다. 4발 엔진을 장착한 항공기는 바깥쪽 엔진이 임계 엔진에 해당한다. V_1은 임계 엔진이 고장이 나 이륙을 포기할 경우 조종사가 러더를 사용해 활주로 중심선에서 30피트(9미터)를 벗어나지 않도록 조종할 수 있는 최소 조종 속도 V_{MCG}(minimum control speed in ground)보다 빨라야 한다. 여기서 최소 조종 속도는 엔진 고장으로 인한 추력 불균형을 막기 위해 러더로 공기 역학적 힘을 발생시킬 수 있는 최소의 속도를 말한다. 이륙 활주 중 임계 엔진이 고장 난 경우 항공기는 활주로 중심선을 이탈하는데 이를 방지하기 위해서 러더를 사용한다. 러더는 항공기 속도가 너무 느린 경우에는 공기 역학적 힘을 발생시키지 못하므로 어느 정도 속도가 있어야 힘이 발생한다.

비행기가 상승하는 경우 양력은 겉보기 무게 $W\cos\gamma$로 감소하지만, 항력의 크기에 항공기 무게의 일부인 $W\sin\gamma$가 추가되므로 추력을 증가시켜야 하는 것은 당연하다. 상승하는 비행기의 받음각은 비행 경로(상대풍과 반대 방향이다.)와 날개의 시위선(날개의 앞전(leading edge)과 뒷전을 직선으로 연결한 선이다.)과의 각도다. 반면에 상승각은 비행 경로와 수평면 사이의 각이므로 받음각과는 다르다. 충분한 양력을 얻기 위해 상승하는 비행기는 상승 방향에서 약간의 받음각을 더 가지므로 상승각에다가 기수를 더 든다. 날개의 추가 받음각을 통해 더 큰 양력을 얻을 수 있기 때문이다.

순항 비행과 식사

인천에서 토론토로 갈 때는 일본과 알래스카 사이 북태평양을 가로지르는 북태평양 항공로를 날았다. 토론토에서 인천으로 가는 이번 항공로는 캐나다를 지나 미국, 북극, 러시아, 중국 등을 거치는 북극 항공로였다. 이 항공로는 통상 구름이 없고 난기류가 심하지 않으며, 북반구 동쪽에서 서쪽으로 비행할 때 제트 기류(편서풍)를 피할 수 있어 북태평양 항공로보다 연료를 절감할 수 있다. 물론 비상 상황이 발생할 때 착륙할 공항이 많지 않고 방사

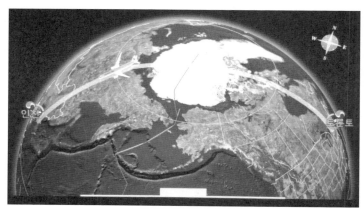

북극 항공로.

선 노출량이 늘어날 수 있다는 단점이 있기도 하다.

모든 여객기는 각자 갖춘 장비에 따라 EDTO 인가 시간
이 다르다. 일반적으로 쌍발 여객기인 보잉 777과 787 기종은
EDTO 180분을 인가받는다.

EDTO 330분 또는 207분을 인가받은 보잉 787-9 여객기는
소화 장비, 해상 구명 장비 등 다양한 장비들을 갖춰야 하므로 제
한적으로 운용된다. 예를 들어 항공기가 남아메리카에서 남극을
통과할 때 주변에 교체 공항이 없으니 장비들을 더 갖추어 330분
을 인가받아 통과하기도 한다. 필자가 탑승한 보잉 787-9 여객
기는 EDTO 180분을 인가받았으므로 항공 차트에 180분에 도
달할 수 있는 거리의 원이 표시돼 있었다.

이륙 약 40분 후 여객기는 순항 고도(이번 비행은 3만 6000피트

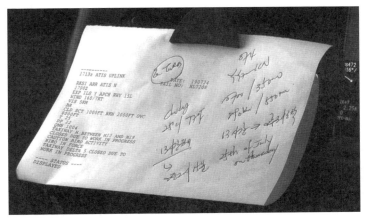

기내 방송 중인 기장의 방송 메모.

(1만 1000미터)다.)에서 안정적으로 목적지 공항을 향해 수평 비행한다. 그러면 기장은 목적지 공항, 날씨, 고도, 속도, 도착 공항의 날씨, 도착 예정 시간, 온도 등을 기내 방송을 통해 승객에게 알려 준다. 이때 객실 승무원은 승객에게 음료를 제공한다. 이어 수백 명이나 되는 승객들의 기내식이 준비된다. 차갑게 제공해야 하는 음식은 따뜻한 음식과 분리해서 저장하고, 따뜻하게 제공해야 하는 음식은 카트에 설치된 가열판으로 수백 명분을 신속하게 데운다.

이륙 후 2시간을 넘어 순항 고도에서 안정적으로 비행할 때 조종실에도 식사가 제공됐다. 기장과 부기장은 매 끼니 식사 메뉴를 달리한다. 식중독 등 만일의 사태를 대비해서다. 조종석 뒷좌석에 앉은 필자도 객실 승무원에게 주문한 비빔밥 식사를 받았

KE074 편 비행 중 기장(왼쪽)과 부기장(오른쪽)의 서로 다른 식사 메뉴.

다. 국제선 여객기 조종실에서 밥을 먹는 '첫 경험'을 한 것이다.

한편 객실 승무원들은 식사 타임과 면세품 판매가 완료되면 간식과 음료를 제공하는 당번을 제외하고 벙크(bunk, 침상)라고 불리는 휴식 공간에 교대로 들어가 쉰다.

순항 비행 중 비행 감시

조종사는 순항 비행 중에 통과하는 각 관제 구역(위니펙, 에드먼턴, 처칠, 옐로나이프, 화이트호스, 페어뱅크스, 앵커리지 공항 등) 관제사의 통신에 집중하며 비행 감시를 했다. 또 순항 비행할 때 엔진 및 각종 장비의 정상 작동 여부를 점검하면서 각 지점 및 목적지 도착 예상 시간, 항공로상 지상점의 위도와 경도 좌표, 각 지점 통과에 걸리는 예상 시간, 고도, 연료 소모량, 기상 등을 확인하며 안전 운항에 최선을 다했다. 통상 순항 비행의 경우 여객기가 자동 비행 장치로 비행하기 때문에 조종사에게는 여유가 있을 것이

북극 항공로상의 지상점 점검.

라 생각했다. 그런데 실제로는 그렇지 않았다. 고객의 목숨을 담보하는 조종사로서는 한순간도 방심할 수 없는 것이다.

순항 비행 중에 엔진 화재는 아주 드물게 발생한다. 비행 중 엔진에 화재가 발생하면 엔진 화염 확산을 방지하기 위해 연료 공급 장치와 유압유(hydraulic fluid)를 차단하고 비상 절차 매뉴얼에 따라 비행해야 한다. 물론 보잉 787 여객기가 취항한 이후 엔진 화재가 발생한 적은 단 한 차례도 없었다. 엔진 화재를 알리는 화재 경보 스위치가 고장 난 적은 있었다고 한다. 보잉 사는 즉각 스위치 고장 원인 파악에 들어갔고, 이어 화재 스위치의 결함이 1퍼센트 미만이라는 사실을 확인했다. 그래도 해당 항공사 모두에게 해당 부품을 교체하는 서비스를 진행했다고 한다.

여객기가 항공로상에서 서쪽으로 갈 때는 짝수 고도(짝수×

고도 3만 5000피트, 마하수 0.839를 나타내는 부기장석의 주 비행 표시 계기.

1,000피트)로 비행하고, 동쪽으로 갈 때는 홀수 고도(홀수×1,000피트)로 비행한다. 필자가 탑승한 보잉 787-9 여객기가 인천 공항을 향해 서쪽으로 평온하게 순항 중일 때 주 비행 표시 계기를 사진 촬영하면서 보니 마하수 $M=0.839$, 고도 3만 5000피트를 지시하고 있었다. 홀수 고도인 3만 5000피트로 비행하니 여객기는 목적지인 인천 공항과 반대 방향인 동쪽으로 가는 것이었다. 아주 의아해 기장에게 질문을 하니 인천 공항을 가는 여객기는 일부 구간에서 동쪽 011도 방향으로 간다고 설명해 주었다. 토론토에서 북극 항공로로 인천 공항을 갈 때는 아주 일부 구간은 홀수 고도로도 비행하며, 인천에서 북태평양 항공로로 토론토를 갈

때 일부 항공로에서는 일방통행으로 인해 짝수 고도로 비행하기
도 한다.

토론토에서 인천까지 장거리 비행을 할 경우에는 순항 비행
중에 연료 소모가 가장 많으므로 비용 절감의 관점에서 최적의
고도 및 경제 속도로 비행해야 한다. 항공기는 중량에 따라 항속
거리가 최대가 되는 고도가 존재하는데 이를 최적 고도라 한다.
또 경제 속도는 비행 시간과 관련된 비용과 연료 소모 비용을 모
두 고려한 비용이 최소가 되는 속도로, 연료 소모량이 최저인 속
도로 비행하는 최대 항속 거리 순항 방식과는 다른 개념이다. 경
제 속도는 다음과 같은 비용 지수 정의를 통해 산출한다.

$$\text{비용 지수} = \frac{\text{시간 관련 비용(시간당 달러)}}{\text{연료 관련 비용(파운드당 센트)}}.$$

여기서 시간 관련 비용은 승무원의 수당, 임차 비용, 감가상각비,
정비 비용과 보험료 등을 포함하는 운항 비용(operating cost)으로
연료 관련 비용을 제외한 비용이다. 운항 비용은 비행 시간이 길
어질수록 증가하므로, 연료 가격이 저렴할 때는 비용 지수를 크
게 설정해 고속으로 비행해야 한다. 그러나 연료 가격이 비쌀 때
는 비용 지수를 작게 설정해 최대 항속 거리 순항 방식처럼 느리
게 비행해야 한다. 여객기는 비행 관리 시스템으로 비용 지수를
근거로 경제 속도를 산출해 경제 순항 방식으로 비행한다. 본 여
객기도 이미 바람 속도를 고려해 최적의 경제 속도인 경제 순항

방식으로 비행하고 있었다. 물론 비행 안전과 정시 운항을 우선으로 고려한 경제 순항 방식인 것은 당연하다.

어느덧 여객기는 동쪽에서 서쪽으로 방향을 틀어 고도 3만 6000피트에서 안정적으로 순항하고 있었다. 이때 연료 절감을 위해 언제 고도 상승을 하는지를 기장에게 물어봤다. 기장은 순항 고도는 이륙 항공기의 중량과 항공기의 성능, 항공로상의 기상 요소 등에 따라 결정된다며, 장거리 운항에서는 연료의 소모로 항공기의 중량이 감소하며, 이에 맞추어 순항 중의 상승을 통해 연료 소모를 줄여야 한다고 했다. 더 높은 고도에서는 공기 밀도 감소로 인해 엔진 효율은 다소 떨어지지만, 항공기 저항이 줄어 연료가 절감된다는 공학적 지식이 있어야 이해가 되는 답변이었다. 여객기는 항공로의 혼잡도와 고도 배정 가능성을 감안해 가장 경제적인 고도와 속도로 순항 비행한다고 보면 된다.

북극 항공로에서의 점검

북극 항공로는 1954년 스칸디나비아 항공이 최초로 비행을 했으나 미소 냉전 기간 동안 개방이 되지 않았다. 그 후 2001년에 공식 항공로로 개방되었지만, 초기에는 노스웨스트 항공, 싱가포르 항공 등 일부 항공사만 이용했고 그 외 항공사들은 북극 항공로로 다니기 시작한 지 그리 오래되지 않았다.

대한항공은 2006년 8월부터 아시아와 북아메리카 간 운항에서 북극 항공로를 이용하기 시작했다. 그 이유는 미주 지역 중동부에서 앵커리지-캄차카를 통과하는 항공로에 비해 30분 정도의 비행 시간을 단축해 운항 비용을 절감할 수 있기 때문이다. 현재 북극 항공로를 운항하는 항공사로는 아시아나 항공, 유나이티드 항공, 콘티넨털 항공, 아메리칸 항공, 에어 캐나다, 에어 차이나, 태국 항공 등이 있다. 보잉 747, 777, 787, 에어버스 A350, A380 등의 여객기가 북극 지방(북위 78도 위쪽)을 가로지르며 비행한다.

북극 항공로에서는 연료 결빙으로 인해 엔진에 연료가 공급되지 않을 수도 있다. 이를 방지하기 위해 조종사들은 1986년 창설된 웨더뉴스(Weathernews Inc.)에서 제공하는 고도별 연료 결빙 차트를 통해 연료 상태를 점검했다. 여객기가 고속으로 비행하면 램 라이즈 효과(ram rise effect)가 발생해 날개 표면 온도가 대략 섭씨 30도 상승한다. 램 라이즈 효과는 날개 전면에 부딪히는 공기의 마찰열로 인해 날개 표면의 온도가 상승하는 현상을 말한다. 그럼에도 불구하고 연료 결빙이 우려되면 여객기의 고도를 변경하거나 속도를 더 빠르게 비행해 온도를 높여야 한다.

북극 항공로의 위험 기상 예상도(Significant Weather Chart, SIGWX Chart)는 뇌우, 태풍, 난기류, 착빙, 제트 기류, 화산 활동 등 항공기 안전 운항에 저해될 수 있는 기상 정보를 알려 준다. 여기서 SIGWX는 중요 기상(significant weather)의 약자로 국내 항공 기상청에서 항공기의 안전 운항을 위해 비행 고도 250(FL250, 2만 5000피트(7,620미터))를 기준으로 고고도와 중고도, FL100 이하의 저고도 차트를 제공한다. 조종사는 항공기 안전 운항에 악영향을 줄 수 있는 기상 예보를 위험 기상 예상도로 확인했다.

또 북위 78도 이상 북극 항공로에서는 전파 두절(radio blackout), 태양 복사(solar radiation), 자기 폭풍(geomagnetic storm) 등 3가지를 점검해야 한다. 태양의 흑점 활동이 인체를 비롯해 통신, 항법 등에 영향을 미칠 수 있기 때문이다. 각 분야별 강도를 5개 등급으로 구분하고 4등급 이상에서는 북극 항공로로 비행할 수 없도록 규정해 놓았다. 다행히 필자가 탑승한 비행기는 안전하게 북극 항공로를 지나고 있었다. 태양의 활동과 자기장 등이 아주 낮고 조용하다고 기상 보고서에 적시돼 특이 사항이 발생하지 않았다.

조종사들은 북극 항공로로 운항하기 위해 별도의 훈련을 받는다. 먼저 위성 통신(satellite communication, SATCOM, 지구를 선회하는 인공 위성을 매개체로 행하는 무선 통신이다.)은 북위 38도까지 가능하다. 아울러 관제사와 조종사 간 데이터 통신도 100퍼센트 가동될 것이라고 확신할 수 없다. 이런 상황이 발생했을 때를 대비해 조종사는 데이터링크 등 특별 통신 수단 운용법을 알아 둬야 한다. 또 유사시를 대비해 교체 공항뿐만 아니라 비상 착륙 시의 승객 구호 계획도 수립해 놓아야 한다.

자가용 비행기에서 먼저 발전한 비행 계기 장치

보잉 787의 전방 표시 장치는 기장석과 부기장석에 모두 설치돼 있다. 전방 표시 장치는 아래의 계기를 쳐다보지 않고 전방 시야를 확보하면서 비행 자세, 속도 등을 주시할 수 있도록 하는 장비다. 한마디로 말하면 조종석의 비행 표시 계기를 그대로 투영하므로 착륙할 때 반응 속도를 빠르게 하고 피로를 줄여 주기도 한다.

에어버스 A350은 보잉 787과 같이 전방 표시 장치가 기장석과 부기장석에 모두 설치되어 있다. 하지만 보잉 737과 에어버스 A380의 전방 표시 장치는 기장석 한쪽에만 설치되어 있다. 보잉 747, 777, 에어버스 A330은 전방 표시 장치가 설치되어 있지 않다. 착륙할 때 전방 표시 장치의 눈금들이 시야를 가리면 디클러터 모드(declutter mode, 불필요한 잡동사니를 없애는 기능을 말한다.)로 전환해 눈금을 없앨 수도 있다. 보잉 787의 전방 표시 장치는 수직으로 30도, 수평으로 36도를 보여 주며 그 크기는 16.8×23.9 센티미터다.

비행 계기 장치는 여객기보다 고가의 자가용 비행기에서 먼저 발전했다. 2000년대 중반 자가용 비행기의 계기 장치는 3차원으로 향상됐다. 안개 낀 날에도 적외선 장비와 전방 표시 장치를 이용해 시계 비행(조종사가 직접 눈으로 지형을 인식하고 항공기를 조종하는 비행 방식이다.)을 할 수 있다. 자가용 비행기의 계기는 기계적 스위치가 아니라 터치스크린으로 변경됐다. 차후에는 대형 여객기의 계기도 터치스크린으로 변경될 것으로 기대된다.

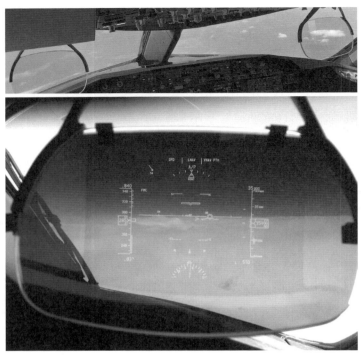

보잉 787-9 여객기의 전방 표시 장치.

조종사에게 직접 듣는 비행 이야기

조종사는 필자에게 '보잉 787-9 여객기 인증'에 대한 경험을 얘기해 줬다. 다른 항공기도 마찬가지지만 보잉 787 여객기는 2개의 엔진 중 하나가 꺼지면 수직 꼬리 날개에 장착된 러더를 이용해 직진 비행을 할 수 있어야 한다. 그렇지 않으면 인증을 못 받아 운항할 수 없다. 따라서 러더의 크기가 커짐에 따라 수직 꼬리 날개도 자연스럽게 커졌다. 실제 상황에서 인증을 받기 위해 3만 9000피트(1만 2000미터)에서 한쪽 엔진을 셧 다운(shut down)하고 2만 6000피트(7,900미터)로 강하한 후 다시 엔진에 시동을 거는 시험을 수행한다고 한다.

순항 비행 중 조종석은 눈이 부셔 앞을 볼 수 없을 정도였다. 조종사들은 각자의 조종석 옆에서 차단 스크린을 꺼내더니 햇빛을 가리기 시작했다. 고가의 최신 여객기치고는 차단 스크린은 기대에 못 미쳤지만, 향후 개선되리라 생각된다.

한편, 여객기는 선회할 때 보통 선회 경사각이 30도를 넘지 않는다. 최대 허용 경사각(bank angle)은 45도다. 이때 걸리는 중력 가속도의 크기는 각각 1.15G, 1.41G다. 중력 가속도는 경사각이 커짐에 따라 급격히 증가한다. 이러한 내용은 5장에서 자세히 설명할 예정이다. 여객기는 전투기처럼 기동을 하지 않기 때문에 승객들은 중력 가속도를 거의 느끼지 못한다.

햇빛 차단 스크린이 설치된 조종석 창문.

민항기 조종사 중에는 공군 전투기 조종사 출신이 많다. 이들은 9G 크기의 중력 가속도에도 충분히 견딘다. 군 출신 민항기 조종사들은 중력 가속도보다는 시차에 어려움을 겪을 것으로 생각된다. 미주나 유럽 지역으로 장거리 비행하는 일이 생각보다 쉽지 않기 때문이다.

조종사들이 사용하는 비행 관리 시스템은 하니웰과 콜린스사 제품이 대표적이다. 두 제품은 전체적인 로직의 차이는 거의 없다. 다만 보잉 737 수습 부기장들이 익숙치 않은 비행 관리 시스템을 배우는 데 고생이 많다고 한다. 세스나 172-S 시리즈는 비행 관리 시스템과 유사한 기능을 갖는 비행 관리 컴퓨터를 보유하고 있으므로 조종사를 지망하는 학생이라면 미리 배우는 것도 좋다. 자동 착륙 장치는 보잉 787이나 보잉 777의 경우 서로 같은 장비지만, 보잉 737, 747, 에어버스 A330은 자동 착륙 장치가 서로 다르다.

보잉 787의 경우 스스로 판단해 압력과 온도 같은 에어 데이터를 정확하게 제공해 준다. TCP(tuning control panel)는 단파와 초단파 주파수를 조정하는 장치로 관제 구역에 따라 변경할 수 있으며, 유효하지 않은 주파수가 입력되면 유효하지 않다는 메시지가 표시된다.

보잉 787 여객기는 항공기 기수의 롤링(rolling)을 조정할 뿐만 아니라 상하 수직 운동을 감지해 감소시키는 스무드라이드 기술(smooth-ride technology)을 채택했다. 자이로(gyro, 자이로스코프의 줄임말이다.) 센서와 가속도계는 변위를 측정하고 정압공은 항공기 표면의 압력 변화를 측정해 데이터를 분석하고 항공기의 움직임을 감쇄시킨다. 이런 장치들은 기체 진동을 감소시켜 승객들에게 보다 나은 탑승감을 제공한다.

조종사와 이런저런 대화를 나누다 보니 여객기는 어느덧 북극 근처를 향해 비행하고 있었다. 이때 조종사는 비행 중 비상 사태를 대비해 교체 공항 위치를 파악해 뒀다.

만일의 경우 북극 지방에 비상 착륙한다면 외부 온도가 너무 낮아 다시 이륙하기가 쉽지 않다고 한다. 이에 대비해 스카이팀(SkyTeam, 대한항공이 참여하는 글로벌 항공사 연합체로 델타 항공, 에어프랑스, 아에로멕시코, KLM, 중국 동방 항공 등 총 19개의 항공사가 가입돼 있다.)은 분담금을 모으고 있다. 북극 근처의 공항에 비상 착륙하게 되면 여러 가지 설비가 미비하므로 다른 항공사에서 승객 구호 및 정비 등을 도와주기 위한 기금을 마련하고 있는 것이다.

교대 브리핑과 전자 비행 정보 장치

이륙한 지 5시간 지난 후 다른 조의 조종사들이 교대차 조종실로 들어왔다. 두 팀은 절차대로 교대 브리핑을 주고받았다. 그러는 와중에 무선 통신망에서 시끄러운 소리가 들리기 시작했다. 북위 82도 이상에서는 초단파 통신이 되지 않는데 단파 통신으로 연결하는 과정에서 발생하는 소리라고 한다.

북극 항공로를 비행하다 보니 캐나다, 미국(알래스카), 러시아 관제 구역이 서로 붙어 있는 지역을 통과하게 됐다. 불과 20여 분 만에 캐나다, 미국을 통과해 러시아에 진입했다. 아주 짧은 거리에서 관제권이 변경되는 흥미로운 지역이었다. 이때 배풍이 30노트(시속 56킬로미터)로 불고 있었다. 다행히 난기류가 없어 조용하

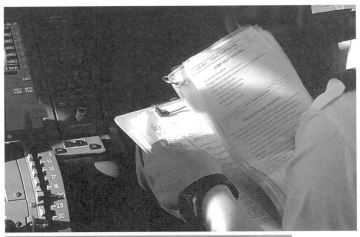

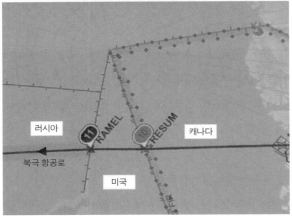

러시아

캐나다

미국

북극 항공로

(위) 교대 브리핑을 하고 있는 부기장.
(아래) 20여 분만에 캐나다, 미국(알래스카), 러시아 관제 구역 통과.

고 안정적으로 비행할 수 있었다.

보잉 사 항공기의 전자 비행 정보 장치(electronic flight bag, EFB)에는 비행 차트, 항법, 성능 계산 등의 자료가 수록돼 있다. 설치 방법에 따라 매립형과 휴대용 두 종류가 있다. 휴대용 전자 비행 정보 장치는 일반적으로 PC용 운영 체제가 내장된 태블릿 컴퓨터를 사용하며, 전자 펜이나 손가락으로 눌러서 사용할 수 있다. 최근 대한항공은 모든 운항 관련 매뉴얼을 휴대용 전자 비행 정보 장치에 담아 사용하고 있다. 책자 형태의 매뉴얼을 단계적으로 없애 '페이퍼리스(paperless) 조종실'을 유지하려 노력하는 것이다. 휴대용 전자 비행 정보 장치는 리튬 배터리의 안전성 문제로 국토 교통부로부터 인증 받는 데 1년 이상이 걸렸다. 한편 에어버스 사 항공기에는 OIS(onboard information system, 기존의 종이 교범 대신 디지털 데이터로 저장해 컴퓨터 화면을 통해 확인할 수 있는 항공기 탑재 정보 시스템이다.)가 장착된다.

보잉 항공기의 엔진 정보 및 조종사 경고 시스템과 에어버스 항공기의 ECAM은 항공기의 각종 시스템을 모니터링해 이상이 발생했을 때 메시지로 조종사에게 알려 주곤 한다. 이런 시스템이 장착돼 있지 않은 항공기의 경우, 비정상 및 긴급 상황에 적용할 수 있는 긴급 참고 교범(quick reference handbook, QRH)을 참조해 비상 상황에 대응한다. 보잉 787처럼 EICAS와 같은 시스템이 장착된 경우에 긴급 참고 교범은 예비용으로 사용된다.

긴급 참고 교범은 비정상 상황에 대응하기 위해 작성된 독립

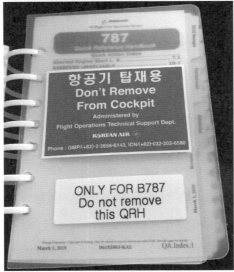

(위) 휴대용 전자 비행 정보 장치로 비행 운항 매뉴얼 확인.
(아래) 항공기 탑재용 긴급 참고 교범.

형 핸드북이다. 조종사는 매년 2회의 정기 시뮬레이터 심사를 받을 때 긴급 참고 교범과 함께 비정상 상황에 대처하는 연습을 반드시 해야 한다.

갑자기 나타난 청천 난류

교대한 지 거의 7시간이 지난 후 프레스티지석에서 쉬고 있던 조종사들이 착륙을 하기 위해 다시 교대하러 조종실에 들어왔다. 조종사들은 승무원 교대 체크 리스트에 따라 기상, 착륙, 특이 사항 등을 상세하게 설명하며 인수인계를 했다.

이제 필자가 탑승한 여객기는 캐나다, 미국, 러시아를 거쳐 중국 하얼빈 관제 구역으로 들어왔다. 여객기는 인천 공항에 착륙하기 위해 고도를 낮추기 시작했다.

강하 및 착륙 과정은 순항 고도에서 목적지 공항에 착륙하기 위해 강하해 비행 고도를 낮추고 공항 활주로에 접지한 후 정지할 때까지의 과정을 통칭한다. 이 구간에서는 항공로에서 접근 시작 지점까지 연결하는 표준 터미널 도착 경로(standard terminal arrival route, STAR, 특정 공항에 대한 비행 절차를 명시한 차트다.)를 활용하며, 여기에는 속도 및 고도 제한 사항이 명시돼 있다. 항공기가 효율적이고 안전하게 강하할 수 있는 표준 터미널 도착 경로는 비행 정보 간행물에 공시돼 있다.

여객기는 고도를 낮춰 정해진 초기 접근 지점(initial approach fix, IAF)을 통과하면 접근 차트(approach chart)를 활용해 활주로 연장선에 도달한다. 여기에는 최저 안전 고도, 복행(go around) 절차, 접근 구간별 고도 및 강하각 등이 기록돼 있다. 여객기가 최종 접근 지점에 가까워지면 관제 권한이 접근 관제사로부터 공항 관제사에게 이양된다.

기장은 착륙하기 약 40분 전에 착륙 안내 방송을 한 후 주기장이 제2터미널 게이트라는 것을 확인하고 그에 따른 지상 이동 절차 브리핑을 실시했다. 브리핑 후 10분 정도 지나자 여객기는 2만 6600피트(8,108미터) 상공을 날고 있었다. 그 옆으로 대한항공의 에어버스 A380 여객기가 지나가는 것을 눈으로 직접 볼 수 있었다. 기장은 "저 여객기는 금방 인천 공항에서 출발해 프랑스 파리를 향해 비행하는 여객기"라고 알려 줬다.

그러는 순간 바로 기체가 크게 흔들리고 툭 떨어지면서 '쾅' 하는 큰 소리가 났다. 그 짧은 순간에 조종실은 적막감이 들고 모두 긴장했다. 기장은 아주 빠르게 천정에 있는 안전 벨트 사인을 켜고, 계기를 점검하기 시작했다. 다행히도 기체에 아무 이상이 없자 안도의 한숨을 내쉬었다. 부기장은 청천 난류(clear air turbulence, CAT) 때문이었다고 알려 주었다.

청천 난류는 구름이 없는 맑은 하늘에 생기는 난기류로 강한 제트 기류 주변 공기가 파도처럼 교란(disturbance) 상태가 되거나 대류성 기류의 수직 이동으로 인해 주로 1만 5000피트(4,572미터) 이상의 고도에서 발생한다. 청천 난류는 정확하게 예보하기도 어려울 뿐만 아니라 기상 레이다(weather RADAR)로도 잡히지 않는다. 조종사도 청천 난류가 언제 닥칠지 알지 못해 안전 벨트 사인으로 미리 경고할 수 없으므로 승객들은 좌석에 앉아 있을 때는 항상 안전 벨트를 매고 있어야 한다. 향후 비행 중 안전 벨트 표시등이 꺼지더라도 안전 벨트 착용이 의무화돼 청천 난류를 확실하게 대처해야 한다.

마지막 고비, 구름 속 비행

중국을 거쳐 인천 공항에 접근하는데 구름이 많고 기상 상황이 좋지 않았다. 계기판을 보니 지시 대기 속도는 300노트(시속 556킬로미터), 마하수 M은 0.735였다. 착륙하기 20분 전 또는 2만 피트 상공(장거리 노선은 기장이 TOD 시점에 착륙 신호를 객실 승무원에게 알려준다.)에서 기장이 "Cabin crew prepare for landing."이라는 착륙 신호를 준다. 이어서 객실 승무원은 승객들에게 "곧 인천 국제 공항에 도착하겠습니다."라는 공항 접근 기내 방송을 했다. 이때 객실 승무원은 좌석 등받이와 테이블을 제자리에 놓았는지, 꺼내 놓은 짐을 선반 속에 보관했는지를 확인하면서 착륙 준비에 들어갔다. 조종사는 구름 사이를 이리저리 왔다 갔다 하며 고도를 1만 5000피트로 낮췄다.

착륙하기 대략 10분 전인 1만 피트 상공에서 객실 승무원은 "우리 비행기는 곧 착륙하겠습니다. 좌석 벨트를 매 주십시오."라는 기내 방송을 내보낸 후 자신들도 자리에 앉아 좌석 안전 벨트를 맸다. 조종사는 지상 관제탑과 연락을 취하면서 관제 허가를

천정의 안전 벨트 사인 스위치.

받아 고도를 8,000피트로 내렸다. 이어 4,000피트(1,219미터)로 내렸고, 비행기 진행 방향(heading)을 070, 050, 040 등으로 이동하며 구름이 없는 상공으로 비행했다. 구름 속에는 난기류와 벼락 등 위험 요소가 많기 때문이다. 또 외기 온도가 낮을 때 저고도 구름 속에서 느린 속도로 비행하는 경우 물방울이 공기보다 무거우므로 날개 앞전에서 위아래로 갈라지지 못하고 착빙될 수 있다. 그러면 양력이 감소하고 항력이 크게 증가하므로 실속(stall, 항공기의 속도가 무게를 지탱하지 못할 정도로 너무 느리거나 지나치게 받음각이 높아 날개 표면을 흐르는 유동이 분리되어 양력이 급격히 감소해 추락하는 현상이다.) 위험이 있다. 특히 보잉 787 여객기는 기체 대부분을 탄소 복합 재료로 제작했기 때문에 벼락에 다소 약하다고 한다. 여객기가 구름 속에서 벼락에 맞아 수리를 해야 할 경우 비용이 수백만 달러에 달한다.

조종사는 착륙하기 대략 15분 전 계기판 전방 중앙 부분에 손잡이가 타이어 모양을 한 기어 레버를 내려 착륙 장치(랜딩 기어)를 내리고, 옆 중앙에 있는 플랩 조절 장치로 각도를 20도에 맞췄다. 랜딩 기어의 유압 장치가 고장 난 경우 착륙 장치를 내리는 예비 장치는 있지만 올리는 예비 장치는 없다. 그러므로 착륙 장치가 올라가지 않으면 억지로 올리지 말고 회항해야 한다. 착륙 장치는 고속에서 공기 저항이 크고 착륙 장치 덮개가 손상을 입을 수 있으므로 속도가 270노트(시속 500킬로미터) 이하인 경우에서만 내릴 수 있다. 구름으로 가려 인천 공항 활주로는 여전히 보이지 않았다. 여객기는 2,600피트(792미터)까지 강하하기 시작했으며 지시 대기 속도를 178노트(시속 330킬로미터)로 맞췄다.

조종사는 절차대로 착륙 전 점검(before landing check)에 들어갔다. 여객기는 계속 강하하고 있었다. 그날 기상 상황이 좋지 않아 이제 착륙하기 위해 어쩔 수 없이 구름 속으로 진입하는 수밖에 없었다. 구름 속에서 고도 1,000피트까지 내려갔는데도 지상 활주로가 눈에 들어오지 않았다. 고도 500피트(152미터)까지 내려가면서 구름을 빠져나오자 놀랍게도 활주로가 정면에 수직으로 누워 있었다. 조종사는 계기 착륙 장치(instrument landing system, ILS)를 이용해 여객기를 활주로 전방에 일렬로 정대시켜 놓았다. 활주로가 어느 방향에 있는지 알려 주는 로컬라이저 지시기

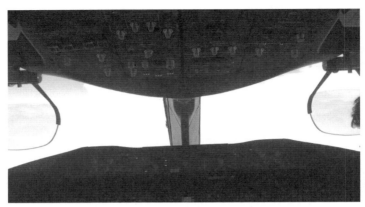

착륙하기 위해 구름 속으로 진입하는 KE074 편.

(localizer indicator)와 강하하는 경로를 알려 주는 글라이드 슬로프 지시기를 통해 활주로에 정확하게 진입시킨 것이다.

낮은 구름이 있거나 안개가 자욱할 때 계기 착륙 장치가 큰 도움을 준다. 계기 착륙 장치는 공항마다 갖춘 항행 안전시설의 성능에 따라 착륙할 수 있는 가시 거리 제한치가 다르며, 각각의 공항은 갖춘 시설에 따라 카테고리 I, II, III a(김포 공항), III b(인천 공항), III c 등으로 분류된다. 참고로 '착륙'이란 활주로 끝의 고도 50피트(15미터) 상공에서 활주로에 완전히 정지할 때까지의 과정을 말한다.

PF인 부기장은 활공각 3도로 적절한 강하율과 속도를 유지하며 진입하면서 한 손을 추력 조절기 위에 올려놓고 있었다. 착륙 과정에서 비상 상황이 발생하는 경우를 대비해 수동으로 빠르

구름으로 인해 고도 500피트까지 내려와서야 시야에 나타난 인천 공항 활주로.

게 추력 조절기를 조작하기 위해서다. 추력 조절기는 기장과 부기장 모두 사용할 수 있도록 중앙 부분에 있다. 부기장은 활주로에 접지하기 직전에 여객기 기수를 당겨 주 착륙 장치부터 멋지게 접지시켰다.

보잉 787-9 여객기는 토론토 피어슨 공항 이륙 후 북극 항공로로 장장 13시간 19분을 비행해 인천 공항에 안전하게 도착했다. 여객기는 활주로를 빠져나와 관제사가 지시한 유도로를 통해 제2터미널 256번 게이트까지 이동했다. 엔진이 정지하고 승객들이 내리고 난 후 조종사들은 점검 절차에 따라 점검을 한 후 비행 일지에 필요한 내용을 기록하고 조종실을 빠져나왔다.

이번 캐나다 토론토 왕복 관숙 비행에서 평상시 체험할 수 없는 조종실에서의 식사와 청천 난류, 북태평양 항공로 및 북극 항공로 체험, 공항 이착륙 과정, 구름을 뚫고 나아가는 비행, 비행 실무 등 다양한 경험을 했다. 3박 4일의 짧은 일정이었지만 인생에 영원히 남을 '멋진 비행'이었다. 학생들에게 들려줄 좋은 사례들이 많았던 값진 현장 수업이기도 했다.

연습 문제:

1. 이번 관숙 비행에서 인천 공항에서 동쪽으로 토론토 공항으로 갈 때는 13시간 36분 걸렸지만, 토론토 공항에서 서쪽으로 인천 공항으로 올 때는 13시간 19분 걸려 도착했다. 토론토로 갈 때와 인천으로 올 때 항공로를 다르게 택한 이유는 무엇인가? 인천과 미국 로스엔젤레스를 오고 갈 때의 비행 시간을 알아보고, 갈 때와 올 때의 비행 시간에 차이가 나는 이유를 설명하라.

2. 필자는 관숙 비행을 통해 인천 공항을 출발해 토론토 공항까지 13시간 넘게 비행한 후 시내 호텔에 도착, 너무 피곤해 바로 수면을 취했고 다음날까지 뒤척이다가 2박 3일이 순식간에 지나가 버렸다고 언급했다. 토론토에서 인천으로 귀국할 때보다 인천에서 토론토로 비행할 때가 훨씬 더 피곤하다. 이렇게 미주 지역으로 갈 때가 더 피곤한 이유는 무엇인가?

2부

항공기,
이륙에서
착륙까지

3장

이륙과
상승 비행

항공기가 하늘을 나는 데 수반되는 여러 비행 형태(flight configu-
ration) 중에서 이륙과 상승 비행에도 과학적 이론이 들어 있다.
보통 이륙은 항공기가 정지 상태에서 부양 후 이륙 경로를 마칠
때까지의 과정을 말한다. 이륙 후 항공기가 원하는 고도로 올라
가 비행 임무를 수행하기 위해서는 가능한 한 빨리 상승하는 성
능이 중요하다. 어느 전투기 조종사는 추운 겨울날에 자신도 놀
랄 정도로 빠르게 높은 고도에 도달했다고 토로한 적이 있다. 조
종사들이 원하는 고도에 올라 기동 비행 훈련이나 순항 비행을
하기 위해서는 반드시 이륙과 상승 비행 과정을 수행해야 한다.
이륙과 상승, 순항, 선회, 강하 및 착륙 과정에서 항공기에 작용
하는 힘과 비행 성능 등을 수학과 물리학을 통해 해석할 수 있다.

"활주로 길이는 충분하군. 이륙 준비 완료!"

이륙은 항공기가 활주로에서 가속하면서 양력을 얻어 공중으로
떠오르는 과정을 말한다. 항공기의 양력, 즉 뜨는 힘은 속력의 제
곱에 비례한다. 따라서 항공기가 순항 비행할 때는 속도가 빨라
충분한 양력을 얻어 떠 있는 데 지장이 없다. 하지만 정지 상태로
부터 이륙할 때는 활주로를 향해 가장 큰 추진력으로 가속해야

이륙하는 영국 공군 전투기 토네이도 GR4.

가능한 빨리 양력을 얻어 뜰 수 있다. 다시 말해 활주로에서 가속을 할 때 속도가 2배가 되면 양력은 4배로 증가해 충분한 양력을 얻을 수 있다. 이륙 속도는 일반적으로 비행기가 날 수 있는 최소한의 속도인 실속 속도보다 5~25퍼센트 정도 빠르다. 이륙 거리는 속도와 가속도 값에 의존하는 함수다.

　이륙할 때는 속도와 고도를 안정적으로 높이기 전이므로 사고 발생률이 높다. (물론 착륙 때도 마찬가지다. 항공기의 착륙에 대해서는 6장에서 다룰 예정이다.) 그래서 이륙할 때 3분, 착륙할 때 8분을 '마의 11분(critical eleven minutes)'이라고 한다. 이것은 과거 트랜스 월드 항공사(Trans World Airlines, TWA)에서 펼친 무사고 달성 운동의 구호로 전 세계로 확산된 것이다. 항공기는 이륙하기 위해서 공중에서 뜰 수 있는 속도에 도달해야 하는데, 무거운 항공기일수록 그 속도가 커야 하므로 이륙 활주 거리가 길어지는 것은 당연하다.

멋지게 이륙해 보자

보통 항공기의 이륙은 정지 상태에서 부양 후 이륙 경로 비행을 마칠 때까지의 과정을 말한다. 여기서 이륙 경로는 임계 엔진이 고장 났을 때를 가정해 정의된다. 임계 엔진이란 엔진이 고장 났을 때 조종성이나 항공기 성능에 가장 심각한 영향을 미치는 위치의 엔진을 말한다. 4발 엔진을 장착한 항공기에서는 동체에서 제일 먼 바깥쪽 엔진이 임계 엔진에 해당한다.

임계 엔진이 고장 난 경우의 이륙 경로를 나타낸 그림에서

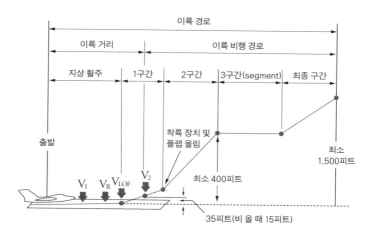

임계 엔진이 고장 난 경우의 이륙 경로.

이륙 경로는 부양 직전까지의 지상 활주 구간, 착륙 장치를 올릴 때까지의 1구간, 400피트(122미터) 고도에 도달할 때까지의 2구간, 상승을 위한 준비 단계인 3구간, 상승하기 시작해 1,500피트 고도에 도달한 최종 구간(final segment) 등으로 구분된다. 이러한 이륙 경로는 항공기가 활주로에서 움직이기 시작한 후 안전 이륙 속도인 V_2까지의 이륙 거리와 V_2에서 공중 비행 형태로 전환 후 최대 연속 추력으로 상승하기 시작해 상승각과 속도가 규정치에 도달한 고도(또는 이륙 최종 구간인 1,500피트를 넘어선 고도다.)까지의 이륙 비행 경로를 합한 것을 말한다.

항공기는 지상 활주하고 부양해 착륙 장치와 이륙 플랩을 올린 상태로 최대 연속 추력(maximum continuous thrust, MCT)으로 상승하기 시작한 후 이륙 경로의 끝에 도달하면서 이륙 과정을 마친다. 정상적으로 이륙을 마쳤다면 이륙 후 체크 리스트에 따라 점검을 하고 원하는 고도를 향해 상승 단계를 수행한다. 그렇지만 엔진이 고장 난 경우는 엔진 고장 체크 리스트에 따라 점검을 해야 하며, 상황에 따라서는 엔진 재시동을 시도해야 한다.

이륙 과정은 크게 ① 그라운드 롤(ground roll) ② 공중 거리 (air distance) ③ 급상승(climbout) 단계로 구분된다. 다음 그림에서와 같이 장애물 고도(obstacle height)까지 상승한 지상 수평 거리가 전체 이륙 거리이며 이는 지상 이륙 거리와 공중 이륙 거리로 구분된다. 여기서 지상 이륙 거리는 항공기가 부양할 때까지의 거리를 말하며, 공중 이륙 거리는 부양 후 장애물 고도까지 상

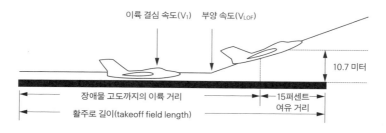

필요 이륙 활주로 거리.

승한 지상 수평 거리를 말한다. 여기서 장애물 고도는 안전한 이륙 상승을 위한 고도로 동력 장치의 종류에 따라 다르게 정의된다.

　　필요 이륙 활주로 거리(required takeoff field length)는 다음 중에서 가장 긴 거리를 말한다. 먼저 모든 엔진이 작동할 때 장애물 고도까지 이륙 거리의 115퍼센트에 해당하는 이륙 거리가 있다. 이륙 활주로는 최소 15퍼센트의 여유 활주 길이를 보유해야 한다. 여객기가 단발 엔진을 갖지 않는 이유는 엔진 하나가 고장 나더라도 안전하게 이륙하기 위한 것이다. 안전 이륙 거리는 이륙 결심 속도를 초과해 엔진 하나가 고장 난 상태에서 이륙해야 하는 거리가 있고, 이륙 결심 속도를 초과하기 전에 이륙을 포기해 완전히 정지하기 위한 거리도 있다. 이러한 이륙 거리 중에 가장 긴 필요 이륙 활주로 거리는 이미 앞에서 정의한 이륙 거리와는 다른 의미를 갖는다.

　　위 그림에 제시된 속도 V_1은 이륙 결심 속도(takeoff decision speed)로 이 속도에 도달하면 중대 결함(수평 꼬리 날개나 플랩 고장으로 인한 이륙 경보 장치의 작동, 엔진 추력의 급감소, 엔진의 화재 발생 등)이 아닌 이상 무조건 이륙해야 한다. 일반적으로 제트 여객기의 이륙 결심 속도는 시속 260~300킬로미터에 달한다. 이륙 결심 속도 크기가 작을수록 이륙을 중지하는 경우 정지 거리는 짧지만, 이륙을 지속하는 경우 이륙 거리는 길어진다.

이륙 전환 속도 V_R은 항공기 기수를 들어 올리기 위해 이륙 조작(당김)을 시작하는 속도로 이륙 결심 속도 V_1보다는 빨라야 한다. V_{LOF}는 부양 속도로 이륙 속도라고도 하는데 이 속도를 얻는 데 필요한 시간은 특히 중요하다. 일반적으로 부양 속도는 이륙 중량과 기상에 따라 다르지만, 소형 비행기는 대략 시속 100킬로미터, 대형 항공기는 대략 시속 300킬로미터 정도다. 이륙할 때 이륙 거리를 줄이기 위해 빨리 부양시켜야 하므로 비행기는 고양력 장치인 플랩을 사용한다. 대형 여객기는 이륙할 때 플랩 각도를 대략 5~20도 정도 작동시키는데, 플랩 20도일 때가 15도인 경우보다 이륙 속도가 작아져 더 빨리 이륙한다. 무거운 항공기일수록 플랩 각도를 크게 해 느린 속도로 빨리 이륙하지만, 그만큼 상승 성능에는 불리하게 작용한다. 이륙할 때 사용하는 플랩의 각도는 접지 속도를 고려해야 하는 착륙에 비해 작게 작동된다.

안전 이륙 속도인 V_2는 지면을 떠나 실속하지 않고 안전하게 상승할 수 있는 속도로 보통 $1.2V_S$(실속 속도), 또는 $1.1V_{MCA}$(최소 조종 속도, minimum control speed in the air) 중에서 빠른 속도로 정의된다. 여기서 최소 조종 속도 V_{MCA}는 이륙 활주 중 임계 엔진이 고장 났을 때 조종사가 날개의 경사각 5도를 벗어나지 않고 안전하게 진행 방향을 유지할 수 있는 최소한의 속도를 말한다.

조종사가 스로틀을 앞으로 밀어 항공기를 가속시키다가 토가 스위치를 누르면 이륙 중량을 통해 설정된 이륙 추력까지 추력이 자동으로 증가한다. 조종사는 로드 시트로부터 이미 결정된 이륙 관련 속도(V_1, V_R, V_2)에 따라 항공기를 이륙시킨다.

이륙 결심 속도 V_1을 지나고 이륙하자마자 1번 엔진이 떨어져 추락한 여객기 사고 사례가 있다. 1979년 5월 미국 시카고 오헤어 국제 공항을 이륙한 아메리칸 항공 191편 DC-10 여객기다. 이 비행기는 V_1을 초과해 무조건 이륙을 해야 하는 상황에서 기수를 들어 올리는 중, 부양한 지 1분도 되지 않아 실속으로 추락해 탑승자 전원이 사망했다. 원래 승무원 13명을 포함해 총 271명이 탑승해 로스앤젤레스 국제 공항으로 향할 예정이었지만 이륙 결심 속도를 지나서 이륙하자마자 엔진이 이탈한 것이다.

조종사들은 이륙 결심 속도 V_1 이전에 추력 조절기에서 절대로 손을 떼지 않는다. 이륙을 포기할 경우 엔진 추력을 신속히 아이들 상태로 줄여 안전하게 활주로에 항공기를 정지시키기 위해서다. 아메리칸 항공 191편 DC-10 여객기가 V_1 이전에 엔진이 떨어졌으면 이륙 포기를 신속히 처리해 대형 사고로는 이어지지 않지 않았을까 하는 아쉬움이 남는다.

공중으로 상승하기 위한 중간 단계, 회전 및 전환

이륙 단계는 더 세분화하면 지상 활주, 회전, 전환, 상승 단계로 구성된다. 여기서 회전 단계는 지상 활주할 때 조종사가 조종간을 당겨 기수 올림 상태에서 양력을 증가시켜 부양할 때까지의 과정을 말한다. 이륙 전환 속도 V_R은 항공기 기수를 들어 올리기 위한 속도로, 모든 엔진이 작동할 때와 임계 엔진이 작동하지 않을 때 동일한 이륙 전환 속도에서 이륙 규정을 만족해야 한다. 회전 단계에서 조종사가 적절한 피치각을 준 경우 항공기는 이륙 속도로 가속된 후 적절한 상승률(rate of climb, R/C)로 부양한다. 회전할 때의 시간은 보통 3초 이내이므로 활주 속도가 일정하다면 활주 거리는 이륙 속도에 3초의 시간을 곱한 값이 된다.

만약 항공기가 이륙 활주 중에 기수를 너무 많이 들어 올리면 항력이 커져 이륙 속도로 가속되기 힘들며 이륙 거리가 크게 증가한다. 심지어 항공기 꼬리 부분이 활주로에 닿는 테일 스트라이크 현상도 발생할 수 있다. 또 공중에 부양하더라도 속도가 너무 낮아 실속 현상이 발생해 활주로 바닥으로 추락할 수 있다. 그러므로 조종사는 이륙할 때 과도하거나 부족한 피치 회전을 삼가야 한다.

한편 전환 단계는 부양 지점에서 일정한 원주 속도(회전 반경과 각속도의 곱이다.)로 비행하는 곡선 비행 경로로서 직선 상승 비행을 시작하는 고도까지의 단계다. 이륙 상승 단계는 직선 상승 비행을 시작하는 고도에서부터 장애물 고도까지 직선 상승하

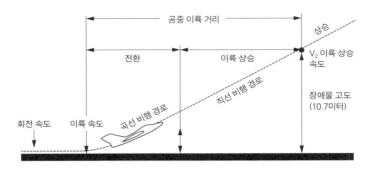

전환 단계와 이륙 상승 단계.

는 비행 단계를 말한다. 이륙 상승 속도 또는 안전 이륙 속도 V_2
는 엔진이 고장 났을 때 35피트(비 올 때는 15피트(4.6미터)) 상공에
도달해야 하는 최소 상승 속도로 실속하지 않고 안전하게 상승
할 수 있는 속도를 의미한다. 이러한 단계에서의 활주로 수평 거
리를 이륙 상승 거리라 말한다. 이륙할 때 전환 단계와 이륙 상승
단계는 비행 경로가 곡선이냐 직선이냐에 따라 구분된다.

최적의 최대 이륙 중량

조종사는 이륙을 하기 위해 최대 이륙 중량을 비롯해 이륙 속도,
기상, 활주로 상태, 플랩 설정 등 다양한 내용이 들어 있는 이륙
분석 차트를 통해 이륙 성능을 숙지해야 한다. 특히 최대 이륙 중
량은 여러 환경에 따라 변하며 이륙 전에 최적의 최대 이륙 중량
을 결정해야 한다.

최적의 최대 이륙 중량을 결정하는 여러 요소 중에 가장 중요한 것은 이륙 결심 속도 V_1과 항공기 기수를 들어 올리기 위해 당김을 하는 속도인 이륙 전환 속도 V_R과의 속도비 $\dfrac{V_1}{V_R}$이다.

다음 그래프는 $\dfrac{V_1}{V_R}$에 따른 최대 이륙 중량을 나타낸 것이다. 2개의 곡선 중 하나는 임계 엔진이 고장 난 상태에서 고도 35피트까지 진행한 이륙 거리 곡선이고, 다른 하나는 임계 엔진이 고장 나 V_1에서 이륙을 단념하고 제동 장치를 사용해 정지할 때까지의 거리를 나타내는 가속−정지 거리(accelerate stop distance, ASD) 곡선이다. $\dfrac{V_1}{V_R}$이 증가함에 따라 이륙 중량은 증가하거나 감소하는 2개의 곡선을 나타낸다. 이륙 전환 속도 V_R은 항공기 중량에 따라 달라지며, 이에 따라 이륙 결심 속도 V_1도 변화한다.

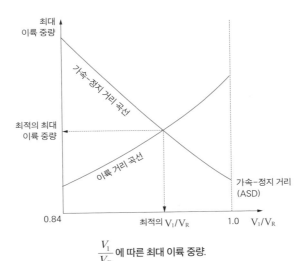

$\dfrac{V_1}{V_R}$에 따른 **최대 이륙 중량**.

그렇지만 이륙 결심 속도 V_1은 이륙 전환 속도 V_R보다 항상 느린 상태에서 변한다. $\dfrac{V_1}{V_R}$의 최솟값은 제조사 수치로 0.84고 최댓값은 법규상 수치로 1.0이다. 최대 이륙 중량은 2개의 제한 곡선인 이륙 거리 곡선과 가속-정지 거리의 곡선이 만나는 교차점에서 최적화된 값을 나타낸다. 또 최대 이륙 중량은 이륙 상승 속도인 V_2, 상승과 장애물 제한, 타이어와 브레이크 성능 등에 따라 영향을 받으므로 이를 고려해야 한다.

최적화된 최대 이륙 중량을 구하면 비행 매뉴얼을 통해 실속속도 V_S를 구할 수 있고, 최적 속도 비율 $\dfrac{V_2}{V_S}$로부터 V_2를 구할 수 있다. 그리고 비행 매뉴얼로 이륙 전환 속도 V_R을 구하고 $\dfrac{V_1}{V_R}$을 통해 V_1을 구할 수 있다. 그러므로 최적화된 최대 이륙 중량을 통해 이륙과 관련된 속도(V_1, V_R, V_2)를 구할 수 있다. 이륙과 관련된 속도를 지키면 최적화된 최대 이륙 중량으로 이륙할 수 있다. 그렇지만 이러한 속도를 지키지 않으면 최대 이륙 중량은 당연히 감소된다.

이륙 거리로 보는 항공기 발전사

국제 표준 대기에서 이륙 중량이 63.5톤인 보잉 737-800 여객기에게 필요한 활주로 길이는 1,510미터다. 하지만 해면 고도가 1,220미터라면 필요한 활주로 길이는 1,830미터로 늘어나며, 더 높은 고도 2,440미터에서는 필요한 활주로 길이가 2,470미터로 더 늘어나게 된다. 고도 1,665미터에 위치한 미국 덴버 국제 공항은 북아메리카에서 가장 긴 4,877미터의 상용 활주로를 보유하고 있다. 일반적으로 해면 고도에서 보잉 747-8, 에어버스 A380, 보잉 737-800 여객기에게 필요한 이륙 거리는 각각 3,050미터, 2,900미터, 2,100미터다. 이것은 해면 고도에서 최대 이륙 중량일 때의 최소 필요 이륙 거리를 나타내는데, 이 거리를 기준으로 이륙할 수 있는 활주로 길이를 정한다.

아래 그래프는 연도에 따른 각종 항공기의 이륙 거리를 나타낸 것으로, 왕복 엔진에서 제트 엔진으로 동력이 바뀌면서 이륙 거리가 증가했음을 확연하게 알 수 있다. 또한 이륙 거리는 무게와 이륙 속도의 제곱에 비례하고 평균 가속도에 반비례하므로 항공기가 대형화되면서 이륙 거리가 증가한 것을 알 수 있다.

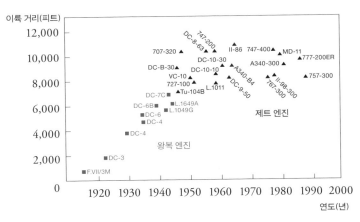

연도에 따른 각종 항공기의 이륙 거리 변화.
(7로 시작하는 이름을 가진 항공기는 보잉 사의 항공기다.)

여객기의 중량, 기온, 풍향이 이륙 거리에 미치는 영향

항공기의 이륙 거리에 영향을 미치는 요소에는 항공기 중량, 추력, 온도, 압력 고도, 풍향 및 풍속, 활주로 기울기 및 표면 마찰 등이 있다. 그중에 항공기 중량이 이륙 거리에 미치는 영향을 고려해 보자. 항공기가 활주로에서 브레이크를 잡고 있어 초기 속도 $V_0 = 0$일 때 지상 이륙 거리 $S_{GR,\,TO}$는 다음과 같이 표현된다.

$$S_{GR,\,TO} = \frac{1}{2}\frac{V_{LOF}^{\,2}}{\bar{a}}.$$

여기서 V_{LOF}는 부양 속도 그리고 $\bar{a}$는 평균 가속도의 크기다. 이륙 조건이 다를 때를 첨자 1과 2로 나타낸다면 이륙 거리의 비는 다음과 같이 표현된다.

$$\frac{S_2}{S_1} = \left(\frac{V_{LOF2}}{V_{LOF1}}\right)^2\left(\frac{\bar{a}_1}{\bar{a}_2}\right).$$

여기서 부양 속도는 중량의 제곱근에 비례하고, 활주로 마찰의 효과가 그리 크지 않으므로 평균 가속도의 크기는 중량에 반비례한다고 할 수 있다. 그러므로 지상 이륙 거리는 다음과 같이 표현된다.

$$\frac{S_2}{S_1} = \left(\frac{W_2}{W_1}\right)^2.$$

이륙 거리는 중량의 제곱에 비례하므로 중량이 무거우면 무거울수록 이륙 거리는 크게 증가한다. 만약 비행기 무게가 10퍼센트 증가하면 이륙 거리는 대략 21퍼센트 정도 증가한다. 그러므로 항공사는 여객기 중량을 줄이기 위해 탑승객의 수하물 중량을 50파운드(23킬로그램)로 제한해 무게를 재고 또 수하물 숫자도 제한한다. 앞으로는 항공사가 정한 일정 체중 이상의 승객은 비싼 항공권을 구입해야 하는 시대가 올 수도 있을 것이다.

이 외에도 날씨에 따른 온도, 풍향 및 풍속 등이 이륙 거리에 영향을 미치므로 일기 예보도 챙겨 봐야 한다. 그중 온도에 대해 알아보자. 온도가 올라갈수록 공기의 밀도는 떨어지는데 이렇게 되면 엔진 출력이 떨어지고 공기 역학적 성능도 영향을 받아 필요한 활주로 길이가 늘어난다. 그러므로 더운 중동 지역의 활주로는 서늘한 지역의 활주로보다 더 길어야 한다. 카타르 도하의 하마드 국제 공항의 활주로 길이는 4,850미터, 아랍 에미리트 두바이 국제 공항의 주요 활주로 길이는 4,447미터다. 이에 비해 인천 국제 공항의 활주로 길이는 4,000미터로 비교적 짧은 편이다. 지구 온난화가 불러온 여름철 온도 상승으로 이륙 활주 거리가 증가하면서 이륙에 시간이 더 소요된다. 이로 인해 여름철 비행 지연이 일상이 될 수도 있다. 실제로 2017년과 2018년 여름철에 기온이 극단적으로 높아지자 여객기의 이륙 거리가 늘어나 더 많은 시간이 소요되면서 비행 지연이 빈번하게 발생했다.

한편 바람도 항공기의 공기 역학적 힘과 모멘트에 영향을 주

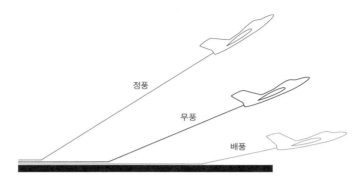

정풍, 무풍, 배풍이 이륙 거리에 미치는 영향.

어 이륙 거리에 크게 영향을 미친다. 그 영향은 정풍이냐 또는 배
풍이냐에 따라 상당히 다르다. 정풍은 이륙하는 항공기를 향해
불어오는 맞바람을 말하며, 배풍은 항공기 뒤에서 앞쪽으로 불
어오는 바람을 말한다. 그러므로 조종사는 바람의 영향을 적절히
예측하고 이를 고려해 이륙해야 한다. 정풍은 속도 증가에 도움
을 주어 지상 이륙 거리와 지상 이륙 시간이 단축되지만, 배풍은
오히려 속도를 감소시키므로 지상 이륙 거리와 지상 이륙 시간이
늘어난다. 만약 항공기에 측풍이 불어 옆으로 밀린다면 활주로
중심선을 따라 이륙할 수 없으므로 풍상(바람이 불어오는 방향) 쪽
의 에일러론(aileron, 보조 날개)을 올려 날개를 내려야 한다. 또 날
개가 기울어진 풍상 쪽으로 틀어지는 현상을 막기 위해 반대 러
더를 사용해 직선 방향을 유지해야 한다. 항공기가 완전히 부양
한 후에는 날개를 수평으로 유지하고 크랩(crab) 방법으로 중심

선을 따라 상승해야 한다.

특히 이착륙할 때 많은 비(heavy rain)가 내린다면 빗물은 항공기 중량을 증가시키고 아래와 뒤 방향으로 충격을 준다. 또 빗물은 날개의 양력과 항력 등 공기 역학적 힘에 영향을 주며, 일정하지 않은 빗물은 피칭 모멘트와 롤링 모멘트까지 유발한다. 호우는 양력을 30퍼센트 이상 감소시키고 항력은 30퍼센트까지 증가시키며, 최대 양력 계수 받음각을 2~6도 정도 감소시킨다. 그러므로 조종사는 이착륙 중에 많은 비가 내리는 경우 비행 사고가 발생하지 않도록 이착륙을 포기하거나 세심한 주의를 기울여야 한다.

이처럼 이륙 거리는 대기 상태나 활주로 상태(마찰 계수)를 고려해 계산해야 하며, 이륙 거리가 너무 길어 활주로 길이를 초과한다면 항공기 중량을 줄여 이륙 거리를 줄여야 한다.

드디어 이륙! 이제 고도를 높이자

이륙 후 상승 단계는 전환 단계 후 직선 상승 비행 시작 단계부터 장애물 고도까지의 비행 단계를 말한다. 미국 연방 항공 규정에 따르면 소형 비행기와 곡예기는 장애물 고도를 50피트, 수송기나 상용기는 장애물 고도를 35피트로 규정하고 있다. 이륙 상승 속도는 장애물 고도 높이에 도달할 때의 속도를 말한다. 이륙 상승 속도 V_2는 실속 속도 V_S보다 20퍼센트 이상 빨라야 한다.

항공기의 이륙 거리는 속도 0에서 지상 활주를 거쳐 장애물

토론토 공항을 이륙한 후 상승하는 에어 캐나다 소속의 에어버스 A321.

고도 상승 단계까지의 거리를 말한다. 에어버스 A380과 같은 초대형 여객기는 이륙 거리가 길어 이륙할 수 있는 공항이 인천, 파리, 뉴욕, 로스앤젤레스 공항 정도로 제한된다. 그래서 에어버스 A380은 전 세계 약 1만 8000개 공항 중 약 140개의 대형 공항만을 정기적으로 운항하고 있다. 비상 사태가 발생했을 때 착륙할 수 있는 공항을 포함해도, 에어버스 A380 같은 초대형 여객기가 이착륙할 수 있는 공항은 500개 정도에 불과하다.

2017년 9월 에어 프랑스 66편 에어버스 A380 여객기가 프랑스 파리에서 미국 로스앤젤레스를 향해 비행하면서 4번 엔진 팬의 허브 부분이 분리되어 '부품이 이탈된 엔진 고장(uncontained engine failure)'이 발생했다. 부품이 이탈된 엔진 고장이란 엔진 내부에서 부품이 분리되어 부품 조각이 엔진 케이스에 남아 있거나 빠져나가지 않는 경우를 말한다. 이런 고장은 부품 조각이 기내 또는 연료 탱크에 침투하는 아주 위험한 상황으로 발전할 수 있다.

에어 프랑스 66편의 조종사는 3,368미터 거리의 대형 활주로가 있는 캐나다 뉴펀들랜드 주 소재 구스 베이(Goose Bay) 공군 기지에 비상 착륙했다. 다행히도 여객기 승무원 24명과 탑승객 497명 중 다친 사람은 없었다.

고도는 높아졌는데, 속도는 떨어지지 않는다? 비밀은 잉여 추력!

항공기는 이륙 단계를 마치면 원하는 고도에 도달하기 위해 상승 비행을 수행한다. 여객기인 경우 추력 조절기는 이륙 추력에서 상승 추력으로 자동으로 줄어든다. 상승 비행은 피치 자세와 동력으로 고도를 얻는 기본 기동 비행으로 상승각 최대 상승, 상승률 최대 상승, 최적 연료 소비 상승 등으로 구분된다. 상승각 최대 상승은 이륙 경로에 수직 장애물이 있는 경우에 적용하며, 상승각은 아주 크고 속도는 느린 상태에서 최대의 동력을 적용하므로 주어진 시간당 지상 비행 거리는 제일 짧다.

추력을 일정하게 하면서 상승하게 되면 위치 에너지가 증가하면서 속도는 줄어든다. 그러므로 일정한 상승 속도를 유지하면서 상승하기 위해서는 추력을 증가시켜야 한다. 또 고도가 높아지면서 공기 밀도가 떨어져 추력이 감소하므로 이를 보완해야 한다. 그러므로 운동 에너지 변화 없이 속도를 일정하게 유지하면서 상승하기 위해서는 이용 추력(thrust available, 항공기에 장착된 엔진으로부터 얻을 수 있는 이용 가능한 추력이다.)에서 필요 추력(thrust required, 항공기가 등속 수평 비행을 하는 데 필요로 하는 추력이다.)을 뺀 잉여 추력을 이용한다. 따라서 상승은 양력과 중량이 균형을 이룬 상태에서 추력을 증가시켜 상승하는 것이다. 만약 항공기가 사용 가능한 잉여 추력이 없게 되면 더는 상승할 수 없는 한계 고도가 존재한다.

등속 상승 비행 중인 항공기에 작용하는 힘은 항공기가 기울면서 겉보기 무게가 $W\cos\gamma$로 가벼워지고 기울어진 무게로 인해 항력 방향으로 $W\sin\gamma$만큼이 추가된다. 그러므로 상승하기 위한 추력은 수평 비행에서보다 훨씬 더 필요하게 된다. 등속 상승 비행에서의 운동 방정식은 가속도가 일정하므로 다음과 같이 모든 힘의 합은 0이라는 힘의 평형 조건식으로부터 구할 수 있

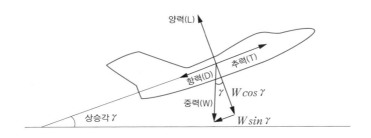

상승하는 항공기에 작용하는 힘.

다. 수평 방향 x 성분과 수직 방향 y 성분 각각의 힘의 평형 조건식은 다음과 같다.

$$\sum F_x = 0 \text{이므로 } T = D + W\sin\gamma,$$
$$\sum F_y = 0 \text{이므로 } L = W\cos\gamma.$$

여기서 γ는 상승각, T는 이용 추력, D는 항력, W는 항공기 중량, 즉 중력의 크기를 의미한다. 상승각 방향대로 비행기가 상승하면 진행 방향과 항공기 자세가 일치하므로 상대풍에 대한 받음각은 0이 된다. 그러므로 상승각과 받음각은 다르며, 양력은 상대풍과 항공기 자세와의 각도인 받음각에 따라 달라진다. 일반적으로 여객기는 상승할 때 충분한 양력을 얻기 위해 상승 방향에서 약간의 기수를 들어 양의 받음각을 만든 상태로 상승각 방향대로 상승한다. 상승할 때도 순항할 때와 마찬가지로 기수를 약간 들고 비행하는 것이다.

항공기가 상승한다면 추력은 항력 D에 항공기 무게의 일부 $W\sin\gamma$가 추가되며, 양력은 겉보기 무게 $W\cos\gamma$로 감소한다. 만약 항공기가 90도로 상승한다고 하면 양력은 0이 되므로 양력은 없어도 되지만, 추력은 로켓처럼 수직으로 상승할 만큼 아주 크게 증가시켜야 상승할 수 있다.

일반적으로 상승하는 항공기의 속도는 다음과 같이 평형 방정식으로부터 구할 수 있다.

$$L - W\cos\gamma = 0$$
$$L = \frac{1}{2}\rho V^2 S C_L$$
$$= W\cos\gamma.$$

여기서 양력 L을 양력 계수 C_L로 표현했으며, 양력 계수를 포함하는 공기력 계수를 최초로 정의해 사용한 사람은 오토 릴리엔탈(Otto Lilienthal)이다. 위에서 표현한 방식은 독일 괴팅겐 대학교의 루트비히 프란틀(Ludwig Prandtl) 교수가 1921년 NACA 기술 보고서 116에서 자유류(275쪽 참조)의 동압 $q_\infty = \frac{1}{2}\rho_\infty V_\infty^2$이 적합하다며 양력 계수와 항력 계수를 정의한 이후부터 사용되기 시작했다.

비행기가 상승할 때의 비행 속도는 다음과 같다.

$$V = \sqrt{\frac{2W\cos\gamma}{\rho S C_L}}$$
$$= V_L\sqrt{\cos\gamma}.$$

여기서 V_L은 수평 비행 속도를 의미한다. 수평 비행 상태에서 상승각 γ를 갖는 경우 비행 속도는 $\sqrt{\cos\gamma}$ 배 감소한다.

상승각 γ는 이미 앞에서 언급한 힘의 평형 조건식으로부터 다음과 같이 상승각의 사인 함수로 표현할 수 있다. 물론 상승각은 비행기의 자세와 일치하지 않을 수도 있다. 왜냐하면 더 큰 양력을 얻기 위해 비행기 날개의 받음각을 갖기 때문이다.

$$\sin \gamma = \frac{T - D}{W}$$

$$= \frac{T_A - T_R}{W}.$$

여기서 T_A는 이용 추력이고 T_R은 필요 추력이다. 이 식에 따르면 주어진 중량에 대한 상승각은 추력과 항력의 차이 $T-D$에 좌우된다. 만약 잉여 추력 $T_A - T_R$이 0이면 $T=D$이며, 상승각이 0이므로 수평 직선 비행 상태임을 의미한다.

만약 상승각이 작은 경우(15도 이하)에는 $\cos \gamma \simeq 1$ 이므로 평형 방정식은 다음과 같다.

$$L = W \cos \gamma$$

$$\simeq W.$$

그리고 $\sin \gamma \simeq \gamma$이므로 다음과 같이 표현할 수 있다.

$$\gamma = \frac{T - D}{W}$$

$$= \frac{T}{W} - \frac{1}{(L/D)}.$$

이 식은 추력과 중량의 비 $\dfrac{T}{W}$를 최대로 하고 양항비(양력과 항력의 비) $\dfrac{L}{D}$을 최대로 하면 상승각이 최대가 된다는 것을 나타낸다. 그러므로 항공기 무게가 동일할 때 잉여 추력이 상승각을 결정하는 주요 요소임을 알 수 있다. 항공기는 양력을 크게 해서 상승하는 것이 아니고 추력으로 상승하는 것이다.

상승각이 최대일 때의 속도는 잉여 추력이 최대일 때의 속도에 해당한다. 왜냐하면 상승각이 커질수록 증가한 중력 성분을 이겨내고 상승해야 하기 때문이다. 이 속도로 주어진 거리에서 가장 높은 고도를 취할 수 있으므로 이륙할 때 전방 장애물을 회피하기 위해 사용된다. 즉 항공기의 추력이 크면 클수록 큰 상승각으로 상승할 수 있으며, 아주 큰 경우는 우주 발사체(space launch vehicle)처럼 양력 없이도 수직 상승이 가능하다. 수직 상승이 가능한 비행체나 발사체는 일반 항공기처럼 활주로가 필요 없다.

상승률 R/C 는 등속 상승 비행에서 고도의 시간 변화율로 정의된다. 수식으로는 다음과 같이 표현된다.

$$R/C = \frac{dh}{dt}.$$

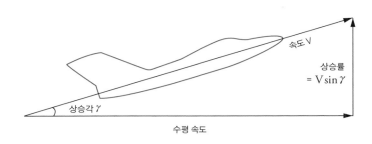

상승각과 상승률.

이러한 상승률인 수직 속도 성분은 기하학적으로 다음과 같이 표현할 수 있다.

$$R/C = \frac{dh}{dt}$$
$$= V\sin\gamma.$$

힘의 평형 조건식으로부터

$$\sin\gamma = \frac{T-D}{W}$$

이므로 다음과 같이 유도할 수 있다.

$$R/C = V\sin\gamma$$
$$= V\frac{T-D}{W}$$
$$= \frac{TV-DV}{W}$$
$$= \frac{P_A-P_R}{W}.$$

여기서 상승률은 잉여 동력(excess power) P_A-P_R을 무게로 나눈 값으로 비잉여 동력(specific excess power)을 의미한다. 잉여 동력은 이용 동력 P_A(엔진으로부터 공급되어 유효하게 이용할 수 있는 동력이다.)에서 필요 동력 P_R(항력을 이겨 내고 속도를 유지하는 데 필요한 동력이다.)을 뺀 동력이므로 조종사가 사용할 수 있도록 남아 있는 동력을 말한다. 그러므로 항공기 무게가 동일할 때 잉여 동력이 상승률을 결정하는 주요 요소임을 알 수 있다. 또 항공기 무게가 증가해 무거워지면 유도 항력(3차원 날개의 양력으로 인해 발생하는 항력이다.)이 증가해 $T-D$가 감소하게 되므로 상승률은 감소된다. 그리고 정풍 또는 배풍 등 일정한 바람 성분이 있을 때 상승하는 경우에는 비행 경로는 변경되지만, 상승률에는 영향이 없다.

비행기가 상승하는 방식은 최대 상승각 방식, 최대 상승률 방식 이외에도 총 비행 시간을 단축하기 위한 고속 상승 방식이 있다. 최대 상승률로 상승하는 항공기 속도는 최대 상승각 방식보다는 빠르고 고속 상승 방식에 비해 느리지만, 높은 고도에는 제일 빨리 도달한다. 한편 고속 상승 방식은 총 비행 시간을 단축하기 위해 상승각이 제일 작지만 고속으로 상승하며, 순항 비행 중에도 고속으로 비행하는 방식이다.

상승할 때 연료 소모량을 최소로 하기 위해서는 상승 시간을 최소화해야 한다. 그러므로 최대 상승률 방식으로 상승하면 짧은 시간 내에 최고로 높은 고도에 도달해 연료를 절감할 수 있다. 실제 비행에서 선택하는 경제적 상승 방식이다. 이때의 속도는 단위 시간당 위치 에너지가 최대로 증가해야 하므로 잉여 동력이 최대일 때에 해당한다. 이러면 필요 동력으로 항력을 이겨내 고도와 속도를 유지하며, 나머지 동력으로 고도를 증가시킨다.

다음 그래프는 항공기 속도에 따른 동력 곡선을 나타낸 것이

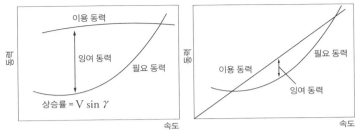

프로펠러 항공기(왼쪽)와 제트 항공기(오른쪽)의 잉여 동력.

다. 왼쪽은 프로펠러 항공기의 동력 곡선으로 저속에서 이용 동력 P_A와 필요 동력 P_R의 차이가 상당히 크다. 그렇지만 오른쪽의 제트 항공기 동력 곡선은 저속보다는 고속에서 잉여 동력이 크다는 것을 알 수 있다. 이러한 차이, 즉 $\dfrac{P_A - P_R}{W}$이 최대일 때 최대의 상승률로 비행이 가능하다. 따라서 일반적으로 제트 항공기는 고속에서, 프로펠러 항공기는 저속에서 효율이 크다는 것을 알 수 있다.

비행 속도가 빨라져 그래프의 우측으로 이동할수록 필요 동력이 급격히 증가하며, 필요 동력과 이용 동력이 같아지는 순간이 발생한다. 이때는 항공기에 장착된 엔진을 통해 이용할 수 있는 동력이 없는 순간이며 등속 수평 비행의 최대 속도에 해당한다.

상승 시간을 결정하는 변수들

일정 고도 h까지 상승하는 데 걸리는 시간, 즉 상승 시간을 구하려면 기초 미적분학 지식이 필요하다. 상승 시간의 변화는 다음과 같이 주어진다.

$$dt = \frac{dh}{R/C}.$$

여기서 R/C는 상승률이다. 따라서 t에 대해 이 식을 적분하면 상승 시간을 알아낼 수 있다.

$$t_2 - t_1 = \int_{h_1}^{h_2} \frac{1}{R/C} \, dh$$
$$= \int_{h_1}^{h_2} \left(\frac{W}{T - D} \right) \frac{1}{V} \, dh.$$

기본 식에서 상승률이 클수록 상승 시간은 줄어든다는 사실을 알 수 있다. 예를 들어 국산 T-50 고등 훈련기를 개조한 경공격기 FA-50은 이륙 직후 60초 정도면 약 11킬로미터 고도에 도달한다. 추운 겨울철에는 공기 밀도가 높아 엔진 효율이 증가하므로 더 이른 시간에 도달할 것이다. 이 경공격기는 F-16보다 엔진 추력이 작지만, 추력과 중량의 비는 비슷하다. 이것은 기체의 크기가 작기도 하지만, 기체 자체가 가벼운 재질이기 때문이다. 또 상승 시간은 상승률이 0이면 무한대가 된다는 것을 알 수 있다.

항공기는 어느 고도까지는 높은 고도에서 비행하는 편이 공기 저항이 작아 연료를 절감할 수 있어 경제적이다. 그렇지만 항공기의 상승 성능은 고도가 높아짐에 따라 떨어진다. 공기가 희

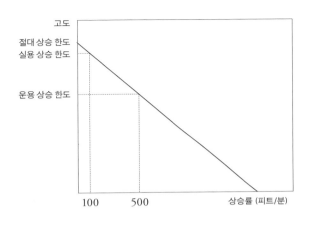

항공기의 상승률과 상승 한도.

박해져서 엔진 출력이 저하되므로 이용 추력이 감소하기 때문이다. 그러므로 고도가 증가함에 따라 잉여 동력은 감소하고 최대 속도도 감소한다.

항공기의 상승 한도는 상승할 수 있는 고도의 한계를 나타내며 이는 항공기 성능을 나타내는 항목 중 하나다. 항공기가 상승해 고도가 높아지면 상승에 사용되는 엔진 출력의 여유분이 작아져 상승률은 점점 떨어진다. 그리고 어느 고도에서 이용 동력과 필요 동력이 동일해 잉여 추력이 없어 상승률은 0이 되는데, 이 고도를 절대 상승 한도(absolute ceiling)라 한다. 이때까지의 상승 시간은 이론적으로 무한대로 크게 증가하므로 실제로 측정할 수 없으며, 절대 상승 한도까지 올라가기도 불가능하다.

그래서 항공기 성능 측정은 절대 상승 한도를 사용하지 않고 시간을 측정할 수 있는 실용 상승 한도(service ceiling)나 운용 상승 한도(operating ceiling)를 사용한다. 실용 상승 고도는 정상 수평 비행이 가능한 실제적인 최대 한계를 나타낸다. 실용 상승 한도는 항공기가 표준 대기 상태에서 상승률이 분속 100피트(분속 30미터) 이상의 속도를 얻을 수 있는 최대 고도로 절대 상승 한도의 90퍼센트 정도다. 운용 상승 한도는 표준 대기 상태에서 연속 최대 출력(장시간 동안 낼 수 있는 최대 출력이다.)으로 상승할 때 분속 500피트(분속 200미터) 이상의 속도를 얻을 수 있는 최대 고도를 말한다. 이 상승 한도는 실제 항공기가 운항할 때 최고 상승 한계로 그 이상의 고도에서는 정상적인 조종성을 유지하기 힘들다.

초음속 전투기의 비행 성능을 결정하는 '비잉여 동력'

항공기의 비행 성능을 해석하기 위해 우리는 상승률과 같은 의미인 비잉여 동력 P_S를 사용한다. 여기서 비잉여 동력은 이용 동력과 필요 동력의 차이를 무게로 나눈 값으로 비에너지 E_S의 시간 변화율을 말한다.

$$P_S = \frac{dE_S}{dt}$$
$$= R/C.$$

여기서 비에너지는 위치 에너지와 운동 에너지의 합을 항공기 무

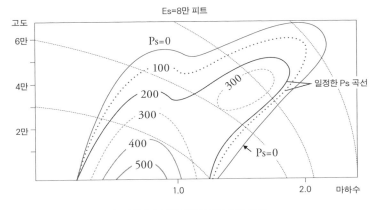

특정 초음속 전투기의 비잉여 동력 선도.

게 W로 나눈 값으로 고도의 단위를 갖기 때문에 항공기의 에너지 고도라 한다. 따라서 에너지 고도로 항공기의 에너지 상태를 비교할 수 있다. 이러한 비잉여 동력은 조종사가 사용할 수 있도록 남아 있는 동력이므로 클수록 공중전에 유리하다.

위 그래프는 비잉여 동력 P_S를 매개 변수로 마하수와 고도의 관계를 나타낸 것으로 초음속 전투기의 비잉여 동력 선도를 나타낸다. 그래프에서 점선은 비에너지를 나타내며, 점선 위에서 마하수가 증가해 운동 에너지가 증가할수록 위치 에너지가 감소한다. 비에너지를 증가시키기 위해서는 비잉여 동력 P_S를 사용해야 하며 P_S는 다음과 같이 나타낼 수 있다.

$$P_S = \frac{dh}{dt} + \frac{V}{g}\frac{dV}{dt}.$$

3장 이륙과 상승 비행   **129**

수식 오른쪽의 두 항으로부터 상승하거나 가속하는 데 비잉여 동력을 사용할 수 있다. 그래프에서 각각의 실선은 비잉여 동력 P_S가 0, 100, 200, 300, 400, 500(단위는 초당 피트)인 선으로 나타내고 있는데 상승률과 동일한 의미다. 여기서 $P_S = 0$ 선으로 제한되는 속도와 고도가 해당 전투기의 비행 한계를 나타내며, $P_S = 0$ 선의 정점이 절대 상승 한도의 고도에 해당한다. 이때는 이론적으로 정상 수평 비행만을 유지할 수 있는 비행 조건이며, 상승 비행을 수행할 수 없다. 그렇지만 비잉여 동력 P_S가 양수인 상태에서는 상승 비행과 가속 비행이 가능하다. 전투기는 순간적으로 $P_S = 0$인 선 밖인 음의 영역으로 나갈 수는 있지만, 그 상태를 지속적으로 유지하는 것은 불가능하다.

그래프 왼쪽의 마하수가 1.0보다 작은 아음속 영역에서 등 비잉여 동력 선도의 정점을 연결한 선이 상승 비행 시간이 최소인 비행 경로에 따른 속도와 고도를 나타낸다. 이것은 전투기가 최대 상승률로 상승하기 위한 이론적인 속도 계획을 말한다. 그래프에서 $M = 1.0$ 근처 움푹 팬 위치는 항력 발산 마하수(drag divergence Mach number, 날개 윗면에 발생한 충격파로 인해 항력이 급격히 증가하는 마하수다.)에서 항력이 많이 증가한 것이다. 그리고 비잉여 동력 선도는 아음속과 초음속에서 다른 형태를 보인다는 것을 알 수 있다. 특히 전투기 조종사는 전체 에너지의 범위 내에서 위치 에너지와 운동 에너지를 서로 전환할 수 있다. 그래서 공중전을 할 때 상대 전투기보다 비잉여 동력의 차가 우세한 속도 및 고도 영역을 확보해야 한다. 전투기는 비잉여 동력의 차이만큼 기동성이 뛰어나기 때문이다.

만약 공중전을 할 때 별도의 에너지를 추가할 수 없는 상황에서는 위치 에너지와 운동 에너지의 합이 일정한 역학적 에너지 보존 법칙을 잘 활용해 기동해야 한다. 상대 전투기를 쫓고 있는 상황에서 상대방보다 빠른 경우에는 선회 반경이 커서 놓칠 수 있으므로 상승을 통해 속도를 줄여 선회 반경을 작게 기동하고, 상대 전투기보다 느린 경우에는 급강하를 통해 속도를 증가시켜 상대방을 잡는다. 그러므로 전투기 조종사들은 비잉여 동력 선도를 숙지해 다른 전투기에 비해 어떤 고도와 속도에서 기동성이 우수한지 파악해야 한다.

국산 경공격기 FA-50과 전투기인 F-16을 비잉여 동력 선도로 비교해 볼 수 있다. FA-50 경공격기의 비행 성능은 F-16 전투기보다 떨어지지만, 비잉여 동력 선도의 일부 영역에서는 오히려 F-16보다 우세하다. 이것은 FA-50의 기체 자체가 가볍고 공기 역학적으로 설계가 잘 되어 있기 때문이다. 전투기 조종사는 비잉여 동력 선도를 통해 상대 전투기의 비행 특성을 반드시 파악해야 공중전에서 승리할 수 있다. 전체 에너지를 단위 무게에 대한 운동 에너지와 위치 에너지의 변화로 나타내고 이것을 시간에 대해 미분해 수학적으로 표현함으로써 상승과 하강, 그리고 가속과 감속 비행 등을 해석할 수 있다.

첫 국산 전투기 KF-21 보라매를 비롯해 FA-50과 F-16

FA-50의 스트레이크.

의 형상을 보면 날개 앞전의 뿌리 부분이 동체에 길게 앞으로 늘어난 날카로운 부분이 있다. 이것을 스트레이크(strake) 또는 앞전 연장부(leading edge extension, LEX)라 한다. 1960년대부터 NASA (National Aeronautics and Space Administration)를 비롯한 기관들이 스트레이크를 연구해 오다가 F-16 전투기에서 본격적으로 사용하기 시작했다. 이것은 높은 받음각에서 토네이도와 같은 와류 (vortex)를 유발해 날개 윗면에 낮은 압력을 생성해 양력을 증가시키고 실속을 지연함으로써 기동 능력을 향상시킨다. 스트레이크는 전체 양력 면을 증가시키므로 와류가 발생하지 않는 낮은 받음각에서조차도 양력 계수 곡선 기울기를 증가시키고, 높은 받음각에서는 와류를 발생시켜 더 크게 양력 계수를 증가시키는 것이다.

공항에서 비행기가 이륙하는 모습을 보며,
항공 과학을 떠올려 보자

우주 발사체는 자체 중량을 이겨 내는 최소 120퍼센트 이상의 강력한 추력으로 날개 없이 우주를 향해 수직으로 날아간다. 그러나 고정익 항공기는 날개를 이용해 무게의 25퍼센트 정도의 추력으로 날아가기 때문에 속도를 증속하기 위한 이륙 과정이 필요하다.

항공기가 이륙하는 데에도 뉴턴의 물리 법칙이 적용된다. 그리고 이것을 해석하기 위해서는 기초적인 수학이 필요하다. 항공기가 활주로에서 이륙할 때 지상 활주, 회전, 전환, 상승 등으로 단계별로 설명했으며, 상승 비행할 때 항공기에 작용하는 힘들을 고려해 운동 방정식을 구하고 비행 성능을 비교했다. 매번 강조하지만 항공 과학은 수학과 물리학이 가득 들어간 학문이다. 항공기의 이륙과 상승 과정을 알고 공항에서 항공기가 이륙하는 모습을 보면 사뭇 다른 느낌이 들 것이다.

연습 문제:

1. 중량 W가 250톤인 보잉 787 여객기가 3,050미터를 활주해 45초만에 이륙했다. 수직으로 이륙하는 발사체와 달리 날개가 달린 비행기는 발사체보다 아주 작은 추력으로도 부양할 수 있다. 보잉 787 여객기의 이륙 추력이 얼마인지 계산하기 위해 질량과 가속도를 구해 보자.

$W = mg$ 에서 질량은 $m = \dfrac{W}{g} = \dfrac{250}{9.8} \text{ton} \cdot s^2/m$ 이므로 질량은 $25.51 \text{ ton} \cdot s^2/m$ 이며, 거리 $S = \dfrac{1}{2}at^2$ 에서 $a = \dfrac{2S}{t^2}$ $= \dfrac{2 \times 3050}{45^2} m/s^2$ 이므로 가속도의 크기는 $3.01 m/s^2$ 이다.

뉴턴의 운동 법칙 $\vec{F} = m\vec{a}$ 로부터 이륙 추력을 구할 수 있다. 몇 톤의 추력이면 250톤이나 되는 무거운 보잉 787 여객기를 활주로에서 띄울 수 있는가?

2. 엔진 총 추력이 1만 3000킬로그램중(kg_f)이고 순항 마하수가 $M = 0.93$까지 가능한 쌍발 비즈니스 제트기가 해면 고도에 있는 활주로에서 다음 조건으로 이륙하고 있다.

무게: $W = 34000 kg_f$

날개 면적: $A = 90 m^2$

부양 속도: $V_{LOF} = 1.2 V_S$

양항 곡선: $C_D = 0.015 + 0.08C_L^2$

최대 양력 계수: $C_{L\max} = 1.6$

지상 활주 중 평균 양력 계수: $C_L = 0.8$

마른 콘크리트의 마찰 계수: $\mu = 0.04$

해면 고도에서의 공기 밀도: $\rho = 1.225 kg/m^3$

　지상 활주 거리를 계산하기 위해 항공기에 작용하는 힘을 고려해보자. 지상 활주 중일 때 항공기에 작용하는 힘은 양력, 항력, 무게, 추력, 마찰력 등 5가지다. 여기서 추력은 동력 장치로 얻는 힘으로 가속하기 위한 가장 기본적 요소이며, 마찰력은 수직력과 마찰 계수의 곱으로 표현된다.

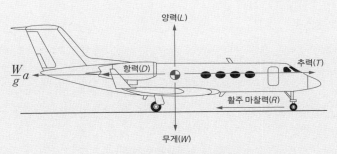

지상 활주 중인 항공기에 작용하는 힘.

　항공기의 가속은 가속력과 항공기 무게와의 함수 관계로 나타난다. 뉴턴의 운동 제2법칙으로부터 가속도의 크기를 구할 수 있다.

$$\Sigma F = ma$$
$$= \frac{W}{g}\frac{dV}{dt}.$$

뉴턴의 운동 제2법칙으로부터 순수 가속력의 크기 F_n 은 순수 추력 T, 항력 D, 활주 마찰력의 크기 F 등으로 표현되므로 이륙 활주 중의 가속도의 크기는 다음과 같다.

$$a = \frac{g}{W} F_n$$

$$= \frac{g}{W}(T - D - R).$$

초속을 V_0, 시간 t 이후의 속력을 V라 하면 시간 t 동안에 간 거리 S 는

$$S = \frac{V^2 - V_0^2}{2a}$$

이 된다.

이 식을 항공기가 활주로에서 브레이크를 잡고 있다가 풀기 시작하는 이륙에 적용한다면 $V_0 = 0$ 이므로 다음과 같이 간단하게 표현할 수 있다.

$$S_{GR, TO} = \frac{1}{2} \frac{V_{LOF}^2}{\bar{a}}.$$

여기서 $S_{GR, TO}$는 지상 이륙 거리이고 V_{LOF}는 이륙 속도 그리고 $\bar{a}$ 는 평균 가속도의 크기다.

이륙 활주 중일 때 실속 속도 V_S는 항공기 부양이 가능한 속도 중

에서 가장 느린 속도를 말한다. 이 속도는 $C_{L\max}$에서 얻어지며, 이 값은 앞전 슬랫, 뒷전 플랩, 추가 양력 제어 장치 등의 상태에 따라 변한다. 실속 속도는 수식에서 보여 주는 바와 같이 활주로 고도에서의 공기 밀도, 날개의 최대 양력 계수, 항공기 날개 하중($\frac{W}{A}$, 항공기의 중량을 날개 면적으로 나눈 값이다.) 등을 알고 있으므로 간단히 계산할 수 있다.

$$V_S = \sqrt{\frac{2W}{\rho C_{L\max} A}}.$$

항공기가 공중에 뜰 때의 속도를 나타내는 이륙 속도는 실속 속도보다 빠르도록 여유를 주고 있으며 대략 실속 속도보다 5에서 25퍼센트 더 빠르다. 이렇게 이륙 속도에 여유를 주면 이륙하자마자 상승률을 높일 수 있고 여유 있게 조종할 수 있기 때문이다. 이러한 이륙 속도는 항공기의 중량뿐만 아니라 바람의 방향과 빠르기, 활주로 고도, 온도, 항공기 성능 등 여러 요소에 영향을 받는다. 예를 들어 여객기가 만석이어서 중량이 클 경우 이륙 속도가 커진다. 또 여름철 폭염으로 이륙 속도가 커져 인천 국제 공항의 여객기 활주 거리가 길어지기도 한다.

항공기가 실속 속도에 도달하자마자 이륙할 수 있다 하더라도 느린 속도에서의 이륙은 매우 불안정하고 위험하다. 항공기가 조금이라도 기울어지면 양력을 잃어 추락할 수 있기 때문에 적절하게 조종을 하기 어렵다. 또 속도가 느려 초기의 상승률을 유지하기도 곤란하다. 심지어 너무 느린 속도에서의 부양은 이륙하자마자 실속을 유발할 수도 있다.

반면에 빠른 속도에서의 이륙은 초기 상승률을 좋게 할 수 있을 뿐만 아니라 적절한 조종을 할 수 있는 장점이 있다. 그러나 너무 빠른 속도에서의 이륙은 빠른 속도로 가속하기 위해 지상 활주 거리가 길어지고 타이어를 손상시킬 수 있다. 그러므로 항공기 특성에 맞는 적절한 이륙 속도와 피치각으로 이륙을 해서 항공기 고유의 이륙 성능을 만족시켜야 한다.

일반적으로 항공기의 이륙 속도는 실속 속도의 1.2배이므로 $V_{LOF} = 1.2 V_S$ 로부터

$$V_{LOF} = 1.2\sqrt{\frac{2(34000)9.8}{1.225(1.6)90}} \, m/s$$
$$= 74m/s$$

가 된다. 여기서 힘의 단위인 킬로그램중 kg_f 와 뉴턴 N을 이해해야 한다. 1뉴턴은 질량 1킬로그램의 물체에 작용해 제곱초당 1미터의 가속도를 발생시키는 힘이다. 따라서 1킬로그램중은 9.8뉴턴이다.

순수 가속력 크기 F_n 은 추력 T와 지연력(retarding force) $D+R$의 차로 다음과 같이 표현된다.

$$F_n = T - D - R \, .$$

이러한 제트 항공기의 경우 속도가 증가해도 이용 추력의 변화가 없어 순수 가속력이 거의 일정하지만 프로펠러 항공기의 경우 속도가 증가하면 이용 추력이 감소하므로 순수 가속력이 감소하게 된다. 지연력은 항력 크기와 활주 마찰력 크기의 합 $D+R$로 거의 일정하지만 속도가 빨라지면 약간 증가한다. 이륙 전환할 때 당김을 통해 적절한 이륙 받음각을 유지해야 하며, 만약 받음각이 너무 크게 되면 항력이 커져 성공적인 이륙을 할 수 없다.

여기서, 가속도의 크기는 아래와 같이 변환된다.

$$a = \frac{dV}{dt}$$
$$= \frac{dV}{dS}\frac{dS}{dt}$$
$$= V\frac{dV}{dS} = \frac{1}{2}\frac{d(V^2)}{dS}.$$

지상 활주 거리 변화 관계식은 출발 지점(정지 상태)에서 이륙 속도까지로 적분해 다음과 같이 표현된다.

$dS = \dfrac{d(V^2)}{2a}$ 이므로 이를 적분하면

$$S_{GR,TO} = \frac{1}{2}\int_0^{V_{LOF}} \frac{d(V^2)}{a}$$

이 된다.

지상 활주 시 항공기에 작용하는 힘의 평형식을 전개해 평균 가속

력의 크기 $\overline{F_a}$와 평균 가속도의 크기 $\overline{a}$ 를 나타낼 수 있다.

$$\Sigma F = T - D - R - \frac{W}{g}\overline{a}$$

$$= 0.$$

여기서, $R = \mu(W - L)$ 이므로

$$T - D - \mu(W - L) = \frac{W}{g}\overline{a}$$

$$= \overline{F_a}$$

가 된다.

지상 활주 시 이륙 평균 가속도의 크기는 가속력을 질량으로 나누어줌으로써 다음과 같이 얻어진다.

$$\overline{a} = \frac{g}{W}[T - D - \mu(W - L)]$$

$$= \frac{g}{W}\overline{F_a}.$$

지상 활주 거리는

$$S_{GR,TO} = \frac{1}{2\overline{a}}\int_0^{V_{LOF}} d(V^2)$$

$$= \frac{1}{2}\frac{V_{LOF}{}^2}{\overline{a}}$$

$$= \frac{1}{2}\frac{W}{g}\left(\frac{V_{LOF}{}^2}{\overline{F_a}}\right)$$

이 된다.

실제 지상 활주 시 평균 가속력은 평균 속력 $\overline{V} = 0.7V_{LOF} = 0.7 \times 74m/s = 52m/s$ 에서의 추력, 항력, 마찰력으로 구한다. 여기서 평균값을 $V = 0.7V_{LOF}$ 로 사용하는 방법은 미국의 항공기 설계 학자인 리처드 쉬벨(Richard Shevell) 교수가 제안했다. 평균 가속력의 크기는

$$\overline{F_a} = [T - D - \mu(W - L)]_{\overline{V} = 0.7V_{LOF}}$$

가 된다.

이륙 활주 거리 식에서 다음과 같이 지상 활주 거리를 구할 수 있다.

$$S_{GR,TO} = \frac{1}{2}\frac{W}{g}\left[\frac{V_{LOF}^2}{[T - D - \mu(W - L)]_{\overline{V} = 0.7V_{LOF}}}\right].$$

이 식에서 이륙할 때 지상 활주 거리를 짧게 하기 위해서는 분자의 무게 W를 가볍게 해야 한다. 또 최대 양력 계수 C_{Lmax}를 크게 해 실속 속도를 줄여 이륙 속도가 작게 하며, 추력을 크게 하고 항력을 작게 해 평균 가속력을 크게 해야 한다. 또 공기 밀도를 크게 하기 위해서 고도가 낮은 활주로를 택하거나 온도가 낮은 활주로를 이용해야 한다. 이외에도 활주로의 마찰 계수는 마르거나 젖은 상태에 따라 달라지지만(제동 장치를 사용하지 않는 이륙 조건에서 마른 아스팔트나 콘크리트의 마찰 계수 $\mu = 0.03 \sim 0.05$, 젖은 아스팔트나 콘크리트의 마찰 계수

$\mu = 0.05$ 이지만, 제동 장치를 사용하는 착륙 조건에서는 마른 아스팔트나 콘크리트의 마찰 계수 $\mu = 0.3 \sim 0.5$, 젖은 아스팔트나 콘크리트의 마찰 계수 $\mu = 0.15 \sim 0.3$ 이다.), 지상 활주 거리를 줄이기 위해서는 마찰 계수 μ를 작게 해야 한다.

지상 활주 거리를 계산하기 위해 활주 중의 평균 속력 $\overline{V} = 52m/s$ 로부터 평균 양력 L은 다음과 같이 구할 수 있다.

$$L = \frac{1}{2}\rho\overline{V}^2 A C_L$$
$$= \frac{1}{2}(1.225)(52)^2(90)(0.8)N$$
$$= 119246N$$
$$= 12168kg_f.$$

항력 계수는 양항 곡선 $C_D = 0.015 + 0.08C_L^2$ 로 구할 수 있으며 항력은 항력 계수를 통해 구할 수 있다.

$$C_D = 0.015 + 0.08(0.8)^2$$
$$= 0.0662$$
$$D = \frac{1}{2}\rho V^2 A C_D$$
$$= \frac{1}{2}(1.225)(52)^2(90)(0.0662)N$$
$$= 9868N$$
$$= 1007kg_f.$$

따라서 평균 가속력의 크기는

$$\overline{F_a} = T - D - \mu(W - L)$$
$$= 13000 - 1007 - 0.04(34000 - 12168)kg_f$$
$$= 11120kg_f$$

이 된다.

이렇게 얻은 데이터로부터 $S_{GR, TO} = \dfrac{1}{2}\dfrac{W}{g}\left(\dfrac{V_{LOF}{}^2}{F_a}\right)$ 식을 이용해 지상 활주 거리를 계산하라.

3. 대한민국 공군의 경공격기 FA-50은 이륙하자마자 3만 5600피트(1만 851미터) 고도에 1분이면 도달한다. 최대 상승률이 분당 3만 9600피트(분당 1만 2070미터)로 상승 성능이 아주 우수하기 때문이다.

한국항공우주산업이 개발, 생산한 FA-50.

FA-50 조종사가 임무 수행 중에 상승 성능을 보이기 위해 1만 2000

피트(3,660미터) 고도로 내려간 후 3만 5000피트까지 2만 3000피트(7,010미터)를 상승하는 기동을 수행했다. 이때 FA-50을 조종하는 조종사는 상승각 60도로 상승하더라도 90도로 수직으로 상승하는 느낌을 받게 된다. 경공격기의 의자가 30도 정도 기울어졌기 때문이다. 이처럼 1만 2000피트에서 3만 5000피트까지 상승할 때 1분 30초가 걸렸다면 상승률은 얼마인가?

4. 어떤 항공기가 무게 6,000파운드힘(2,722킬로그램중)과 속력 140노트(시속 259킬로미터)에서 항력이 400파운드힘(181킬로그램중)으로 최소이며, 이때의 이용 추력은 1,900파운드힘(862킬로그램중)이다. 또 이 항공기는 속력 230노트(시속 426킬로미터)에서 이용 동력과 필요 동력의 차이가 최대가 된다. 그때의 이용 동력은 초당 67만 풋파운드(초당 9만 2630킬로그램중·미터)이고, 필요 동력은 초당 25만 풋파운드(초당 3만 4560킬로그램중·미터)다. 이 항공기의 최대 상승각과 최대 상승률을 구해 보자.

최대 상승각은 $T-D$가 최대인 속력에서 구할 수 있는데 이용 추력은 속력에 따라 변하지 않으므로 항력이 최소인 140노트(시속 259킬로미터)에서 최대 상승각을 구할 수 있다. 상승할 때의 운동 방정식으로부터 $\sin\gamma = \dfrac{T-D}{W}$ 이므로 최대 상승각은 $\gamma = \sin^{-1}\left(\dfrac{T-D}{W}\right) = \sin^{-1}\left(\dfrac{1900-400}{6000}\right)$으로 계산할 수 있다.

최대 상승률은 $P_A - P_R$이 최대인 속력에서 발생하므로 230노트에서의 이용 동력과 필요 동력으로부터 최대 상승률을 구할 수 있다.

상승률은 힘의 평형 조건식으로부터

$$R/C = \frac{P_A - P_R}{W}$$

이 된다.

최대 상승률은 $R/C = \dfrac{P_A - P_R}{W} = \dfrac{670000 - 250000}{6000}$ 으로

계산할 수 있다. 이 항공기의 최대 상승각과 최대 상승률은 얼마인지

계산해 보라.

4장

순항 비행과
뉴턴의 운동
제2법칙

여객기는 대부분의 시간을 순항 비행에 사용한다. 항공기는 순항 비행할 때 약간의 받음각을 갖고 등속 직선 수평 비행을 한다. 이 때 항공기에 작용하는 힘과 비행 성능 등을 수학과 물리학을 통해 해석해 보고자 한다. 등속 직선 수평 비행을 유지하기 위한 속도와 그 최솟값인 실속 속도는 어떻게 될까? 항공기는 실속 속도를 줄이기 위해 어떤 장치를 사용할까? 순항 비행 중 비상구를 열 수 있을까?

순항 비행하는 항공기를 둘러싼 4강 세력?

이륙 후 상승한 여객기는 순항 고도에 도달하면 비행 관리 시스템 덕분에 자동으로 레벨 오프(level off, 상승 비행에서 수평 비행으로 바꾸는 조작이다.)되고 상승 추력도 순항 추력으로 자동으로 변경된다. 원하는 목적지에 가기 위해 대부분의 시간을 수평으로 순항 비행하는 것이다. 이때 여객기마다 고도계 설정 기준이 다르면 고도 간격을 지킬 수 없으므로 표준 대기압을 기준으로 한 고도(QNE)인 플라이트 레벨(flight level, FL)로 통일해 항공로를 비행한다. 고고도 항공로에서의 순항 비행은 정확히 2만 9000피트(8,839미터, FL290)와 4만 1000피트(1만 2497미터, FL410) 사이의 일정한 고도에서 등속 수평 비행을 한다. 지름 1만 2756킬로미터인 지구를 지름 128센티미터인 공으로 간주한다면 여객기는 공 표면에서 0.88~1.25밀리미터 정도 떨어진 아주 얇은 공간에서 비행을 하는 것이다.

일정한 고도에서 순항 비행(주로 등속 직선 수평 비행을 하므로 가속도가 0인 비행을 다룬다.)을 하는 여객기의 기본 운동 방정식을 유도하려면 수학과 물리학 기본 지식이 필요하다. 항공기에 작용하는 기본 힘에는 공기 역학적 힘과 엔진으로 인해 발생하는 추력, 그리고 중력(무게) 등이 있다. 공기 역학적 힘은 항공기가 공기속을 날아갈 때 작용하는 압력의 결과로, 양력과 항력의 두 성분으로 구분한다. 양력은 항공기를 비행 경로의 수직 방향으로 뜨게 하는 힘이고, 항력은 비행 경로와 평행하지만 반대 방향으로

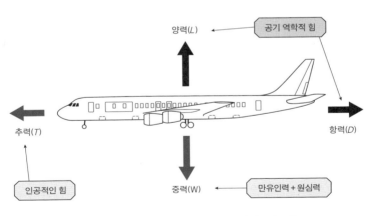

등속 직선 수평 비행으로 순항할 때 항공기에 작용하는 힘.

작용하는 힘이다.

항공기 엔진을 통해 얻는 추력은 앞으로 나아가게 하는 힘으로 뉴턴의 운동 제2법칙과 제3법칙으로 설명된다. 여기서 뉴턴의 운동 제2법칙인 가속도의 법칙은 엔진 추력을 해석할 때 적용되고 제3법칙인 작용-반작용의 법칙은 배기 가스를 분사시킨 반작용으로 추력이 발생할 때 적용된다.

여기서 1687년 아이작 뉴턴이 『자연 철학의 수학적 원리 (*Philosophiae Naturalis Principia Mathematica*)』(『프린키피아』)에서 발표한 뉴턴의 운동 법칙에 대해 설명하고자 한다. 뉴턴의 운동 법칙은 물체의 운동을 다룬 3가지 법칙이다. 뉴턴의 운동 제1법칙은 외부의 힘이 작용하지 않는 한 정지해 있는 물체는 계속 정지하려 하고 움직이는 물체는 계속 움직이려 하는 관성의 법칙이다. 평편한 바닥에 구슬이 구를 때 마찰력 때문에 계속 움직이지 않고 결국은 정지한다. 관성이 마찰력 때문에 가려져 있는 데에도 불구하고 마찰력을 빼고 관성을 관찰한 것은 대단히 중요한 발견이다. 제1법칙은 관성계(관측자가 정지해 있거나 일정한 속도로 운동하고 있는 경우를 말한다.)를 정의해 주는 것으로 제2법칙의 필요충분 조건이므로 제1법칙이 성립한다면 반드시 제2법칙도 성립한다.

뉴턴의 운동 제2법칙은 $\sum \vec{F} = m\vec{a}$ 인 가속도의 법칙이다. 어떤 물체의 가속도는 물체에 작용하는 힘에 비례하고 질량에 반비례한다는 것이다. 힘은 운동량을 변화시킬 수 있으므로 제2법칙은 물체 운동량의 시간에 대한 변화율은 그 물체에 작용하는 힘과 같다는 것이다. 뉴턴의 운동 제3법칙은 모든 작용에 대해 크기는 같고 방향은 반대인 힘이 작용하는 작용-반작용의 법칙이다. 이것은 결국 계의 총 운동량이 보존되어야 한다는 뜻이므로 결국은 제2법칙으로도 설명된다. 그러므로 뉴턴의 운동 제2법칙은 비행기가 날아가는 현상을 시뮬레이션할 수 있는 나비에-스토크스 방정식(유체의 운동에 대해 뉴턴의 운동 제2법칙을 적용해 만든 방정식이다.)의 근간이 되는 물리 법칙이며, 또한 뉴턴 운동 제1법칙과 제3법칙을 모두 설명할 수 있는 아주 중요한 법칙이다.

제트 엔진 추력은 직접 측정할 수 없으므로 엔진 압력비(engine pressure ratio, 터빈 출구에서의 압력과 엔진 입구에서의 압력의 비율이다.)를 통해 추정한다. 바이패스비(bypass ratio, 팬으로 가속한 공기 중 엔진 중심 바깥쪽 도넛 모양을 통과하는 공기량과 엔진 중심 원 모양을 통과하는 공기량의 비율이다.)가 큰 터보팬 엔진인 경우에는 추력은 통합 엔진 압력비(integrated engine pressure ratio, 팬에서 배출되는 전압력(total pressure)과 압축기로 들어오는 전압력의 비율이다.)나 팬 회전 속력에 비례하므로 이를 통해 추력을 추정한다. 또 무게 W는 항공기 질량과 중력 가속도의 크기를 곱한 값, 즉 mg다. 이것 또한 뉴턴의 운동 제2법칙을 통해 설명할 수 있다.

아이작 뉴턴은 힘과 가속도에 관한 제2법칙을 수학으로 표현해 유도했는데 그 과정을 알아보자. 순간 가속도는 다음과 같이 시간에 대한 속도의 도함수와 같다.

$$\vec{a} \equiv \lim_{\triangle t \to 0} \frac{\triangle \vec{v}}{\triangle t}$$

$$= \frac{d\vec{v}}{dt}.$$

여기서 $\vec{a}$ 는 순간 가속도, $\vec{v}$ 는 속도, t는 시간이다. 마찰이 없는 수평면에 있는 물체에 힘을 가하면 물체는 가속되며 힘의 크기를 2배로 가하면 가속도의 크기도 2배가 된다. 따라서 어떤 물체의 가속도는 물체에 작용하는 힘에 비례한다는 것을 알 수 있다. 물체가 시간에 따라 속도가 변할 때 물체는 가속되고 있는 것이며 순간 가속도는 속도를 시간에 대해 미분한 것과 같다.

질량은 물체가 가진 고유 특성으로 속도 변화에 저항하는 정도를 나타낸다. 어떤 힘을 가해 물체에 발생하는 가속도의 크기가 물체의 질량에 반비례한다는 사실은 실험은 물론 실생활의 경험을 통해서도 알 수 있다. 뉴턴은 최초로 이 두 물리량의 관계를 하나의 식으로 표현했다. 물체의 가속도는 그 물체에 작용하는 모든 힘에 비례하고 물체의 질량에 반비례한다는 것이다.

$$\vec{a} \propto \frac{\sum \vec{F}}{m}.$$

여기서 비례 상수를 1로 놓고 뉴턴의 운동 제2법칙을 수식으로 나타내면 다음과 같다.

$$\sum \vec{F} = m\vec{a}.$$

이 식에서 항공기가 주기장에 정지되어 있거나 일정한 속도로 비행을 하면 가속도가 0이 되지만, 항공기가 가속하거나 감속되면 가속도가 0이 아니라 어떤 값을 갖게 된다. 여객기가 고정된 속도로 순항 비행을 하면 속도가 일정하므로 가속도는 0이 된다. 이 경우 모든 힘의 합이 0이라는 다음과 같은 힘의 평형 방정식을 적용하면 된다.

$$\sum \vec{F} = 0.$$

수평 방향 x 성분에 대한 평형 방정식은 다음과 같다.

$$\sum F_x = 0.$$

이 식을 등속 수평 비행에 적용하면 $T-D=0$이므로 추력은 항력과 같다.

수직 방향 y 성분에 대한 평형 방정식은 다음과 같다.

$$\sum F_y = 0.$$

이 식을 등속 수평 비행에 적용하면 $L-W=0$이므로 양력은 비행기의 무게와 같다. 그러므로 등속 수평 비행을 하는 비행기의 양항비 $\dfrac{L}{D}$ 은 무게와 추력의 비 $\dfrac{W}{T}$ 와 동일하다. 만약 여객기 무게가 300톤이고 양항비가 20인 경우, 등속 수평 비행에 필요한 추력은 15톤이므로 무게의 6.7퍼센트 정도의 추력만으로 등속 수평 비행이 가능하다. 이륙이나 상승 비행을 하지 않고 등속 수평 비행만 하는 경우에는 큰 추력을 필요로 하지 않는다.

비행기 무게보다 양력이 크다면 상승 비행을 할 것이고, 항력보다 추력이 크다면 가속 비행을 할 것이다. 양력에 관한 식을 이용해 등속 수평 비행할 때의 비행 속도를 다음과 같이 구할 수 있다.

$$L = W$$
$$= \frac{1}{2}\rho V^2 S C_L.$$

여기서 ρ 는 공기 밀도, V 는 등속 수평 비행 속도, S 는 단면적, C_L 은 양력 계수다. 속도가 빠른 경우 동압 $\frac{1}{2}\rho V^2$ 이 크므로 양력 계수가 작더라도 충분한 양력을 확보할 수 있다. 이 식을 V 에 대해 정리한 등속 수평 비행 속도는 다음과 같다.

$$V = \sqrt{\frac{2}{\rho C_L}\left(\frac{W}{S}\right)}.$$

이러한 수식으로부터 등속 수평 비행할 때 무게가 증가하면 수평 비행을 유지하기 위해 더 빠른 속도가 필요하다는 것을 알 수 있다. 또 고도가 증가하면 공기 밀도는 감소해 수평 비행 속도가 증가하고, 양력 계수가 증가하면 수평 비행 속도는 오히려 감소한다. 즉 받음각 증가로 양력이 증가하면 속도는 감소하므로 자세 변화로 속도를 조절할 수 있다는 것이다. 그러므로 비행기 추력이 일정할 때 조종사가 상승 자세를 취하면 속도가 줄고 강하 자세를 취하면 속도가 증가한다. 또 $\frac{W}{S}$ 는 날개 하중(또는 익면 하중)이라 부르며, 이는 V로 비행할 때 날개 면적 1제곱미터당 얼마만큼의 무게를 지탱하는지를 나타낸다. 날개 하중은 수식을 통해 비행 속도가 빠를수록 커진다는 것을 알 수 있다.

여객기의 순항 속도가 비슷하다

보잉 787, 747, 에어버스 A380 등의 순항 속도는 마하수 0.85로 음속의 85퍼센트이며, 보잉 737과 에어버스 A320의 순항 속도는 마하수 0.78로 음속의 78퍼센트다. 다른 여객기들도 거의 비슷한 순항 속도(마하수)를 갖는다. 속도가 음속을 넘어서면 여객기 날개 윗면에서 충격파가 발생하면서 항력이 급격히 증가할 수 있기 때문이다. 최대 운항 제한 속도는 비행 중 초과해서는 안되는 속도를 말한다. 예를 들어 보잉 737-800과 에어버스 A320-200의 최대 운항 제한 속도는 마하수 0.82다.

비행 중 마하수를 나타내는 마하계는 진대기 속도를 음파의 속도로 나눈 값을 나타내는 계기며, 이러한 속도는 항공기가 실제로 겪는 속도다. 음속은 온도의 영향을 받아 고도가 증가해 온도가 감소함에 따라 음속도 감소한다. 같은 비행 속도로 고도만 증가시키면 마하수가 증가해 날개에 충격파 현상이 발생할 수 있다는 의미다. 그러므로 조종사는 순항할 때 마하수를 참조하며 최대 운항 제한 속도를 초과하지 않아야 한다.

마하수를 나타내기 위해 사용된 진대기 속도는 비행기와 대기의 상대 속도를 나타낸다. 그렇지만 좌석 등받이의 스크린에 제시되어 승객들이 보는 대지 속도는 항법 장치를 통해 얻은 이동 거리와 시간으로 구한 속도다. 그러므로 바람이 부는 경우 진대기 속도와 대지 속도는 서로 다를 수밖에 없다. 만약 바람이 없다면 진대기 속도와 대지 속도는 일치한다. 여객기가 같은 마하수(진대기 속도)로 비행하더라도 대지 속도는 정풍이 불거나 배풍이 불면 바람 속도만큼 느려지거나 빨라진다. 그래서 미국을 동일한 항공로로 가더라도 갈 때와 올 때의 대지 속도가 달라 비행 시간에 차이가 나는 것이다.

여객기는 순항 고도에서 수평 비행을 할 때 약간 기수를 든 상태로 비행한다. 예를 들어 보잉 787 여객기는 순항 비행할 때 약 2.5도 기수를 든다. 순항 고도와 같이 높은 고도에서는 공기가 희박하므로 떨어진 양력을 보충하기 위해 받음각을 증가시켜 양항비가 큰 상태를 만드는 것이다. 연비는 고도가 올라감에 따라 좋아지는 경향이 있지만, 무게에 따라 연비가 가장 좋은 자세(받음각)를 취할 수 있는 최적 고도가 존재한다. 예를 들어 무거운 여객기가 너무 높은 고도로 올라가면 무게를 지탱하는 양력을 증가시키기 위해 받음각이 더 커야 하며, 이에 따른 항력이 증가해 연비가 나빠진다.

등속 수평 비행을 겨우 유지할 수 있는 '실속 속도'

항공기는 비행 속도 제곱에 비례해 양력이 발생하므로 항공기의 속도가 빠르다면 뜨는 데는 지장이 없다. 만약 속도가 느려 양력이 항공기의 무게를 지탱할 수 없을 정도로 부족하다면 항공기는 추락하고 만다. 그러므로 항공기는 무게를 겨우 지탱할 수 있을 정도로 양력을 갖는 최소 속도가 존재한다.

항공기의 실속 현상은 항공기의 속도가 무게를 지탱하지 못할 정도로 너무 느리거나 지나치게 받음각이 높아 날개 표면을 흐르는 유동이 분리되어 양력이 급격히 감소해 추락하는 것을 말한다. 실속 속도 V_S는 항공기가 등속 직선 수평 비행을 유지할 수 있는 최소 속도를 의미하며, 이 속도는 이착륙 속도의 기준으로도 활용된다. 만약 실속 속도를 항공기의 무게(최대 이륙 중량 기준)가 변하지 않고 최대 양력 계수를 갖는 받음각인 상태에서 등속 직선 수평 비행을 유지할 수 있는 최소 속도라고 한다면, 이 실속 속도 이하에서 항공기는 어떤 받음각 자세에서도 수평 비행을 유지하지 못하고 추락한다.

여기서 실속 속도를 정의할 때 크기만을 나타내는 스칼라인 속력과 크기와 방향을 나타내는 벡터인 속도를 논의할 필요가 있다. 항공기는 방향을 갖고 비행하기 때문에 3개의 축으로 방향을 나타내며, 속도 벡터를 언급할 때 3개의 성분에 관해 언급해야 한다. 실제 항공기 주위에 흐르는 실속 현상과 같은 유동 현상을 설명할 때 방향을 포함하지 않는 스칼라로는 설명하기 곤란하다. 또 실제 항공기는 항공기 자세(받음각)에 따라 양력 계수 값이 달라져 실속 속도가 변하게 된다. 그래서 최대 양력 계수로 정의한 실속 속도보다 더 빠른 속도에서 실속 현상에 들어가거나 선회로 인한 하중 계수(load factor)의 변화에 따라 실속 현상에 들어가 추락할 수 있다. 따라서 실제 항공기에서 실속 현상이 발생하는 실속 속도는 방향을 포함한 벡터로 나타내는 것이 타당하다.

항공기 실속 속도는 무게(승객 탑승과 화물 탑재량)에 따라 요구되는 양력이 달라지므로 고정된 값으로 봐서는 안 된다. 또 양력 계수는 공기 밀도와 온도의 영향을 받기 때문에 실속 속도 또한 고도와 날씨에 따라 달라진다. 중국 쓰촨성 다오청 야딩 공항(Daocheng Yading Airport, 해발 4,411미터)처럼 세계에서 가장 높은 곳에 있거나 멕시코시티 국제 공항(해발 2,230미터)처럼 적도 근처의 고산 지대에 위치한 경우에는 공기 밀도가 낮으므로 양력이 감소해 실속 속도는 증가하게 된다.

실속 속도는 비행 조건과 최대 양력 계수에 따라 달라진다. 만약 날개 면적 1제곱미터당 몇 킬로그램의 무게를 견디는지를 나타내는 날개 하중 $\dfrac{W}{S}$와 공기 밀도 ρ가 일정하다면 최소 속도는 다음과 같이 최대 양력 계수를 갖는 비행 자세에서의 속도가 된다.

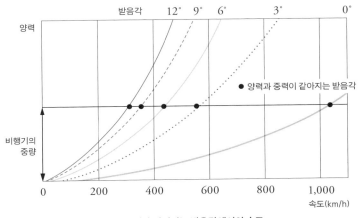

양력과 무게가 같아지는 받음각에서의 속도.

$$V_S = \sqrt{\frac{2}{\rho C_{Lmax}}\left(\frac{W}{S}\right)}.$$

여기서 V_S는 등속 수평 비행을 유지할 수 있는 최소 속도, 즉 실속 속도다.

위 그래프는 속도에 따른 양력 곡선을 나타낸 그래프로 다양한 받음각에 따른 양력과 중력이 같아지는 위치에서의 속도를 나타내고 있다. 비행기는 양력이 중량보다 작아지면 추락하므로 비행기의 속도가 양력과 중량이 같은 위치에서의 속도보다 느리면 추락한다. 받음각에 따라 양력 계수가 달라지면 비행기의 최소 속도인 실속 속도도 달라진다. 양력 계수는 받음각이 증가함에 따라 증가하므로 위 그래프와 같이 어떤 항공기인 경우 받음각

12도일 때 양력 계수가 가장 크고 0도일 때 가장 작다. 실속 속도
는 다음과 같이 양력 계수 C_L에 따라 달라진다.

$$V_S = \sqrt{\frac{2}{\rho C_L}\left(\frac{W}{S}\right)}.$$

어떤 항공기가 주어진 고도에서 비행 중일 때 밀도 ρ, 날개
면적 S, 무게 W는 고정된 값으로 볼 수 있으므로 각 비행 속도
는 특정한 양력 계수 C_L에 대응된다. 이미 앞에서 언급했듯이 받
음각 12도에서 양력 계수 C_L이 최대 양력 계수 C_{Lmax}이므로 이
때 실속 속도가 제일 느려지고 받음각 0도에서는 실속 속도가 제
일 크게 된다.

정상 수평 비행 중일 때 $T = D$이므로 최대 속도는 항력 계
수가 최소이면서 최대 추력으로 비행할 때에 해당한다. 공기 역
학적 효율의 척도인 양항비 $\frac{L}{D}$의 크기는 양력보다는 항력에 좌
우된다.

비행기가 착륙하기 위해 활주로에 접근할 때 공중에서 속도
를 줄이기 위해서는 실속 속도를 작게 해야 한다. 즉 비행기가 아
주 느린 속도에서도 공중에 떠 있기 위해 날개의 양력을 증가시
켜야 한다는 뜻이다. 그러므로 조종사들은 착륙할 때 고양력 장
치인 플랩을 이용해 가상 받음각을 증가시키고 날개 면적을 크게
늘린다. 이를 통해 비행기는 활주로 접지 속도를 줄여 충격을 감
소시키고 안전하게 착륙하며 착륙 거리도 짧게 한다. 또 이륙할

착륙 중인 에어버스 A330-300의 플랩.

때도 비행기가 빨리 뜨게 하려고 착륙에 비해 작은 각도로 플랩을 사용한다.

조종사는 추력을 조절해 항공기 속도를 변경한다

안정된 직선 수평 비행 항공기는 양력과 중력이 같고($L = W$), 이용 추력과 필요 추력이 같거나($T = D$) 이용 동력과 필요 동력이 같은 상태($TV = DV$)가 필요하다. 필요 추력은 항공기가 주어진 고도에서 비행하는 데 필요한 추력을 의미한다. 반면에 이용 추력은 항공기에 장착된 엔진으로부터 이용 가능한 추력을 의미한다. 이용 추력은 항공기에 어떤 엔진을 장착했는지에 따라 달라진다. 또 항공기의 동력은 힘과 속도의 곱으로 표현되며, 등속 수평 비행에서의 필요 동력은 항력과 속도의 곱 DV로 정의된다.

제트 항공기가 등속 직선 수평 비행할 때의 필요 추력은 항력과 같은데 이를 공력 계수와 속도의 항으로 다음과 같이 표현할 수 있다.

$$T_R = D$$
$$= C_D \frac{1}{2} \rho V^2 S$$
$$= \left(C_{Dp} + \frac{C_L^2}{\pi e AR} \right) \frac{1}{2} \rho V^2 S.$$

등속 직선 수평 비행할 때의 필요 추력은 다음과 같이 비행 속도 제곱에 비례하는 항(공기의 저항으로 발생하는 유해 항력을 감당한다.)과 속도 제곱에 반비례하는 항(유도 항력을 감당한다.)으로 표현된다. 그러므로 동압에 비례하는 항과 동압에 반비례하는 항으로 구분된다.

$$T_R = \left(C_{Dp} \frac{1}{2} \rho S \right) V^2 + \left(\frac{2W^2}{\pi e AR \rho S} \right) \frac{1}{V^2}.$$

유해 항력을 감당하는 추력과 유도 항력을 감당하는 추력을 합쳐서 속도에 대한 그래프로 나타내면 필요 추력 곡선은 벌어진 U자 형태의 그래프로 표현된다.

필요 추력은 저속 영역에서는 속도가 증가하면서 유도 항력이 감소함에 따라 작아지다가 유도 항력과 유해 항력이 같아지는

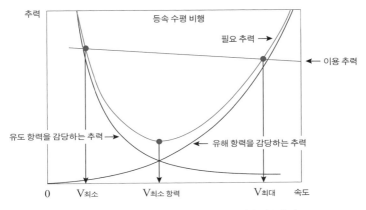

속도의 함수로 나타낸 제트 항공기의 필요 추력과 이용 추력.

지점에서 최소가 되고 고속 영역에서는 다시 유해 항력이 증가하면서 커지는 특성을 갖는다. 필요 추력이 최소가 되는 속도는 유도 항력과 유해 항력이 같아 만나는 점에서의 속도로 운동 방정식으로부터 양항비를 최대로 하는 비행 조건임을 알 수 있다.

양항비 $\frac{L}{D}$ 은 항공기의 공기 역학적 효율을 판단하는 척도다. 보잉 747이나 에어버스 A380과 같은 대형 항공기는 최대 양항비가 20 정도이므로 날개를 이용해 1킬로그램중의 항력으로 20킬로그램중을 들어 올릴 수 있다는 뜻이다. 일반적으로 항공기의 순항 속도는 최대 양항비 $\left(\frac{L}{D}\right)_{\max}$ 에 대응되는 속도보다 비행 시간을 줄이기 위해 더 빠르게 순항한다. 미국의 공기 역학자인 버나드 카슨(Bernard Carson) 교수는 최대 양항비에 해당하는 속도보다 1.32배 빠른 절충 속도를 제안했는데 이를 카슨 속도라

보잉 사가 개발 중인 트러스 날개 형상
항공기.

부른다. 대부분 여객기는 최대 양항비 $\left(\dfrac{L}{D}\right)_{max}$ 로 얻을 수 있는 긴 항속 거리와 더 빠른 속도로 얻을 수 있는 짧은 비행 시간을 절충해 비행한다.

항공기의 공력 효율을 가늠하는 양력비를 크게 하기 위해 무엇보다도 항력을 줄여야 한다. 항공기가 정상 수평 비행할 때 필요한 양력은 항공기 무게 W로 고정되기 때문이다. 미국 보잉 사는 높은 양항비를 얻기 위해 혁신적인 미래 항공기인 트러스 날개 형상의 항공기(transonic truss-braced wing, TTBW)와 동체 날개 혼합형 항공기(blended wing body, BWB)를 개발하고 있다.

트러스 날개 형상은 날개 하단에 트러스 형태로 날개를 지지하고 있어 높은 가로세로비를 갖는 날개를 경량으로 제작할 수 있다. 트러스로 시위 길이가 짧고 두께가 얇은 날개를 제작한다는 것이다. 결과적으로 항공기의 성능을 높이면서 소음과 배기가스를 크게 줄일 수 있다. 트러스 날개 형상 항공기는 기존 항공기의 양항비 20보다 약 25퍼센트 증가한 26도 정도의 양항비로 제작할 수 있다고 한다.

다음 쪽의 그림은 동체 날개 혼합형 신개념 항공기를 보여

동체 날개 혼합형 항공기 모형.

준다. 이 항공기는 전익기 (flying wing)로 종전의 관 형태의 동체를 양력면으로 대체하고 양력 분포를 이상적인 타원 형태로 개발하고 있다. 동체와 날개를 하나로 만들어 양항비를 30 정도까지 증가시킨다. 그러므로 공기 저항이 작아 장거리를 비행하는 데 상당히 유리하다. 또 배기 가스 규제와 소음 규제, 연료 효율성을 강조하는 시대에 주목받는 미래의 비행기 형태가 될 수 있다.

조종사는 엔진 추력 조절기로 이용 추력을 조절해 등속 직선 수평 비행 속도를 변경할 수 있다. 추력의 양은 비행 조건과 엔진 정격에 따라 달라지며 다음과 같은 그래프로 나타낼 수 있다.

조종사가 이용 추력 직선(다음 쪽 그림의 좌우 직선이다.) 중의 하나를 추력 조절기로 조절해 선택하면 필요 추력 곡선과 이용 추력 직선이 만나는 점의 x 절편이 직선 수평 비행 속도의 한계(최대 이용 추력에서는 최대 속도와 최소 속도가 된다.)에 해당한다. 조종사가 스러스트 레버로 추력을 줄이면 이용 추력 곡선이 아래로 내려가게 된다. 또 T_1(이용 추력 직선이 필요 추력 곡선에 접한 상태다.)보다 아래 영역에서는 직선 수평 비행을 유지할 수 없고 아주 약한 추력으로 활공하는 상태가 된다. 이런 상태는 하나 이상의 엔진이 꺼졌을 때 고려해야 하는 상황이다.

항공기가 그래프 a, b, c 등 각 지점에 해당하는 속도에서 운용되려면 스러스트 레버를 이에 해당하도록 설정해야 한다. a 지점은 최소 비행 속도 근처이며, 이때의 필요 추력은 대부분 유도 항력을 감당하기 위한 추력이다. 최소 직선 수평 비행 속도는 필요 추력으로 설명하지 않는데 이것은 실속으로 인해 제한을 받기 때문이다. 저속에서 항공기가 수평 비행을 유지할 수 있는 충분한 추력을 갖는다면 최소 수평 비행 속도는 실속 속도와 같다. 그러나 실제 대부분 비행기는 저속의 실속 속도에서 필요 추력이 이용 추력을 초과하기 때문에 최소 비행 속도는 실속 속도보다 빠르다.

c 지점은 최대 비행 속도 근처이며, 이때의 필요 추력은 대

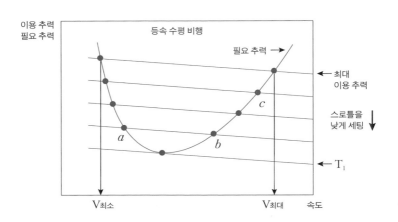

이용 추력 범위 내에서 이용할 수 있는 직선 수평 비행 속도.

부분 유해 항력을 감당하기 위한 추력이다. 항공기의 최대 수평 비행 속도는 필요 추력이 엔진의 최대 이용 추력과 같아서 항공기 엔진으로는 더 이상 추력을 증가시킬 수 없는 상태의 속도다. 여기서 여객기가 마하수 0.85로 직선 수평 비행할 때 필요 추력을 대략 계산해 보자. 보통 순항할 때 여객기의 양항비 $\frac{L}{D}$은 15.0~20.0 정도의 크기를 갖는다. 예를 들어 양항비가 18.0인 여객기가 순항할 때 중량의 18분의 1 정도의 필요 추력이 소요된다. 여객기가 날개를 이용해 아주 효율적으로 난다는 것을 알 수 있다.

순항 중일 때의 항속 거리와 항속 시간

항공기 순항 성능 중에서 주어진 연료로 최대의 항속 거리 R과 항속 시간(endurance) E를 비행하는 능력은 아주 중요하다. 항속 거리는 항공기가 일정량의 연료를 적재한 후 규정된 조건으로 비행할 수 있는 지면상의 거리를 말한다. 또 항속 시간은 항공기가 일정량의 연료를 적재한 후 규정된 조건으로 비행할 수 있는 시간을 말한다. 각각 최대 항속 거리와 최대 항속 시간 성능을 낼수 있는 비행 속도가 존재하며, 최대 항속 시간 속도는 최대 항속 거리 속도의 75퍼센트 정도에 해당한다.

장거리 비행에서의 순항 속도는 최대 항속 거리를 낼 수 있는 속도보다 3~5퍼센트 빠른 속도를 택한다. 비행 시간을 줄이면서 항속 거리의 손실이 크지 않기 때문이다. 비행 속도에 따른 항속 거리와 항속 시간 그래프는 항공기의 중량, 고도, 공기 역학적 형태(보잉 787 여객기는 기수가 2.5도 들린 상태에서 순항 비행한다.)에 따라 변한다. 항공기가 순항 비행할 때는 연료 감소로 인해 중량이 감소하므로 이에 맞추어 속도와 출력을 줄이고 고도를 높여 최적 고도로 비행해야 한다.

일반적으로 순항 비행 중 연료 소비로 인해 여객기 중량이 감소했을 때 비행 관리 컴퓨터가 이를 알려 주며 조종사는 단계 상승을 통해 연료를 절감한다. 그러나 여객기는 연료 소비율만을 극대화해 비행하는 것이 아니고 승무원 인건비와 연료 가격 등 운항과 관련된 모든 비용을 고려한 경제 순항 방식의 관점에서 고도와 속도를 선택해 비행한다.

한편 전투기는 항속 시간이 짧아 작전 임무를 제대로 수행하기 힘드므로 공중 급유기로부터 연료를 공급받아 항속 시간을 늘려야 한다. 대한민국 공군의 F-15K와 KF-16 전투기의 경우 공중 급유를 하지 않으면 독도에서 각각 30분, 10분 정도밖에 임무를 수행할 수 없다. 그래서 대한민국 공군은 공중 급유기 KC-330 시그너스 4대를 도입해 전투 작전 임무 시간을 늘렸다. 이처럼 제트 항공기의 항속 거리와 항속 시간은 공기 역학, 추진 장치의 특성, 연료 적재량, 운용 방법 등에 따라 달라지는데 이를 수학적으로 표현해 보자.

항공기가 순항 비행 중일 때 무게는 엔진의 추력을 발생시키는 데 소모되는 연료량만큼 감소한다. 제트 엔진의 비연료 소모

KC-330 시그너스와 동일한 에어버스 A330을 개조해 만든 공중 급유기.

율(specific fuel consumption, SFC) $(SFC)_{jet}$를 단위 추력당 단위 시간당 소모되는 연료 무게로 나타낼 수 있다.

$$(SFC)_{jet} = \frac{\text{소모되는 연료 무게}}{\text{추력} \times \text{시간}}$$

$$= \frac{\text{연료 소모율}}{\text{추력}}$$

$$= -\frac{dW_f/dt}{T}.$$

따라서 순항 비행 중인 항공기의 무게는 감소하므로 다음과 같이 음의 부호로 무게 변화를 표현할 수 있다.

$$\frac{dW}{dt} = \frac{dW_f}{dt}$$
$$= -(SFC)_{jet}\, T.$$

양변에 속력 V를 곱하고 정리하면

$$Vdt = -\frac{V}{(SFC)_{jet}\, T} dW$$

가 된다.

그러므로 항속 거리 R_j는 속력의 정의를 사용해 다음과 같이 나타낼 수 있다.

$$R_j = \int_0^{R_j} dx$$
$$= -\int_{w_1}^{w_2} \frac{V}{(SFC)_{jet}\, T} dW$$
$$= \int_{w_2}^{w_1} \frac{V}{(SFC)_{jet}\, T} dW.$$

순항 비행은 등속 수평 비행이므로

$$T = W\frac{1}{(C_L/C_D)}$$

$$V = \sqrt{\frac{2W}{\rho S C_L}}$$

가 된다.

만일 등속 수평 비행 중 $\dfrac{C_L}{C_D}$, $(SFC)_{jet}$가 일정하다고 가정하면, 항속 거리 R_j는 다음과 같다.

$$R_j = \int_{w_2}^{w_1} \frac{1}{(SFC)_{jet}} \frac{1}{W} \frac{C_L}{C_D} \sqrt{\frac{2W}{\rho S C_L}} \, dW$$

$$= \frac{1}{(SFC)_{jet}} \frac{C_L^{\frac{1}{2}}}{C_D} \sqrt{\frac{2}{\rho S}} \int_{w_2}^{w_1} \frac{1}{W^{1/2}} dW.$$

따라서 항속 거리는 다음과 같이 표현된다.

$$R_j = \frac{2}{(SFC)_{jet}} \frac{C_L^{\frac{1}{2}}}{C_D} \sqrt{\frac{2}{\rho S}} \left(\sqrt{W_1} - \sqrt{W_2} \right).$$

제트 항공기의 항속 거리를 최대로 하기 위해서는 위 수식에서 분모를 최소로 하고 분자를 최대로 비행하면 된다. 따라서 최대 항속 거리를 얻기 위해서는 양항력 관계식인 $\dfrac{C_L^{\frac{1}{2}}}{C_D}$을 최대로 비행(비행 매뉴얼에 속도가 제시된다.)하고, 비연료 소모율 $(SFC)_{jet}$를 최소로 하며 연료 적재량 W_1을 최대로 해야 한다. 또 공기 밀도가 낮은 고고도에서 비행해야 하는데 대략 4만 피트(1만 2192미터)에서의 항속 거리는 해면 고도에서의 항속 거리보다 약 150퍼센트 정도 더 멀리 갈 수 있다. 공기 밀도가 0인 우주 공간에서 제트 항공기의 항속 거리는 무한대로 증가하지만, 양력이 발생하지 않으므로 비행이 아예 불가능하다. 항공기는 일정한 무게에서 최대 항속 거리를 낼 수 있는 최대 항속 거리 마하수가 존재하며, 비행하면서 연료 소모로 인해 무게가 감소하면 최대 항속 거리 마하수도 감소한다. 최대 속력을 마하수 1.8까지 낼 수 있는 다목적 국산 전투기 KF-21의 항속 거리는 2,900킬로미터로 F-35A보다 더 멀리 날아갈 수 있다.

제트 항공기는 순항 성능 중에서 주어진 연료로 항속 시간을 구하는 능력이 아주 중요하다. 항속 시간 E_{jet} 는 다음과 같이 나타낼 수 있다.

$$
E_{jet} = \frac{비행\ 시간}{연료}
$$

$$
= \frac{1}{연료\ 소모율}
$$
$$
= \frac{1}{\dfrac{dW_f}{dt}}.
$$

$$
\frac{dW}{dt} = \frac{dW_f}{dt} = -(SFC)_{jet}\,T \ 이므로
$$

$$
E_{jet} = \int_0^t dt
$$
$$
= -\int_{W_1}^{W_2} \frac{1}{(SFC)_{jet}\,T}\,dW
$$
$$
= \int_{W_2}^{W_1} \frac{C_L/C_D}{(SFC)_{jet}}\,\frac{dW}{W}
$$

$$= \frac{1}{(SFC)_{jet}}\left(\frac{C_L}{C_D}\right)\ln\frac{W_1}{W_2}$$

이 된다.

제트 항공기의 항속 시간을 최대로 하는 조건은 수식에서 분모를 최소로 하고 분자를 최대로 비행하면 된다. 따라서 최대 항속 시간을 얻기 위해서는 비연료 소모율 $(SFC)_{jet}$ 를 최소로 하고 연료 적재량을 최대로 하며, 양항비 $\frac{C_L}{C_D}$ 을 최대로 비행(비행 매뉴얼에 속도가 제시된다.)해야 한다. 또 항속 시간은 수식에 공기 밀도가 없기 때문에 고도와는 관계없지만, 연료 소모율이 온도에 따라 달라지므로 고공에서의 체공 시간이 해면 고도보다 더 길어진다. 항공기의 항속 거리와 항속 시간 등을 해석하기 위해서는 미분과 적분이라는 수학이 반드시 필요하다는 것을 알 수 있다.

순항 비행 중 누가 비상구를 열려 한다면?

앞에서 여객기가 순항 비행 중일 때 작용하는 힘에 대한 평형 방정식을 수학적으로 유도하고 해석했다. 만약 여객기가 4만 피트 상공에서 시속 900킬로미터의 속도로 순항 비행을 하고 있다면 객실 여압으로 비상구에 걸리는 힘은 얼마나 될까?

고공에서는 공기 밀도 감소로 인해 산소가 부족하므로 호흡하기가 곤란하다. 에베레스트와 같이 아주 높은 산에 올라갈 때 산소 호흡기를 착용하는 이유다. 여객기가 고공에서 순항할 때도

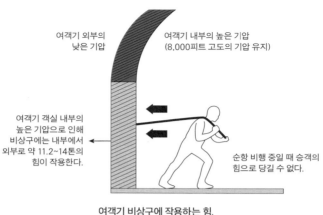

여객기 외부의
낮은 기압

여객기 내부의 높은 기압
(8,000피트 고도의 기압 유지)

여객기 객실 내부의
높은 기압으로 인해
비상구에는 내부에서
외부로 약 11.2~14톤의
힘이 작용한다.

순항 비행 중일 때 승객의
힘으로 당길 수 없다.

여객기 비상구에 작용하는 힘.

산소가 부족하지만 압축 공기를 객실로 밀어 넣어 압력을 높이기 때문에 승무원과 승객은 산소 호흡기가 필요 없다. 여객기는 1만 5000피트 이상의 고도에서 순항 비행 중에 객실 여압 장치가 고장 나는 경우를 대비해 승객들에게 최소 10분간 공급할 산소량을 보유하고 있어야 한다.

여객기는 객실 내부의 높은 기압과 외부 대기의 낮은 기압 차이로 인해 객실 안에서 외부로 향하는 압력이 작용한다. 이러한 힘은 풍선처럼 동체를 부풀게 하는 힘이 작용한다는 것을 의미한다. 여객기는 기체 구조물의 피로를 고려해 여압을 표준 대기의 1기압보다 낮게 해 외부와의 기압 차이를 줄인다. 일반적으로 여객기 기내 기압은 기체 앞뒤에 있는 감압 밸브(outflow valve)로 불쾌하지 않을 정도의 일정 기압(8,000피트 고도의 기압,

보잉 747-8i의 비상구.

0.75기압)을 유지한다. 그러므로 여객기에는 순항 중에 1제곱미터당 5.6~7톤의 압력이 객실 외부로 작용한다. 여객기 종류마다 비상구 크기가 다르지만 그 크기를 대략 폭 1미터, 높이 2미터라고 하면 비상구에 걸리는 팽창하려는 힘의 크기는 약 11.2~14톤이 될 것이다. 공기의 힘이 이렇듯 대단하다는 것을 알 수 있다. 또 다른 예로 항공기 날개의 경우 아랫면에서 윗면으로 작용하는 압력 차이로 양력이 대략 1제곱미터당 0.5톤의 힘으로 작용한다고 생각해 보자. 물론 양력은 속도와 자세, 고도 등에 따라 다르지만 대략 계산하는 것이다. 보잉 787-10과 에어버스 A330-900의 날개 면적은 각각 325제곱미터, 465제곱미터이므로 양력은 각각 162.5톤, 232.5톤에 해당한다. 보잉 787-10과 에어버스 A330-900의 최대 이륙 중량은 각각 136톤과 251톤이므로 각 기종의 날개는 여객기를 띄울 수 있는 큰 양력을 발생시킨다는 것을 알 수 있다.

여객기 비상구는 일반 문과 다르게 한 번 당겼다가 밀어야 열리도록 제작됐다. 승객이 비상구 문을 열려면 객실 내부에서 미는 힘(11.2~14톤)을 이겨 내고 당겨야 하므로 사람의 힘으로는 도저히 열 수 없는 구조다. 게다가 비행 중에는 비상구의 잠금장치가 자동으로 내려와 열리지 않도록 설계되어 있으므로 사실상 비행 중에 비상구를 열기란 불가능하다. 그렇지만 여객기가 강하할 때는 고도가 낮아짐에 따라 감압 밸브를 조절해 객실 기압을 높여 객실 고도를 낮춘다. 또, 여객기가 지상에 착륙했을 때 기체 전방 또는 후방에 설치된 감압 밸브를 완전히 열어 기내 기압과 외기압의 차이를 없애므로 사람의 힘으로 비상구를 열 수 있다. 여객기 객실에서 승객이 임의로 비상구를 열려고 한다면 항공법에 따라 처벌을 받으므로 절대로 시도해서는 안 된다.

항상 자연 법칙을 준수하는 항공기

항공기가 날아가는 데는 뉴턴의 운동 법칙이 적용되며, 이에 따른 수학적 지식이 필요하다. 4장에서는 등속 직선 수평 비행할 때 항공기에 작용하는 힘의 운동 방정식을 구하고 성능도 파헤쳤다. 비행에 필요한 추력과 이용 가능한 추력에 대한 그래프를 통해 최대 속도와 최소 속도가 어떻게 정해지는지 배웠다. 순항 비행 중일 때의 항속 거리와 항속 시간을 계산하는 식도 유도하고 최대 항속 성능을 내는 방법도 알아보았다. 마지막으로 순항 비행할 때 비상구에 걸리는 압력에 대해서도 설명했다. 이제는 항공기가 자연 법칙을 철저히 준수하면서 날아간다는 사실을 어느 정도 이해했으리라 믿는다. 항공기 속에 가득 들어 있는 수학과 물리학이라는 학문의 중요성은 거듭 강조해도 부족할 따름이다.

연습 문제:

1. 기존 여객기가 항공로를 비행할 때 기종마다 순항 마하수가 어느 정도 차이가 나지만 대형 여객기의 경우 대략 마하수 $M = 0.85$로 비행한다. 더 빠른 마하수로 비행하거나 아예 음속을 돌파해 초음속으로 비행할 수는 없을까?

2. 무게가 17만 6370파운드(80톤)이고 날개 면적이 125제곱미터인 여객기가 해면 고도(공기 밀도 $\rho = 1.225 kg/m^3$)에서 수평 비행하고 있다. 여객기가 수평 비행을 하기 위해서는 양력과 중량의 크기가 일치($L = W$)해야 하며 양력은 $L = \frac{1}{2}\rho V^2 SC_L$ 이어야 한다. 만약 속도가 증가하면 양력이 증가해 상승하므로 수평 비행하기 위해서는 양력 계수 C_L이 감소되어야 한다. 또 속도가 감소하면 양력이 감소해 강하하므로 수평 비행하기 위해서는 양력 계수 C_L이 증가해야 한다.

① 여객기 수평 비행 속도가 시속 250킬로미터(초속 69.4미터), 시속 280킬로미터(초속 77.8미터), 시속 830킬로미터(초속 230.6미터)일 때 각각에 해당하는 양력 계수 C_L을 구하라.

② 수평 비행에서 속도가 증가하는 경우 양력 계수가 감소해야 하며 각 속도에 맞는 받음각(양력 계수)이 존재하게 된다. 위에서 구한 양력 계수로 NACA 23012 에어포일의 양력 곡선(인터넷 참조)에서 받음각을 구하고, 이러한 받음각은 낮은 속도에서 그 변

화가 크다는 것을 확인하라.

3. 쌍발 비즈니스 제트기가 3만 3000피트에서 다음과 같은 조건으로 등속 수평 비행을 하고 있다.

한양대학교 응용 공기 역학 연구실에서 설계한 비즈니스 제트기.

무게: $W = 33.1\,ton$

날개 면적: $S = 88.3m^2$

순항 속도: $900km/h$

날개의 가로세로비(aspect ratio, AR): $AR = 5.92$

양항 곡선: $C_D = 0.015 + 0.08C_L^2$

양항 곡선으로 제트기가 시속 900킬로미터(초속 250미터)로 비행할 때의 항력 계수를 구하기 위해 우선 양력 계수를 구해 보자.

$L = W = \dfrac{1}{2}\rho V^2 S C_L$ 에서 $C_L = \dfrac{2W}{\rho V^2 S}$ 이며 3만 3000피트

에서의 공기 밀도는 $\rho = 1.1180 \times 10^{-2} \, kg/m^3$ 이므로

$$C_L = \frac{2W}{\rho V^2 S}$$

$$= \frac{2(33100)}{(1.1180 \times 10^{-2})(250)^2 (88.3)}$$

$$= 0.2682$$

가 된다.

항력 계수는

$$C_D = 0.015 + 0.08 C_L^2$$

$$= 0.015 + 0.08(0.2682)^2$$

$$= 0.02075$$

가 된다.

등속 수평 비행에서 필요 추력은 $T_R = D = C_D \frac{1}{2} \rho V^2 S$ 로 계산할 수 있다.

3만 3000피트의 고도에서 시속 900킬로미터의 속도로 등속 수평 비행을 하기 위해 비즈니스 제트기의 필요 추력은 얼마인가?

5장

선회 비행과
하중 계수

이륙해 상승하고 순항 비행하는 여객기가 목적지를 향해 방향을 틀기 위해서는 반드시 선회해야 한다. 여객기는 등속 수평 선회할 때 보통 경사각 30도 이상 선회하지 않는데 만약 경사각 60도 급선회를 했다면 온몸에 2배의 중력 가속도가 작용해 혈액이 신체 아래로 몰리는 기동 비행을 한 셈이다. 비행기가 등속 수평 선회 비행을 할 때 그것을 유지하기 위한 속도와 선회 성능은 어떻게 될까? 선회 비행을 할 때 비행기에 작용하는 힘을 수학과 물리학으로 해석해 보자. 특히 공중전에서 선회 반경과 선회율(rate of turn, R/T)은 아주 중요한 특성이다.

영화 「탑건」의 기동 훈련 비행

전투기는 주어진 임무를 수행하기 위해 상승, 강하, 선회, 가속 비행 등과 같은 기동 비행을 수행해야 한다. 이러한 기동 비행은 비행 중 양력을 잃어 추락하는 현상인 실속, 비행기에서 발생하는 공기 역학적 난류로 인한 진동인 부펫, 엔진 온도 제한, 엔진 추력 한계, 구조적 문제뿐만 아니라 엔진 입구 공기 흐름의 왜곡으로 인해서도 제한을 받는다.

　영화 「탑건(Top Gun)」에서도 톰 크루즈(Tom Cruise)가 창공을 가르는 기동 비행 훈련 중 심한 난기류를 만나 추락하는 장면이 나온다. 이때 톰 크루즈는 자신이 몰던 미국 해군의 주력 전투기 F-14 톰캣(Tomcat)이 제트 기류에 빠지면서 엔진 고장을 일으키자 비상 탈출한다. 실제로도 전투기가 급격한 기동을 하면서 심한 난기류를 만나면 엔진 입구로 들어오는 공기의 받음각이 커지면서 압축기 실속(compressor stall)이 발생해 엔진이 제 능력을 발휘하지 못할 수 있다. 이것은 압축기 블레이드의 실속으로 공기가 제대로 압축되지 못해 정상적으로 연소가 일어나지 않을 수 있기 때문이다.

기동 비행 중 선회 비행은 비행기의 진행 방향을 변화시키기 위한 비행으로 아래 그림에서와 같이 방향을 90도 전환할 수 있

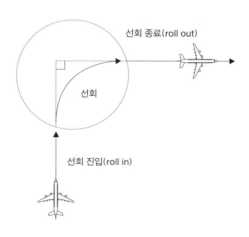

선회 종료(roll out)

선회

선회 진입(roll in)

90도 우측 선회 비행.

다. 이때 조종사는 조종면인 에일러론과 러더를 조작해 선회 진입(roll in)과 선회 종료(roll out)를 수행한다.

선회 비행은 고도 변화에 따라 상승 선회, 수평 선회, 강하 선회 등으로 분류하고, 힘의 균형 상태에 따라 균형 선회(coordinated turn), 내활(slip)과 외활(skid)을 포함하는 불균형 선회 등으로 구분된다. 흔히 말하는 정상 선회(steady turn), 또는 균형 선회는 비행기가 일정한 속력으로 등고도(수평면)에서 원운동을 하는 비행을 말한다. 이처럼 일정한 속력으로 선회하는 경우라도 원의 중심 방향 가속도가 존재하므로 동적 성능(dynamic performance)으로 분류된다.

등속 수평 선회(균형 수평 선회)할 때의 운동 방정식

비행기는 날아가는 방향을 바꾸고 고도를 일정하게 유지하는 수평 선회를 하기 위해 측면 방향의 힘이 필요하다. 항공기에 경사각 ϕ를 주어 기울이면 양력은 수평 방향과 수직 방향의 두 성분으로 분리되지만, 전체 양력에 변화를 주는 것은 아니다. 양력의 수평 성분이 구심력(centripetal force)으로 작용하며 이 힘이 비행기를 선회시키는 측면 방향의 힘이다.

선회 비행 중에 양력은 무게의 방향과 반대 방향이 아니므로 양력의 수직 성분을 유효 양력(effective lift)이라 부른다. 만약 고도를 일정하게 유지하려면 전체 양력은 유효 양력이 중량과 동일할 때까지 증가시켜야 한다. 삼각법(trigonometry)을 이용해 다음

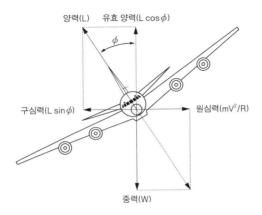

등속 수평 선회에서 비행기에 작용하는 힘.

과 같은 식을 구할 수 있다.

$$\cos\phi = \frac{\text{유효 양력}}{\text{전체 양력}}$$
$$= \frac{W}{L}.$$

그림에서 $\sin\phi$는 다음과 같다.

$$\sin\phi = \frac{\text{구심력}}{\text{전체 양력}}.$$

따라서 구심력은 다음과 같이 표현된다.

$$\text{구심력} = L\sin\phi.$$

항공기가 등속 수평 선회 비행을 할 때 뉴턴의 운동 제2법칙을 적용하면 다음과 같은 관계를 갖는다.

$$\sum F = ma_c$$
$$= m\frac{v^2}{r}.$$

여기서 a_c는 구심 가속도의 크기다. 구심 가속도를 일으키는 힘인 구심력은 선회 중심을 향하고 직선 방향 속도 벡터의 방향을 변화시킨다. 항공기에는 선회 경로를 따라 구심력뿐만 아니라 구심 가속도와 반대 방향의 원심력(centrifugal force)도 나타난다. 원심력은 구심 가속도로 인한 겉보기 힘(fictitious force, 물체에 직접적으로 작용하는 힘 이외에 도입해야 하는 가상의 힘이다.)이며, 비행기의 겉보기 무게는 원심력과 중력의 합력으로 나타난다. 경사각이 커질수록 비행기의 겉보기 무게는 증가하므로 이에 따른 양력도 커져야 한다.

등속 수평 선회의 조건은 원심력과 구심력이 같아야 하므로 다음과 같이 표현할 수 있다.

$$\frac{W}{g}\frac{V^2}{R} = L\sin\phi.$$

이와 같은 식으로부터 등속 수평 선회에 필요한 비행기의 기울기 각도인 경사각 ϕ는 다음과 같이 구한다.

$$\frac{W}{g}\frac{V^2}{R} = \left(\frac{W}{\cos\phi}\right)\sin\phi.$$

따라서 경사각 ϕ로 선회하는 경우 운동 방정식으로부터 다음과 같이 표현된다.

$$\tan\phi = \frac{V^2}{gR}.$$

선회 반경 R은 경사각이 증가함에 따라 급격하게 감소하며, 속력이 증가함에 따라서는 속력 제곱에 비례해 증가한다.

등속 수평 선회에서의 하중 계수

하중 계수는 비행기에 작용하는 하중의 크기를 의미하며 다음과 같이 비행기에 작용하는 하중(양력)을 비행기의 무게로 나눈 값으로 정의된다.

$$n = \frac{\text{항공기에 작용하는 힘의 크기}(L)}{\text{항공기의 무게}(W)}$$
$$= \frac{\text{항공기의 무게}(W) + \text{관성력의 크기}(F=ma)}{\text{항공기의 무게}(W=mG)}.$$

$n = 1 + \dfrac{a}{G}$ 이므로 중력 가속도의 크기는 다음과 같다.

$$a = (n - 1)G.$$

등속 수평 비행할 때는 경사각이 $\phi = 0$, 가속도의 크기가 $a = 0$이며, 수직 방향 힘의 크기는 $L = W$ 이므로 n은 다음과 같다.

$$n = \frac{L}{W} = 1.$$

등속 수평 비행할 때는 $n = \dfrac{1}{\cos\phi}$ 과 같으며, 경사각 ϕ가 증가함에 따라 선회 시 하중 계수 n도 증가한다. 경사각이 증가함에 따라 유효 양력(항공기 중량과 동일해야 한다.)이 감소하므로 전체 양력이 증가해야 하며, 다음과 같은 수식이 성립되어야 한다.

$$\frac{\text{전체 양력}}{\text{유효 양력}} = \frac{L}{W}$$
$$= \frac{1}{\cos\phi}.$$

예를 들어 $\cos 30° = \dfrac{\sqrt{3}}{2}$ 이고, $\cos 60° = \dfrac{1}{2}$ 이므로 하중 계수는 각각 1.16, 2.0임을 알 수 있다. 그러므로 조종사가 경사각 60도로 정상 수평 선회하면 관성력의 크기는 mG고 하중 계수는 2.0이 되므로 조종사에게 $2G$의 중력 가속도가 작용된다. 평상시 우리가 느끼는 지구 중력 가속도의 크기가 $1G$이므로 2배의 중력 가속도를 느끼는 것이다. 또 항공기가 60도 경사각에서 떨어지지 않고 수평 고도를 유지하기 위해서 양력은 비행기 중량의 2배가 필요하다.

또 비행기가 경사각 90도로 선회할 때는 $\cos 90° = 0$이므로 하중 계수는 무한대가 되어야 한다. 그러나 이것은 등속 수평 선회할 때 날개만이 비행기의 모든 양력을 제공한다는 가정에서 나온 것이다. 이러한 해석만으로는 경사각 90도에서의 하중 계수를 구할 수 없지만, 실제로는 구할 수 있다. 날개 이외 동체도 비행기에 양력을 제공하기 때문이다. 만약 비행기 기수가 수평보다 높은 각을 갖는다면 추력의 수직 성분은 양력 성분으로 작용한다. 수직 꼬리 날개도 양력을 제공하기 때문에 양력이 0이 아니며 하중 계수가 어떤 값을 갖는다.

경사각과 하중 계수의 관계는 다음과 같이 구할 수 있다.

$$\begin{aligned}
\tan \phi &= \frac{\sin \phi}{\cos \phi} \\
&= \frac{\sqrt{1 - \cos^2 \phi}}{\cos \phi} \\
&= \sqrt{n^2 - 1}.
\end{aligned}$$

그렇지만 구조적인 강도 한계로 인해 하중 계수와 선회 반경이 제한되며, 경사각도 제한된다.

실속 속도에서의 등속 수평 선회

비행기가 착륙하기 위해 저속에서 등속 직선 수평 비행하다가 증속 없이 선회하면 아주 위험하다. 왜 그런지 실속 속도에서의 등속 수평 선회를 수식을 통해 알아보자. 이미 앞에서 구한 등속 수평 선회할 때의 운동 방정식은 $L\cos\phi = W$ 이므로 다음과 같이 쓸 수 있다.

$$\frac{1}{2}\rho V_\phi^2 SC_L\cos\phi = W.$$

등속 수평 선회할 때의 선회 비행 속도 V_ϕ 와 수평 직선 비행할 때의 수평 비행 속도 V_h는 다음과 같다.

$$V_\phi = \sqrt{\frac{2W}{\rho SC_L\cos\phi}}$$
$$V_h = \sqrt{\frac{2W}{\rho SC_L}}.$$

따라서 $\dfrac{V_\phi}{V_h}$ 는 다음과 같이 표현된다.

$$\frac{V_\phi}{V_h} = \frac{1}{\sqrt{\cos\phi}}$$
$$= \sqrt{n}.$$

그러므로 경사각 ϕ로 비행하려면 선회 비행 속도 V_ϕ는 수평 비행 속도 V_h보다 $\dfrac{1}{\sqrt{\cos\phi}}$배, 또는 $\sqrt{n}$배만큼 커야 한다. 그러므로 선회 시 실속 속도 $V_{S\phi}$는 다음과 같다.

$$V_{S\phi} = V_S/\sqrt{\cos\phi}$$
$$= V_S\sqrt{n}.$$

따라서 수평 비행할 때의 실속 속도보다 $\sqrt{n}$배만큼 증가시켜야 추락하지 않고 실속 속도를 유지할 수 있다.

특히 저고도로 착륙 접근할 때 실속 속도 부근에서 선회 비행하는 것은 추락할 수 있어 매우 위험하다. 예를 들어 수평 비행할 때의 실속 속도 V_S가 초속 100미터이고 경사각이 30도인 경우 선회할 때의 실속 속도 $V_{S\phi}$는 초속 107미터로 증가한다. 경사각이 45도 이상인 경우 급경사 선회라고 한다. 이때는 $V_{S\phi}$가 초속 119미터로 증가하게 된다. 그러므로 실속 속도에서 속도를 증속시키지 않고 선회한다면 비행기 중량을 떠받칠 양력이 부족해 실속에 진입해 추락하게 된다.

대부분의 실속/스핀 사고는 공항의 운항 패턴(traffic pattern) 고도인 1,000피트 미만에서 발생한다. 이것은 실속/스핀에 들어갔을 때 이를 회복할 수 있는 충분한 고도가 없기 때문이다. 그래서 조종 훈련생은 더 높은 고도에 올라가서 가상의 활주로를 만들어 놓고 운항 패턴대로 선회하면서 일부러 실속/스핀에 진입한 후 회복 조작을 연습한다. 이때는 고도가 충분하므로 지상으로 추락할 가능성이 거의 없다.

기동 비행할 때 날개가 부러질 수 있다고?

선회 비행하며 비행기에 걸리는 하중이 수평 비행할 때(1G)보다 크다면 어떻게 실속 속도가 증가하는지 다음 수식이 보여 준다.

$$\frac{V_{S\phi}}{V_S} = \frac{1}{\sqrt{\cos\phi}}$$
$$= \sqrt{n}.$$

만약 비행기에 4G가 걸린다면 실속 속도의 비는 $\sqrt{4} = 2$이므로 수평 비행할 때 실속 속도의 2배가 된다. 이러한 수식은 음의 하중 계수가 작용할 때 제곱근 안에 음수가 들어갈 수 없으므

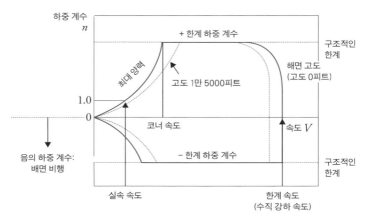

비행 포위선도($V\text{-}n$ 선도).

로 적용할 수 없다. 그렇지만 실제로 비행기는 음의 하중 계수가 작용할 때 실속 현상이 발생한다.

앞 쪽의 그래프는 비행기의 비행 속도에 따라 하중 계수를 그린 것으로 비행 포위선도, 또는 $V-n$ 선도라 부른다. 비행 포위선도는 속도 영역별로 비행기가 견딜 수 있는 하중 계수를 표시한 것이다. 비행기는 구조적인 제한을 받아 비행 포위선도 영역을 벗어나는 비행을 할 수 없다. 이 영역을 벗어나면 기체가 파괴될 수 있기 때문이다.

$V-n$ 선도는 실속 속도 근처에서는 속도가 빨라지면서 양력이 비행 속도의 제곱에 비례하므로 하중 계수도 급격하게 증가한다. 이후 기동할 때의 하중 계수는 구조적 한계 때문에 속도와 관계없이 일정한 값을 가지므로 수평 직선으로 표현된다. 그래프에서 실속 한계와 구조 한계가 만나는 코너(corner)가 존재하며, 최대 하중 계수를 나타내는 수평 직선에서 속도가 최소인 위치다. 이 점을 기동점(maneuver point)이라 하며 허용된 비행 영역 내에서 양력 계수와 하중 계수가 가장 큰 값을 갖는다. 이곳에서 가장 작은 선회 반경을 갖는데 이곳에서의 속도를 코너 속도(corner velocity) V^*라 하며 다음과 같이 표현한다.

$$V^* = \sqrt{\frac{2n_{\max}}{\rho C_{Lmax}} \frac{W}{S}}.$$

조종사는 코너 속도 V^* 보다 큰 비행 속도에서는 항공기 구조 손상을 유발하는 양력이 발생할 수 있으므로 항상 유의해야 한다.

비행기 구조상 제한하는 최대 하중을 제한 하중(limit load)이라 하며, 이때의 하중 계수를 제한 하중 계수라고 한다. 경사각이 60도로 선회할 때 $2G$가 걸리므로 항공기 중량이 1만 2500파운드(5,670킬로그램)라면 양쪽 날개에 작용하는 평균 하중은 2만 5000파운드(1만 1340킬로그램)가 된다. 아주 깊은 경사각으로 급선회를 하는 경우 날개에 걸리는 하중이 제한 하중을 초과해 날개가 부러질 수 있다는 것이다. 일반적으로 조종사의 몸이 양의 중력 가속도보다 음의 중력 가속도 상태를 견디기가 더 힘들기 때문에 비행기는 양의 제한 하중 계수는 크게, 음의 제한 하중 계수는 작게 설계된다. 무인기인 경우에는 조종사가 탑승하지 않기 때문에 음의 하중 계수도 크게 설계할 수 있다. 예를 들어 조종사가 탑승하는 공군 FA-50 경공격기는 $+8G$와 $-3G$ 사이의 제한 하중을 갖는다. 그러므로 비행기는 제한 하중 범위 내에서는 안전한 운용을 방해하는 변형이 없어야 한다. 비행기는 설계 단계에서부터 제한 하중에 대한 규정이 제시된 감항성 기준(airworthiness standard)에 따라 설계된다. 이러한 기준에 맞춰 제작된 비행기는 정해진 운용 한계의 비행 하중 범위 내에서 운용된다.

경사각과 하중 계수 사이의 관계식은 수학적으로 다음과 같이 쓸 수 있다.

$$\phi = \cos^{-1}\left(\frac{1}{n}\right).$$

그러므로 비행기가 선회할 때 여러 경사각에서의 하중 계수를 다음과 같이 구할 수 있다.

경사각	0°	60°	70.5°	75.5°	78.5°	80.4°	81.8°
하중 계수(n)	1	2	3	4	5	6	7

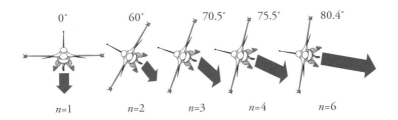

경사각에 따른 하중 계수.

다음 쪽 그림은 경사각에 따른 하중 계수와 실속 속도 그래프를 나타낸 것이다. 비행기가 선회할 때 경사각이 증가함에 따라 하중 계수는 선형적으로 변하는 것이 아니라 급격하게 증가하는 것을 알 수 있다. 물론 실속 속도도 급격하게 증가하는 것을 알 수 있다. 경사각 30도에서는 실속 속도가 7퍼센트 증가하지만, 경사각을 2배로 증가시킨 60도에서는 실속 속도는 40퍼센트 증가한다. 깊은 경사각의 급선회에서 비행기가 실속에 진입할 수

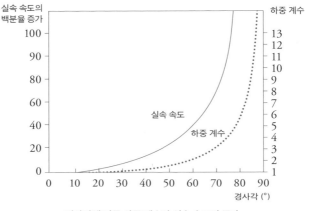

경사각에 따른 하중 계수와 실속 속도의 증가.

있으니 유의해야 한다. 보통 여객기가 견딜 수 있는 하중 계수는 2.5 정도이지만 선회할 때 승객이 불편하지 않도록 보통 경사각 30도를 넘지 않는다. 선회 경사각이 30도일 때 하중 계수는 1.16이고, 45도일 때는 1.41이다. 여객기는 최대 허용 경사각이 45도이지만 통상 경사각이 30도 이상인 급선회를 하지 않는다.

선회 비행을 하다가 수평 비행으로 빠져나오는 롤링과 같이 비대칭적인 기동을 할 때 양쪽 날개에 걸리는 하중 계수는 서로 다르게 된다. 이때 올라가는 날개는 내려가는 날개에 비해 양력이 더 크고 하중 계수도 더 커진다. 급선회를 하는 전투기에 탄 조종사는 어떤 중력 가속도를 느낄까? 예를 들어 전투기가 선회할 때 올라오는 날개에 7G가 걸리고 내려가는 날개는 3G가 걸린다고 하자. 조종사는 전투기의 중심선 위에서 평균 가속도 5G를

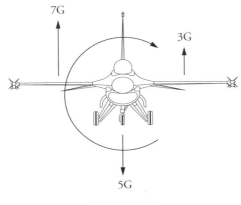

비대칭적인 하중.

느끼고, 전투기 중심선 위에 있는 가속도계는 평균 가속도를 측정하므로 5G를 나타낼 것이다.

속도가 빠르면서도 선회 반경이 작은 전투기가 가능할까?

등속 원운동은 물체가 한 원을 중심으로 일정한 속력으로 회전하는 운동으로, 끈에 물통을 매달아 일정한 속력으로 돌리는 모습을 연상하면 된다. 이때 물통 속에 있는 물은 원심력 때문에 쏟아지지 않는다. 원운동할 때 속도 벡터의 변화로부터 구한 물체의 구심 가속도는 원의 중심을 향하고 크기는 다음과 같이 표현된다.

$$a_c = \frac{v^2}{r}.$$

물통에 작용하는 구심력은 비행기가 뜨는 원리를 설명했을 때 공기가 날개의 볼록한 윗면을 휘어져 흐르면서 곡면 흐름 중심 방향으로 잡아당기는 힘이 작용하는 것과 같은 원리다. 줄에 걸리는 장력이 구심력으로 작용하며 뉴턴의 운동 법칙에 따르면 힘의 크기는 다음과 같이 표현된다.

$$\sum F = ma_c$$
$$= m\frac{v^2}{r}.$$

끈에 매단 물통에 장력이 작용하듯이, 수평 원운동하는 비행기에도 양력의 수평 성분인 구심력과, 반대 방향의 원심력이 작

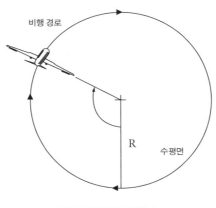

등속 원운동하는 비행기.

용한다.

비행기가 선회할 때 원심력과 구심력이 서로 같지 않은 불균형 선회를 한다면 조종사는 원심력과 구심력 중에서 어느 쪽이 큰지에 따라 한쪽으로 쏠리는 힘을 받는다. 이러한 원심력은 비행기 속도 벡터의 방향 변화와 관련된 구심 가속도로 인한 겉보기 힘으로 볼 수 있다.

만약 조종사가 등고도에서 등속 원운동을 하는 등속 수평 선회를 한다면 비행기에 걸리는 원심력과 양력의 수평 성분(구심력)이 같아야 한다. 이를 위해 조종사는 경사각에 따라 줄어든 양력으로 인해 고도가 떨어지지 않도록 조종간을 당겨 수평 비행을 유지하고, 이에 따라 속도가 떨어지는 것을 방지하기 위해 추력을 증가시켜 일정한 속도를 유지한다. 비행기가 등속 원운동을 하도록 조종할 때 등속 수평 선회가 수행되므로 조종사의 신체가 오른쪽이든 왼쪽이든 한쪽으로 쏠리지 않는다.

이제 전투기에게 아주 중요한 성능 중 하나인 선회 반경에 대해 알아보자. 이미 앞에서 비행기 전체 양력의 수평 성분이며 방사 방향의 가속도를 유발하는 구심력과 크기는 같고 방향이 반대인 원심력을 언급했다. 예를 들어 자동차가 회전할 때 회전 중심에서 바깥 방향으로 작용하는 힘은 원심력이며, 이때 구심력은 도로와 타이어의 마찰로 생성된다. 비행기에 작용하는 원심력의 크기 $m\dfrac{V_\phi^2}{R}$은 양력의 수평 성분인 구심력의 크기 $L\sin\phi$와 같아야 하므로 다음과 같이 쓸 수 있다.

$$m \frac{V_\phi^2}{R} = L \sin \phi.$$

힘의 평형 방정식으로부터 $W = mg$에 $W = L \cos \phi$를 대입하면 다음과 같다.

$$\frac{L \cos \phi}{g} \frac{V_\phi^2}{R} = L \sin \phi.$$

그러므로 선회 반경 R은 다음과 같이 표현된다.

$$R = \frac{V_\phi^2}{g \tan \phi}.$$

선회 반경 R을 결정하는 변수가 선회 속도와 경사각 두 가지임을 알 수 있다. 그러므로 등속 수평 선회를 할 때 비행기 기종과 독립적으로 경사각과 선회 속도를 통해 선회 반경과 선회율을 구할 수 있다. 또한 $\tan \phi = \sqrt{n^2 - 1}$이므로 선회 반경은 선회 속도와 하중 계수의 항으로 다음과 같이 표시된다.

$$R = \frac{V_\phi^2}{g \sqrt{n^2 - 1}}.$$

선회 반경 R는 선회 속도 V_ϕ의 제곱에 비례한다. 그러므로 선회 반경이 작으면서 속도가 빠른 비행기는 물리 법칙에 어긋나 제작할 수 없다. 비행기가 선회할 때 경사각을 변경하지 않고 속도를 증가시키면 선회 반경이 커지며, 속도를 변경하지 않고 경사각을 증가시키면 선회 반경은 감소한다.

만약 전투기가 선회 반경을 최소로 하기 위해서는 선회 속도를 최소로 하고 하중 계수를 최대로 하면 된다. 선회 반경은 선회 속도가 작을수록, 하중 계수 n이 클수록 작아지기 때문이다. 그러나 최소 속도는 실속 속도로 제한되어 있고, 하중 계수도 구조적인 문제로 상한이 있기 때문에 선회 반경도 제약을 받는다. 그렇기에 비행기의 최대 성능에는 한계가 존재한다. 즉 비행기의 최대 선회 성능에는 공기 역학적 한계(최대 양력), 구조적 한계(운용 강도 한계), 출력 한계(최대 이용 추력) 등과 같은 제한 요소가 있다. 일반적으로 저고도 저속의 비행기는 공기 역학적 한계와 구조적 한계로 제한을 받는다.

그렇지만 $V-n$ 선도에서 실속 한계와 구조적 한계가 만나는 지점(기동점)에서 양의 하중 계수가 가장 크면서 제일 느린 속도를 선택하면 선회 반경을 최대로 줄일 수 있다. 전투기 조종사는 선회 반경을 최대로 줄이기 위해 전술적으로 코너 속도(가장 빠르게 선회할 수 있는 속도)를 활용한다.

저고도, 저속 비행기의 선회 반경은 속도가 증가함에 따라 공기 역학적 최소 선회 반경에 접근할 수 있다. 그러나 속도가 더 증가함에 따라 하중 계수가 크게 증가해 구조적으로 파괴될 수 있으므로 선회 반경은 구조적 제한을 받는다. 한편 고고도, 고속 비행기의 선회 반경은 속도가 증가함에 따라 공기 역학적 한계와 출력 한계로 제한을 받는다. 이때 최소 선회 반경은 공기 역학적 한계보다 더 크게 된다. 이것은 압축 효과와 종 방향 조종력의 변화로 인해 최대 양력 계수를 이용할 수 없기 때문이다. 최소 선회 반경을 갖는 속도 이후에서의 선회 반경은 속도가 증가함에 따라 구조적 한계보다는 이용 추력의 한계로 인해 더 크게 증가한다.

선회율과 선회 시간

선회율은 단위 시간 동안 비행기 방향의 변화(단위는 rad/s)를 말하는데, 쉽게 얘기하면 얼마나 빨리 선회 반경을 돌 수 있는가를 의미한다.

$$
\begin{aligned}
R/T &= \frac{선회\ 속도}{선회\ 반경} \\
&= \frac{V_\phi}{R} \\
&= \frac{g\tan\phi}{V_\phi} \\
&= \frac{g\sqrt{n^2-1}}{V_\phi}.
\end{aligned}
$$

선회율은 일시적으로 발휘하는 순간 선회율(instantaneous turn rate)과 지속적으로 유지 가능한 지속 선회율(sustained turn rate)로 구분된다. 순간 선회율은 주어진 고도, 속도, 하중 계수에 따라 일시적으로 낼 수 있는 최대 선회 능력을 의미하고, 지속 선회율은 주어진 고도, 속도, 하중 계수하에 선회율을 떨어뜨리지 않고 지속적으로 낼 수 있는 최대 선회율을 의미한다. 현대 공중 전은 전투기가 레이다와 미사일 등으로 무장해 먼저 보고 먼저 쏘는 개념이므로 빨리 기수를 돌릴 수 있는 순간 선회율이 지속 선회율보다 더 중요하게 평가된다.

또 선회율은 전투기별로 성능이 다르므로 다음과 같이 표현할 수 있다.

$$R/T = k\frac{G}{V_\phi}.$$

여기서 G는 하중 계수이며, k는 전투기 고유 상수인데 같은 조건이라 해도 전투기마다 선회율 성능이 다르기 때문에 갖는 값이다. 전투기는 조종사가 견딜 수 있는 가속도의 한계 때문에 9G 이상은 제한될지라도 기종마다 추력 대 중량비와 날개 하중(wing loading, 비행기의 무게를 날개 면적으로 나눈 값이다.)이 다르며, 이는 기동성의 차이로 이어진다.

비행기 선회율은 선회 속도와 경사각이 아주 중요하며, 선회 속도가 작을수록, 경사각이 클수록 커진다. 비행기가 수평 비행 상태에서 경사각을 변경하지 않고 속도를 증가시키면 원심력이 증가해 선회 반경이 커지고, 선회율은 감소한다. 또 속도를 변경하지 않고 경사각을 증가시키면 구심력이 증가하므로 선회 반경이 작아지고 선회율은 증가한다. 일정한 선회율을 유지하려면 속도에 따라 선회각이 달라야 한다. 일반적으로 비행기 기동은 표준 선회율(초당 3도 선회)을 기준으로 잡는다. 예를 들어 비행기가 시속 644킬로미터에서 표준 선회율(초당 3도)을 유지하려면 경사각이 약 44도가 되어야 한다. 이 경사각에서는 비행기 양력의 약 79퍼센트만 수직 성분으로 작용하므로 양력 손실로 인해 고도가 떨어지게 된다.

만약 선회 속도가 느리고 경사각이 크다면 선회 반경이 작고 높은 선회율을 얻을 수 있다. 기동 속도는 구조적 손상을 입지 않고 제한 하중을 가할 수 있는 최대 속도를 말한다. 이러한 기동 속도는 최저 속도에서 얻은 최대 경사각일 때의 속도로 최소 선회 반경과 최대 선회율 성능을 낼 수 있다.

선회 시간은 선회각 θ 만큼 선회하는 데 걸리는 비행 시간을 말하며 다음과 같이 표현된다.

$$t_\theta = \frac{\theta R}{V_\phi}.$$

선회 시간은 선회 반경이 짧을수록, 선회 속도가 빠를수록 감소한다. 예를 들어 360도 원 궤적을 회전하는 데 걸리는 비행 시간은 다음과 같다.

$$t_{2\pi} = \frac{거리}{속력} = \frac{2\pi R}{V_\phi}.$$

표준 선회율로 360도 선회하는 데 걸리는 시간은 2분이다. 빠른 비행기 또는 특정 정밀 접근 방식의 비행기는 표준 선회율의 절반을 사용하지만, 표준 선회율의 정의는 변경되지 않는다.

F-22, F-16 등과 같은 전투기들은 선회율이 크고 선회 반경이 작아야 공중전에서 유리하다. 이들은 4만 피트 고도에서 마하수 1.0일 때 지속 최대 선회율이 대략 초당 28도(F-22), 18도(F-16)일 정도로 아주 큰 선회율을 보유하고 있다. 이러한 성능은 선회 속도를 최대로 줄이고 경사각을 최대로 해 얻을 수 있는 값이다. 이때 전투기 조종사는 9G를 넘어서는 엄청난 가속도를 겪으며 이를 견뎌야 한다.

급상승과 급강하

항공기는 등속 수평 선회 이외에도 급상승(pull-up)과 급강하(pull-down)를 통해 수직 방향 선회 비행을 한다. 급상승 기동은 직선 수평 비행($L = W$) 중인 항공기가 급격히 상승하는 선회를 하는 경우이며, 급강하 기동은 직선 수평 비행에서 롤 운동을 통해 거꾸로 된 자세를 취한 후 급격히 강하하는 선회를 말한다.

이러한 수직 선회 기동은 군용 전투기가 공대공 전투를 할 때 가장 작은 선회 반경 R과 가장 큰 선회율을 갖는 경우가 유리하다. 항공기가 급상승과 급강하하는 수직 선회 비행을 할 때 하중 계수 n이 아주 크다면 ($n \pm 1$)을 n이라 놓고 선회 반경 R과 선회율 R/T를 구하면 다음과 같다.

$$R = \frac{2}{\rho C_L g}\left(\frac{W}{S}\right)$$

$$R/T = g\sqrt{\frac{\rho C_L n}{2\left(\dfrac{W}{S}\right)}}.$$

여기서 날개 하중(또는 익면 하중) $\dfrac{W}{S}$ 가 등장하며 다른 조건이 모두 같은 조건에서 날개 하중이 작으면 선회 반경이 짧아지고 선회율은 증가한다. 예를 들어 전투기의 날개 하중은 F-35인 경우 1제곱미터당 471킬로그램이고 F-16인 경우 1제곱미터당 361킬로그램, F-15인 경우는 1제곱미터당 322킬로그램이다. 또 세스나 사이테이션의 날개 하중은 1제곱미터당 277킬로그램이다. 만약 항공기를 종합적으로 평가하지 않고 단지 날개 하중으로만 평가한다면 사이테이션과 같은 비즈니스 제트기가 고성능 전투기인 F-35, F-16, F-15보다 짧은 선회 반경과 더 빠른 선회율로 더 우수한 선회 기동을 할 수 있다. 그러나 이것은 단지 날개 하중만을 고려했기 때문에 사실이 아니다. 항공기는 날개 하중 이외에도 양력 계수와 하중 계수 등의 영향을 받기 때문에 종합적으로 해석해야 한다. 특히 최대 하중 계수는 항공기 구조 설계에 따라 제한을 받으며 이것은 앞에서 설명한 $V-n$ 선도를 통해 이해해야 한다. 다음 그림은 미국 해군 에어쇼 팀인 블루 엔젤스(Blue Angels)가 2017년 위스콘신 주 오시코시 에어쇼(EAA AirVenture Oshkosh)에서 곡예 비행하는 장면이다. 블루 엔젤스는 1946년 4월 플로리

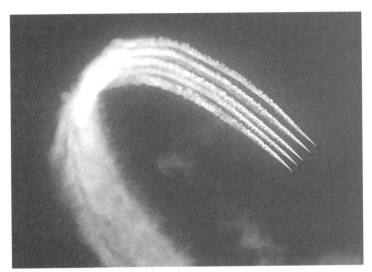

미 해군 블루 엔젤스 F/A-18 슈퍼 호넷의 급상승과 급강하 비행.

다 주 펜서콜라(Pensacola) 해군 항공 기지에서 창립된 역사 깊은 에어쇼 팀으로 6대의 F/A-18을 사용해 아슬아슬한 장면을 연출한다.

불균형 수평 선회

비행기가 균형 선회할 때는 양력의 수평 성분(구심력)의 크기와 원심력의 크기가 같아 균형을 이루며 선회 경사계의 볼(ball)이 어느 쪽으로도 치우치지 않고 중앙에 위치한다. 여기서 경사계는 활처럼 휘어진 유리관 속에 볼을 넣고 댐핑액(damping liquid)으로 채운 것을 말한다. 다음 그림은 우회전하는 비행기의 모습을 비행 형태(균형 선회, 내활, 외활)에 따라 위와 앞, 그리고 뒤(선회 경사계)에서 바라본 모습을 나타낸 것이다.

균형 선회할 때는 기수의 방향과 진로가 일치하고 원심력과 구심력이 균형을 이뤄 조종사의 신체가 어느 쪽으로도 쏠리지 않는다. 내활, 외활과 같은 불균형 선회는 구심력이 원심력보다 크거나 원심력이 구심력보다 큰 경우에 발생한다.

내활, 또는 슬립은 선회 중심의 안쪽으로 옆 미끄럼이 발생

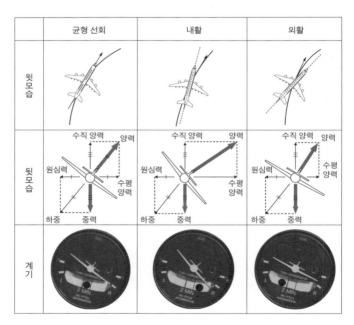

균형 선회와 불균형 선회.

하는 것을 말하는데 양력의 수평 성분인 구심력이 원심력보다 큰 경우에 발생한다. 이것은 경사각이 너무 크거나 러더 조작량이 부족할 때 발생한다. 우선회 슬립할 때 비행기의 자세는 기수가 진로 방향 왼쪽으로 치우쳐 있으며 비행기는 오른쪽으로 미끄러지는 모습을 보인다. 비행기는 선회 비행 경로의 바깥쪽을 향하고 있기 때문에 경사각에 맞는 비율로 선회하지 않는다. 조종석의 선회 경사계는 경사각이 크고 구심력이 커서 볼이 오른쪽으로 쏠리는 모습을 보여 준다. (선회 경사계는 비행기 뒷모습을 보여 주는 것과 같다.) 이때 선회 경사계의 볼과 마찬가지로 조종사의 신체도 오른쪽으로 쏠린다. 이런 경우 경사각을 더 감소시키거나 오른쪽 러더 조작량을 증가시키면 균형 선회할 수 있다.

외활, 또는 스키드는 선회 중심의 바깥쪽으로 옆 미끄럼이 발생하는 것을 말하는데 원심력이 양력의 수평 성분인 구심력보다 더 큰 경우에 발생한다. 이것은 경사각이 작거나 러더 조작량이 너무 클 때 발생한다. 우선회 스키드할 때의 비행기 자세는 기수가 진로 방향 오른쪽으로 치우쳐 있으며 비행기는 왼쪽으로 미끄러지는 모습을 보인다. 선회 경사계는 경사각이 작고 원심력이 커서 볼이 왼쪽으로 쏠리는 것을 보여 준다. 이때 조종사의 신체도 볼과 마찬가지로 왼쪽으로 쏠린다. 이런 경우 경사각을 증가시키거나 오른쪽 러더 조작량을 감소시키면 균형 선회할 수 있다.

불균형 선회를 하는 경우 신체가 한쪽으로 쏠리게 되어 불쾌할 뿐만 아니라 바람이 정면이 아닌 쪽으로 가해져 심한 경우 위험해질 수도 있다. 그러므로 조종사는 선회 비행할 때 선회 경사계의 볼이 중앙에 위치하도록 신중하게 조종해야 한다.

수학과 물리학이 포함된 곡예 기동

미국 해군 에어쇼 팀인 블루 엔젤스는 F/A-18 호넷 전투기를 사용해 아슬아슬한 곡예 비행을 연출한다. 한국 공군도 에어쇼 전용 기체인 T-50B로 특수 비행 팀인 블랙 이글스(Black Eagles)를 운영하며 곡예 비행을 수행한다. 이러한 곡예 비행은 상승, 하강, 선회 비행 등을 결합한 비행이다. 이러한 기동 비행에도 뉴턴의 운동 법칙이 적용되며, 이를 해석하기 위해 수학이 적용된다. 5장에서는 비행기가 일정한 속도로 선회 비행할 때 비행기에 작용하는 힘을 고려해 운동 방정식을 구하고 그것을 통해 선회 성능을 파헤쳤다. 이와 같은 곡예 비행에 수학과 물리학이 가득 들어간다고 생각하니 사뭇 색다른 감정을 느낀다.

연습 문제:

1. 전투 조종사가 FA-50의 선회 성능을 발휘하기 위해 523노트(시속 968킬로미터, 초속 269미터)로 24.2초 만에 360도를 도는 급선회를 수행했다. 이 정도 선회를 하게 되면 조종사는 가속도 때문에 눈이 컴컴해지며 앞이 잘 안 보이기 시작하고, 날개는 부르르 떨게 된다. 급선회 후 조종사는 "최대 선회율로 선회를 하지 않았지만 그래도 7.2G를 걸었다."라고 말했다. FA-50의 선회 성능을 발휘하기 위해 조종사가 수행한 선회의 경사각과 선회율 $R/T = \dfrac{g\sqrt{n^2 - 1}}{V_\phi}$ 을 구하라.

2. 비행 훈련 중 교관 조종사가 학생 조종사에게 왼쪽으로 수평 선회를 해 보라고 지시하니 학생 조종사가 왼쪽으로 선회하는 조작을 수행했다. 이렇게 학생 조종사가 항공기를 왼쪽으로 선회하는 중에 교관의 신체를 왼쪽으로 쏠리게 하다가 다시 오른쪽으로 쏠리게 해 상당히 불쾌하고 피곤하게 했다. 어떤 불균형 수평 선회에서 왜 이런 현상이 발생하는지를 설명하라.

6장

강하 비행과
착륙

비행기가 목적지 공항에 안착하기 위해서 반드시 수행되어야 하는 비행 과정이 강하와 착륙이다. 독수리는 먹이를 잡을 때 사이클로이드(cycloid)에 가까운 곡선을 그리며 급강하한다. 이와 달리 비행기는 착륙하기 위해 급강하하면 속도가 너무 빨라지고 오히려 항력이 증가하므로 속도를 낮춰야 한다. 비행기의 착륙은 진입 각도, 속도, 방향 등을 맞춰야 하기 때문에 조종 훈련생들에게 몹시 어려운 절차다. 활주로에 접지할 때 충격을 완화하고 착륙 거리를 줄이기 위해서는 속도를 줄여야 한다. 비행 속도의 제곱에 비례해 뜨는 힘이 발생하는 비행기가 착륙 접근할 때의 아주 느린 속도에서는 어떻게 떠 있을까?

최속 강하선 사이클로이드의 신비

자전거 바퀴의 둘레에 야광등을 장착하고 야간에 주행하면 야광등이 어떤 궤적을 그리게 될까? 야광등은 자전거 바퀴가 돌아갈 때마다 특정한 궤적을 반복해 그린다. 원을 직선 위로 굴렸을 때 원주 위의 한 점이 그리는 이 곡선을 사이클로이드라 한다.

사이클로이드의 성질을 알아보기 위해 높이가 같은 2개의 미끄럼틀을 직선과 사이클로이드 모양으로 만들고, 꼭대기에서

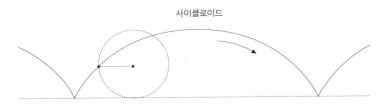

사이클로이드

굴러가는 원 위의 한 점이 그리는 곡선 사이클로이드.

공을 굴려 보자. 거리가 짧은 직선 경로를 지나는 공이 먼저 바닥에 도착하리라 생각하기 쉽다. 그러나 사이클로이드를 따라 내려온 공이 먼저 도착한다. 그 모양에서 볼 수 있듯이 초기 가속도가 직선보다 더 크기 때문에 충분한 속력을 얻어 빠르게 떨어지고, 중간을 지나 완만한 지점에서는 관성으로 밀어붙여 빨리 떨어지기 때문이다. 그래서 사이클로이드는 직선보다 더 먼 거리를 통과해야 하지만 더 빨리 목적지에 도착하는 최속 강하선(brachistochrone)이라는 독특한 성질을 지닌다. 최속 강하선 문제는 스위스의 수학자 요한 베르누이(Johann Bernoulli)가 유럽 최고 수학자들에게 보낸 문제로 유명하다. 아이작 뉴턴이 이 문제를 풀어 익명으로 보낸 일화가 있다.

다음 쪽 그림에서와 같이 미끄럼틀의 밑변과 높이가 각각 100미터일 때 점 A에서 출발한 공이 미끄러져 내려와 점 B에 도착하는 시간은 직선이 3.54초, 사이클로이드가 3.23초로 사이클로이드가 걸리는 시간이 더 짧다.

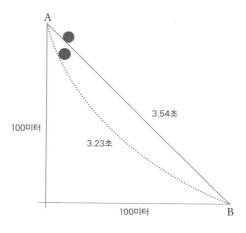

A

100미터

3.54초

3.23초

100미터　　　　　　B

직선과 사이클로이드 미끄럼틀.

　이러한 사이클로이드의 원리는 한국 전통 가옥의 기와지붕에서도 활용된다. 전통 가옥의 지붕을 덮고 있는 오목한 암키와(지붕을 덮는 약간 휜 모습의 평기와다.)와 볼록한 수키와(두 암키와 사이에 엎어 놓는 반원통형의 기와다.)의 위아래 연결 곡선은 사이클로이드에 매우 가깝다. 때문에 비가 올 때 빗물이 기와에 머무는 시간이 짧아 목조 건축물의 수명을 길게 해 준다. 수학 이론이 없던 당시에 전통 가옥의 지붕에 사이클로이드의 원리를 적용했던 선조들의 지혜에 경이로울 따름이다.

　동물 역시 본능적으로 최적의 곡선을 선택해 급강하하는 것으로 알려져 있다. 독수리가 땅 위의 들쥐와 같은 먹이를 잡을 때 직선으로 급강하리라고 생각할 수 있다. 그러나 실제로는 사이클로이드에 가까운 곡선을 그리며 급강하한다. 독수리도 사이클로이드 곡선으로 비행하는 편이 가장 빠름을 본능적으로 알기 때문이다. 독수리는 먹이를 잡거나 착륙하기 위해 날개를 크게 펼치고 날개 받음각을 크게 해 속도를 줄이면서 발을 아래로 내려 착지한다. 비행기는 어떻게 강하하고 착륙을 수행하는지 알아보자.

목적지 공항이 가까워졌다. 이제 고도를 내리자

비행기가 추력이 있을 때 강하 자세를 취하면 양력은 감소하고 추력은 무게의 추력 방향 성분으로 인해 증가하는 등 작용하는 힘이 변화하게 된다. 추력이 있을 때 비행기는 추력 없이 활공 비행하는 경우보다 작은 강하각으로 내려갈 수 있다. 또 전방으로 작용하는 무게의 추력 방향 성분으로 인해 속도는 증가하는데, 상승할 때 무게의 항력 방향 성분으로 인해 속도가 감소하는 것과 유사한 현상이다. 강하할 때 속도 증가를 막기 위해 조종사는 추력을 아이들 상태로 감소시킨다. 아이들 상태 엔진의 분출로 발생하는 속도는 비행 속도보다 느려 엔진 분출이 추력을 발생시키지 못하고 항력 역할을 하기 때문이다. 자동차가 경사진 도로를 내려갈 때의 엔진 브레이크와 같은 역할을 하는 것이다. 강하 능률을 향상시키기 위해 스포일러(또는 에어 브레이크)를 사용하거나 착륙 장치나 플랩으로 항력을 증가시키는 방법을 사용하기도 한다.

비행기가 추력 없이 활공 비행하는 경우는 엔진 결함으로 인해 추력을 상실했을 때, 또는 엔진 자체가 없는 글라이더가 비행할 때다. 이때 고도 상실을 최소로 하는 최소의 활공각으로 어떻게 최대한 멀리 비행할 수 있는지 알아보자. 이를 위해서는 우선 일정한 속도로 강하 비행할 때의 평형 운동 방정식 $\sum \vec{F} = 0$을 수학적으로 구해야 한다.

추력 $T=0$으로 무동력 강하할 때 비행기에 작용하는 힘은 다음 그림과 같으며, 비행기 무게의 일부는 전진하는 추력 방향의 성분으로 나타난다. 비행기가 등속 수평 비행에서 $T=D$ 상태로 등속도를 유지하다가 갑자기 엔진이 꺼져 $T=0$이 되면 속도는 감속할 것이며, 강하 비행으로 인한 무게의 추력 방향 성분으로 항력을 극복해 속도를 유지할 수 있다.

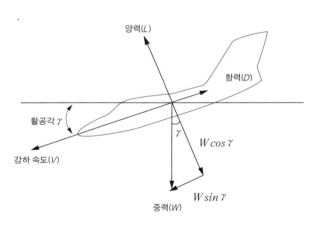

강하 비행하는 항공기에 작용하는 힘.

이때 비행 방향에 수직 및 수평으로 작용하는 힘의 평형 방정식은 다음과 같다.

$$L = W\cos\gamma$$
$$D = W\sin\gamma.$$

여기서 γ는 활공각을 나타낸다. 만약 항공기가 활공하지 않고 아이들 상태의 추력이 있다면 힘의 평형 방정식은 $D = T + W\sin\gamma$와 같다. 이 식에서 양력을 작게 해서 강하하는 것이 아니고 항력과 추력의 차이로 강하하는 것임을 유추할 수 있다. 최대 착륙 중량이 202톤인 보잉 787 여객기가 3도의 각도로 강하하면 $W\sin\gamma$로부터 10.6톤의 추력 성분이 발생한다. 비행기가 강하할 때의 양력은 가벼워진 겉보기 무게 $W\cos\gamma$를 지탱하면 된다.

활공 중인 비행기의 특정 고도에서의 강하 속도(descend speed)는 다음과 같이 힘의 평형 방정식으로부터 얻을 수 있다.

$$L = W\cos\gamma$$
$$= \frac{1}{2}C_L\rho V^2 S.$$

이 식으로부터 만약 속도가 일정할 때 중량이 더 증가한다면 힘의 균형을 위해 양력 계수 C_L을 크게 해야 한다는 것을 알 수 있다. 따라서 받음각을 증가시켜 C_L을 키우고 강하각을 감소시키면 된다.

이 식을 속도에 대해 정리하면 강하 중인 비행기의 비행 속도는 다음과 같다.

$$V = \sqrt{\frac{2W\cos\gamma}{\rho SC_L}}$$
$$= V_h\sqrt{\cos\gamma}.$$

이 식으로부터 활공각 γ가 커지면 강하 비행 속도가 줄어든다는 것을 알 수 있다. 또한 강하 비행 속도는 직선 수평 비행 속도 V_h에 $\sqrt{\cos\gamma}$를 곱한 값과 같음을 알 수 있다.

만약 동일한 기종의 여객기가 일정한 양력 계수에서 운용되는 경우 여객기 중량 변화에 따른 속도를 구하기 위해 속도와 총중량의 관계를 구하면 다음과 같다.

$$\frac{V_2}{V_1} = \sqrt{\frac{W_2}{W_1}}.$$

여기서 V_1과 V_2는 각각 중량 W_1과 W_2에서 최적의 활공 속도를 나타낸다. 만약 공기 역학적 형태가 같은 비행기가 탑재량이 달라 총 중량 W_2가 W_1보다 5퍼센트 더 무겁다고 하자. 그러면 더 무거운 경우의 활공 속도 V_2는 가벼운 경우의 활공 속도 V_1보다 2.5퍼센트 더 빨라야 한다. 그러므로 비행기의 무게는 활공 속도를 변화시킨다. 이러한 변화는 비행기의 양력과 항력의 비인 양항비와 활공비(glide ratio)의 심한 변화를 유발하지 않는다. 최대 양항비를 발생시키는 특정 양력 계수(특정 받음각)에서 비행기가 운용된다면 비행기의 총 중량은 활공비에는 크게 영향을 미치지 않는다. 따라서 공기 역학적 형태가 같은 비행기는 총 중량이 다를지라도 같은 고도에서 같은 거리를 활공하는 것으로 간주할 수 있다.

활공각과 활공비에 대해

추력 T 자체가 없는 무동력 글라이더 비행의 경우 힘의 평형 방정식에서 D를 L로 나누면 다음과 같은 식을 구할 수 있다.

$$\begin{aligned} \frac{D}{L} &= \frac{W \sin \gamma}{W \cos \gamma} \\ &= \tan \gamma \\ &= \frac{1}{C_L / C_D}. \end{aligned}$$

이 관계식으로부터 분모가 최댓값 $(C_L/C_D)_{max}$ 일 때, 즉 최대 양항비를 가질 때 활공각은 최솟값 γ_{min} 이 된다. 이것은 전체 항력 계수 C_D가 최소인 공기 역학적 상태에서 얻을 수 있다. 왜냐하면, 일반적으로 비행기의 양력은 무게와 거의 동일하기 때문이다.

활공비는 무풍 상태에서 직선 비행 중의 비행 거리와 고도의 비율을 말하며, 양항비로 나타낼 수 있다. 예를 들어 활공비가 10:1인 글라이더는 1미터 강하할 때 10미터 수평 거리를 날아간다.

$$\text{활공비} = \frac{\text{활공 거리}}{\text{활공 고도}}$$

$$= \frac{dx}{dh}$$

$$= \frac{1}{\tan \gamma}$$

$$= \frac{C_L}{C_D}$$

$$= \frac{S}{h}.$$

고도 h

활공각 γ

활공 거리 S

항공기의 활공.

활공 거리 S는 비행기가 어떤 고도 h에서 어떤 활공각 γ로 활공하기 시작해 지면에 도달했을 때 그 수평 거리를 말한다. 여기서 활공각 γ는 수평선과 비행 경로가 이루는 각을 말하며 다음과 같이 양항비만의 함수로 표현할 수 있다.

$$\tan \gamma = \frac{D}{L}$$

$$= \frac{1}{C_L/C_D}$$

$$= \frac{h}{S}.$$

만약 비행기의 양항비가 크면 활공비는 커지고 활공각은 작아진다. 비행기는 활공비가 클수록 활공각은 작아지고 더 멀리 날 수 있어 활공 거리 S는 늘어난다. 그러므로 항공기가 $(L/D)_{max}$를 만족하는 속도로 비행할 때 가장 작은 활공각으로 가장 멀리 활공할 수 있는 것이다. 항공기의 무게는 $(L/D)_{max}$의 크기를 결정하는 요소가 아니므로 무게가 변하면 $(L/D)_{max}$를 만족하는 속도만 변한다.

비행기마다 비행 매뉴얼에 최대 양항비에 해당하는 권장 속도가 있으며, 이 속도와 여기에 맞는 활공 자세로 비행하면 활공 거리를 최대로 늘릴 수 있다. 이를 통해 조종사는 엔진이 고장 났을 때 고도뿐만 아니라 시간을 확보해 적절한 착륙 장소를 찾을 수 있다. 만약 비행기가 권장 속도보다 느리면 받음각이 최대 양항비 받음각보다 증가해 양항비가 감소하므로 활공 거리가 줄어든다. 권장 속도보다 빠른 경우도 받음각이 최대 양항비 받음각보다 감소해 양항비가 감소하므로 역시 활공 거리는 감소하게 된다.

비행기가 모든 조건이 동일하고 단지 날개의 가로세로비만 다를 때는 가로세로비가 큰 경우에 유도 항력의 증가율이 작으므로 양항비가 커져 활공 성능이 좋아진다. 즉 날개의 가로세로비가 클 때 활공각은 작아져 멀리 날아갈 수 있다. 그렇지만 전투기는 날개의 가로세로비가 작아 엔진이 꺼진 경우 공중에 떠 있기 위해서는 강하 속도가 커야 하므로 무동력 활공을 하기 상당히 어렵고 위험하다.

　아래 표는 항공기 종류별로 대략적인 활공비를 나타낸 것이다. 독일 ETA 항공사에서 제작한 ETA 활공기는 자력 발사가 가능한 복좌 글라이더로 전체 길이가 9.75미터이고 날개 길이(wing span)가 30.9미터다. 이 활공기는 날개의 가로세로비가 51.3으로 시속 108킬로미터에서 활공비 70을 발휘한다.

항공기 종류별 활공비.

항공기 종류	활공비
ETA 활공기	70
활공기	30~40
단발 프롭기	8~12
쌍발기	10~15
제트 수송기	16~20
우주 왕복선	4.5
F-16 전투기	1.0

　최적 활공 속도는 최대 양항비를 제공하는 속도로 최소 강하율을 유지하고 실속 속도보다는 빨라야 한다. 만약 비행기가 최적 활공 속도보다 느리면 활공각이 증가하고 활공 거리는 줄어든다. 이와 달리 비행기가 최적 활공 속도보다 빠르면 활공 시간이

짧아져 활공 거리는 마찬가지로 줄어든다. 일반적으로 조종사는 수직 속도가 최저에 달하는 최적의 활공 속도를 조종석 계기와 도표 또는 경험을 통해 파악할 수 있어야 한다. 이 속도로 활공할 때 가장 멀리 날 수 있기 때문이다.

최대 양항비는 항력이 최소인 클린 상태(착륙 장치, 앞전 슬랫, 뒷전 플랩 등이 원위치에 있는 상태다.)에서 얻는다. 다음 그림은 양력 계수에 따른 양항비를 나타낸 그래프로 착륙 장치가 원위치 상태인 클린 상태와 착륙 상태에서의 변화를 나타낸 것이다.

착륙 장치가 작동 중이어서 항력이 증가한 착륙 상태보다는 착륙 장치가 올라간 클린 상태에서 양항비가 더 크다는 것을 보여 준다. 그래프에서 최대 양항비는 특정 양력 계수에서 나타나

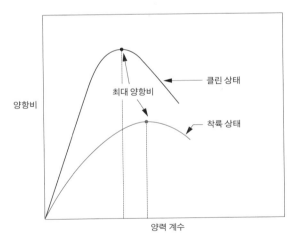

활공 성능을 나타내는 양항비.

는데, 이것은 받음각에 따른 양력 계수 그래프를 통해 특정 받음각임을 알 수 있다. 비행기가 착륙 상태로 전환하면 유해 항력이 증가하므로 최대 양항비가 감소하며, 최대 양항비를 나타내는 양력 계수는 증가한다. 따라서 무동력 비행기가 최소 활공각으로 활공하는 경우 착륙 상태의 비행기(그래프에서 작은 최대 양항비)가 클린 상태의 비행기(그래프에서 큰 최대 양항비)보다 강하율이 크고, 항력 증가로 인해 강하 속도는 느려진다.

여객기 엔진 고장으로 인한 활공 사례

엔진이 고장 났을 때 여객기는 어쩔 수 없이 무동력 강하 비행(활공 비행)해야 한다. 활공할 때의 강하율은 단위 시간 동안의 고도 감소율이므로 다음과 같이 나타낼 수 있다.

$$
\begin{aligned}
R/D &= \frac{dh}{dt} \\
&= V \sin \gamma \\
&= \frac{VD}{W} \\
&= \frac{P_R}{W}.
\end{aligned}
$$

강하율을 최소로 하는 속도는 필요 동력을 최소로 하는 속도를 나타낸다. 강하각이 아주 작다면(즉 $\gamma \leq 15°$이면), $\cos \gamma \approx 1$, $\sin \gamma \approx \gamma$이므로 강하율은 다음과 같이 표현된다.

$$R/D = V\gamma$$
$$= \sqrt{\frac{2W}{\rho S C_L}} \frac{1}{C_L/C_D}$$
$$= \sqrt{\frac{2W}{\rho S}} \frac{1}{C_L^{\frac{3}{2}}/C_D}.$$

이 식에 따라 강하율을 최소로 하는 공기 역학적 조건은 $\left(C_L^{\frac{3}{2}}/C_D\right)_{\max}$ 가 된다. 강하율이 작으면 활공 시간은 길어지며, 결과적으로 공중에 체공하는 시간이 길어진다. 따라서 오랫동안 체공하기 위해서는 공력 조건 $\left(C_L^{\frac{3}{2}}/C_D\right)_{\max}$ 인 속도로 비행해야 한다.

또 가장 멀리 활공하기 위해서는 활공비를 최대로 하는 최대 양항비 $(C_L/C_D)_{\max}$ 인 공력 조건으로 비행해야 한다. 이러한 공력 조건들을 만족하는 최적의 활공 속도가 비행기마다 존재한다. 정풍이나 배풍이 불 때 비행기 기수가 수평면과 이루는 각인 강하각은 변하지 않으므로 강하하는 동안의 연료와 시간은 변하지 않고 일정하다. 그렇지만 비행 경로(항공기의 운동 방향)가 수평면과 이루는 각인 비행 경로각은 정풍인 경우 벡터 합성으로 인해 증가해 활공 거리를 감소시킨다. 배풍인 경우에는 비행 경로각은 감소해 활공 거리를 증가시킨다.

실제로 여객기가 순항 비행 중에 엔진이 정지해 활공 비행으로 착륙한 사례가 있다. 1983년 7월 에어 캐나다 143 편 보잉 767 여객기가 순항 비행 중 연료 부족으로 캐나다 매니토바 주 김리(Gimli, 매니토바 주 위니펙 호수 서쪽에 있는 도시다.) 공군 기지에 비상 착륙한 사건이다. 이 여객기는 캐나다 몬트리올에서 출발해 오타와를 경유해 에드먼턴으로 향하던 중이었다. 그러나 순항 비행 중 황당하게도 연료 부족으로 엔진 2대가 모두 꺼진 것이다. 몬트리올에서 항공사 지상 작업 요원이 연료를 공급할 때 SI 단위(리터당 0.803킬로그램)와 파운드(리터당 1.77파운드)를 혼동해 연료를 적게 넣었기 때문이었다. 몬트리올에서 급유할 때 약 2만 리터를 넣어야 하는데 연료 1리터를 킬로그램이 아닌 파운드로 계산하는 바람에 약 5,000리터만을 급유한 것이다. 그 당시 연료량은 자동으로 산출되지 않고 수동으로 입력했기 때문에 조종사들은 연료가 부족한지를 전혀 알지 못했다.

엔진이 모두 정지되자 조종사들은 순간 대처 능력을 발휘해 최적의 활공 속도인 시속 410킬로미터를 유지하면서 약 12:1의 활공비로 비행했다. 조종사는 직선 거리 19킬로미터 거리를 비행하는 데 1.5킬로미터 정도의 고도를 잃게 된다는 것을 계산해 근처 김리 공군 기지에 착륙하기로 했다. 캐나다 공군으로 복무했던 부기장이 근처에 공군 기지가 있다는 것을 안 것이다. 기체가 일부 파손되었지만, 공군 기지 활주로에 비상 착륙하는 데 성공했으며 승객 61명 중 부상을 입거나 사망한 사람은 한 명도 없었다. 이 사례는 '김리 글라이더(Gimli Glider) 사건'이라 불리며 뉴욕 허드슨 강에 불시착한 'US 에어웨이즈 1549 편 사건'과 함께 사망 사고 없이 활공 비행으로 착륙한 아주 유명한 사례다.

US 에어웨이즈 1549 편 사건은 2009년 1월 A320 여객기가

미국 NASA 에임스 시뮬레이터를 방문한 설리 기장.

뉴욕 라과디아 공항을 이륙한 지 2분 만에 엔진이 고장 나자 글라이더처럼 활공해 허드슨 강에 착륙한 사건이다. 이 여객기는 미국 노스캐롤라이나 주 샬럿을 가기 위해 이륙했지만, 새 떼와 충돌하는 바람에 엔진 2개가 동시에 고장 났다. 체슬리 설리 설렌버거(Chesley Sully Sullenberger) 기장은 놀라울 정도로 침착하게 가장 가까운 허드슨 강에 내리기로 결정해 성공적으로 디칭(ditching, 수면 위 착륙)을 해냈다. 이륙하자마자 엔진이 고장 났기 때문에 최대 허용 착륙 중량을 맞추기 위해 연료를 버릴 시간이 없어 위험을 무릅쓰고 오버웨이트 랜딩(overweight landing)을 수행한 것이다. 이 사례는 2016년 9월 미국에서 톰 행크스(Tom Hanks) 주연의 영화 「설리: 허드슨 강의 기적(Sully)」으로 개봉했다. 여객기를 글라이더처럼 활공시켜 비상 착륙한 경우로 조종사들의 순간 대처 능력이 얼마나 중요한지를 보여 주는 사례로 유명하다.

실제 여객기의 강하 비행

실제 여객기의 강하는 추력을 줄인 아이들 상태에서 이루어지므로 추력이 없는 활공하고 다르다. 아이들 상태에서 엔진의 분출 속도가 강하 속도보다 느리다면 엔진 추력은 전진 방향으로 작용하지 않고 오히려 자동차의 엔진 브레이크처럼 항력 방향으로 작용한다. 또 무게는 전진하는 추력 방향의 성분으로 나타난다. 그러므로 여객기의 항력과 마이너스 추력을 합한 성분의 힘이 무게의 전진하는 성분의 힘과 같아야 한다.

$$D - T = W \sin \gamma.$$

강하각 γ는 다음을 만족한다.

$$\sin \gamma = \frac{D - T}{W}$$

$$\tan \gamma = \frac{h}{S}.$$

대부분 여객기에는 단지 수직 속도계만 있으며 단위는 분당 피트(feet per minute, fpm)로 표시된다. 여객기는 착륙을 위해 강하할 때 승객들이 중력 가속도의 크기 G 감소로 기분이 나쁘지 않도록 대략 강하각 3도로 내려간다. 또 강하하는 동안 객실 여압도 낮추는데 활주로에서는 활주로 기압보다 0.1피에스아이 높은 정도까지 조정한다.

비행기가 상승할 때는 무거울수록 고도를 높이기 어려우며, 강하할 때도 마찬가지로 무거울수록 고도를 내리기가 어렵다. 일정한 속도로 강하할 때 무거운 비행기를 떠받치는 양력을 크게 하려면 받음각도 크게 유지해야 하고, 강하각이 작아지기 때문이다. 그러므로 일정한 속도로 강하하는 경우 무거운 비행기가 가벼운 비행기보다 강하 거리와 시간이 길어져 천천히 내려오게 된다.

착륙 단계를 거쳐 안전하게 지상에 내리자

여객기가 목적지를 향해 이륙한 후 순항 비행을 거쳐 목적지에 거의 도달했을 때 안전하게 활주로에 착륙하기 위해 계기 접근 절차를 시도한다. 착륙은 이륙과는 반대지만 같은 절차로 나뉘는데 착륙 거리에 대한 설계 요구 사항은 이륙 거리와는 다르다. 착륙은 접근, 플레어, 접지, 그리고 디로테이션을 포함한 지상 활주라는 4가지 절차를 수행해야 한다.

　다음 그림은 비행기가 활주로에 착륙할 때 장애물 고도부터 시작해 활주로에 정지할 때까지의 과정을 단계별로 보여 준다.

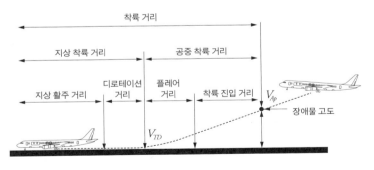

단계별 착륙 과정.

전체 착륙 거리는 공중에 떠 있을 때의 공중 착륙 거리와 지상에서 활주할 때의 지상 착륙 거리를 합한 거리로 다음과 같다.

전체 착륙 거리 = 공중 착륙 거리 + 지상 착륙 거리.

공중 착륙 거리는 50피트(15.2미터)인 장애물 고도부터 활주로에 접지하는 순간까지의 거리를 말한다. 장애물 고도는 일반, 유틸리티, 곡예 및 커뮤터 항공기의 미국 연방 항공 규정인 FAR 23과 승객 10인 이상 또는 중량 1만 2500파운드(5,670킬로그램) 이상의 수송기 연방 항공 규정인 FAR 25에 제시되어 있다.

접근 단계는 장애물 고도로부터 플레어 시작 고도까지 직선 강하 비행하는 단계를 말한다. 플레어 단계는 착륙 접근의 최종 단계부터 시작해 활주로 면과 평행한 비행 자세를 갖기 위한 곡선 경로 구간이다. 장애물 고도에서 시작한 직선 강하 구간과 플레어 구간인 곡선 강하 구간을 합해 천이(遷移) 단계, 다른 말로는 공중 착륙 거리라고도 한다. 지상 착륙 거리는 접지 후 정지할 때까지의 거리를 말하며, 디로테이션 거리('회전 거리'라고도 한다.)와 지상 활주 거리를 합한 값이다. 착륙에 필요한 최소 거리인 필요 착륙 활주로 거리(required landing field length)는 안전 여유를 두기 위해 건조한 활주로 상태에서 전체 착륙 거리(공중 착륙 거리 + 지상 착륙 거리)를 0.6으로 나눈 거리로 정의한다.

일반적으로 대형 국제 공항의 활주로 크기는 폭 80미터, 길이 5,500미터 정도로 아주 크므로 에어버스 A380과 같은 대형 제트 여객기도 이착륙할 수 있다. 우주 왕복선의 착륙장으로 사용되는 미국 캘리포니아 주 에드워즈 공군 기지의 호수 바닥 활주로는 274미터(폭)×1만 1917미터(길이)로 일반 국제 공항보다 훨씬 크다. 보잉 737-800, 에어버스 A380, 보잉 747-8i 등은 필요 착륙 활주로 거리가 각각 1,634미터, 1,798미터, 2,057미터이므로 이 길이보다는 활주로가 길어야 착륙할 수 있는 것이다. 이러한 필요 착륙 활주로 거리는 도표나 컴퓨터(프로그램)에 비행기의 중량, 바람과 온도 조건, 활주로 고도 및 기울기, 활주로 바닥 조건(마르거나 젖거나 오염된 조건), 브레이크 시스템의 조건 등을 입력해 비교적 간단하게 계산할 수 있다.

활주로 접근 단계

조종사는 착륙하기 전에 기어 레버를 조작해 착륙 장치를 내리고, 플랩 레버로 고양력 장치인 플랩을 작동시킨다. 느린 착륙 속도에서도 공중에 떠 있을 수 있도록 앞전 슬랫과 뒷전 플랩을 내리는 것이다. 이것은 날개의 면적을 넓히고 받음각을 크게 해서 양력을 크게 증가시킨다.

접근 단계는 장애물 고도로부터 플레어 시작 고도까지 직선 강하 비행 구간을 말한다. 비행기가 접근할 때 지면과는 약 3도의 직선 비행 경로를 유지하며 활주로에 최종 접근한다. 여기서 접근 속도 V_{AP}는 실속 속도 V_S를 기준으로 할 때 군용기의 경우

$1.2V_S$이고 민간 비행기의 경우 $1.3V_S$다.

비행기가 추력 없이 활공 비행하는 경우에 수평선과 비행 경로가 이루는 각을 활공각이라 한다. 실제 강하 비행에서는 최소한의 추력(아이들 상태)이 존재한다.

착륙하기 위해 활주로에 접근할 때 비행기는 통상 공항 활주로에서 발신하는 로컬라이저 신호와 글라이드 슬로프 신호라는 2종류의 지향성 전파를 수신한다. 이러한 전파는 비행기가 일정한 경로에 따라 바르게 진입해 정확한 접지 지점에 착륙을 가능하게 한다. 로컬라이저는 활주로의 진입 코스 수평 가이드를 제공하며, 글라이드 슬로프는 수평 정렬이 마무리 될 즈음 수직 가이드를 제공해 정밀 강하를 돕는다. 12장에서 더 자세한 내용을 다룰 예정이다.

활공각 정보를 제공하는 글라이드 슬로프 지시기에서 활공각은 무동력이 아니라 추력이 있는 경우에 비행 경로가 활주로의 수평선과 이루는 각이다. 일반적으로 비행기가 활주로에 접근 중일 때 안전한 착륙 각도인 2.5~3.25도의 활공각 정보를 제공한다.

여객기의 날개는 순항 속도인 마하수 $M=0.85$ 정도에서 최적의 성능을 발휘할 수 있도록 설계되므로 저속에서는 공력 성능을 제대로 발휘하지 못한다. 그래서 여객기는 착륙하기 위해 접근할 때 1~4도 정도 기수를 들고 접근한다. 아주 느린 속도에서도 추락하지 않도록 앞전 슬랫 및 뒷전 플랩을 펼친 상태에서 비행기를 떠받칠 양력을 얻기 위한 최적의 피치 자세를 유지하는

제주 국제 공항에 착륙하기 위해 기수를 들고 강하 중인 에어버스 A321.

것이다. 여객기가 활주로에 진입할 때 플랩과 착륙 장치를 내렸고 기수를 들었기 때문에 순항할 때보다 더 큰 추력이 필요하다. 이때 비행기 무게의 추력 방향 성분으로 인해 이륙 추력의 약 15퍼센트 정도로 해결할 수 있다. 이처럼 여객기가 충분한 양력을 받으며 느린 속도로 접근해야 활주로에 접지할 때 작용하는 충격을 완화하고 활주 거리도 줄일 수 있다.

한편 삼각 날개를 장착한 콩코드 기는 저속에서 충분한 양력을 얻기 위해 약 11도의 높은 받음각 자세로 활주로에 접근한다. 그렇지만 저속에서 성능이 좋은 프로펠러 항공기나 가벼운 소형 비행기 같은 경우에는 충분한 양력을 얻을 수 있으므로 기수를 미리 들지 않은 강하 자세로 접근한다.

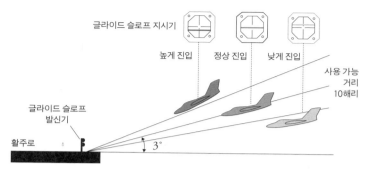

글라이드 슬로프 지시기

높게 진입   정상 진입   낮게 진입

사용 가능
거리
10해리

글라이드 슬로프
발신기

활주로

3°

활주로의 글라이드 슬로프 발신기 및 조종석의 글라이드 슬로프 지시기.

위 그림은 활주로 끝에 있는 활공각 송신기인 글라이드 슬로프 발신기와 비행기가 활주로에 접근할 때 적당한 활공각으로 진입하는지를 조종석 계기판에서 알려 주는 글라이드 슬로프 지시기를 보여 주고 있다. 위쪽의 비행기는 활공각 3도보다 높게 진입하므로 글라이드 슬로프는 기수를 아래로 내리도록 지시하고 있다. 이때 강하율이 높으므로 낮은 출력으로 접근할 수 있지만, 비상 상황으로 재이륙을 해야 할 때 엔진을 가속해야 하는 문제가 따른다. 중간에 있는 비행기는 활공각 3도로 적절한 강하율과 속도를 유지하며 정상 진입하고 있음을 나타내고 있다. 맨 아래의 비행기는 활공각 3도보다 낮게 진입하므로 기수를 위로 올리도록 지시하고 있다. 낮은 비행 경로로 접근하는 경우 높은 출력을 유지해야 하며, 조종사의 시야가 가려져 접지 지점을 정확히 판단하기 곤란한 문제점이 있다. 비행기가 너무 낮은 고도를 비행할 경우에는 지상 근접 경보 장치가 경고음을 울린다. 활주로에 있는 글라이드 슬로프 발신기는 대략 활주로 진입 단에서 1,000피트 안쪽에 설치되며, 진입하는 비행기는 활주로에서 10해리(18.52킬로미터) 정도 떨어진 곳에서부터 글라이드 슬로프를 사용할 수 있다.

다음 그림은 일정한 속도와 추력을 갖고 착륙할 때 플랩을 사용하는 경우 어떤 효과가 있는지 잘 나타내 준다. 플랩은 양력을 크게 발생시키는 고양력 장치로 비행기의 주 날개 뒤에 장착되며 이착륙할 때 사용된다. 착륙할 때 착륙 거리뿐만 아니라 착륙 강도를 고려해 느린 비행을 해야 하므로 이륙할 때보다 플랩 각도를 크게 작동시켜야 한다. 보통 대형 여객기인 경우 플랩 각도는 중량에 따라 다르지만 이륙할 때는 대략 5~20도, 착륙할 때는 20~30도 사용한다. 착륙할 때 플랩을 사용하면 양력과 항력이 동시에 증가해 느린 속도로 접근이 가능하고 그림에서처럼 깊은 각으로 강하할 수 있다. 저속에서도 실속하지 않고 공중에 뜰

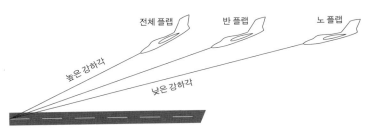

플랩 사용에 따른 강하율.

수 있는 이유다. 또 플랩을 사용하지 않았을 때보다 비행 경로가 높아 접근 시야 확보에 유리할 뿐만 아니라 장애물을 통과하는 데에도 이롭다.

그렇지만 플랩이 고장 난 경우에는 플랩을 내리지 못하고 노 플랩 착륙을 시도해야 한다. 플랩 작동이 안 되는 가장 큰 원인으로는 기계적 연결 고장, 전기 플랩 모터 고장, 또는 전류 장애 등이 있다. 노 플랩 착륙할 때, 실속 속도는 플랩을 내렸을 때보다 빠르다. 그래서 노 플랩 착륙의 경우 플랩을 사용한 접근 속도보다 빠르게 접근해야 안전한 접근 속도를 유지할 수 있다. 일반적으로 소형 비행기의 경우 전체 플랩을 사용할 때보다 노 플랩일 때 약 5노트 정도 빠르게 접근한다. 그리고 노 플랩일 때는 플랩을 사용할 때보다 비행 경로가 낮아 장애물을 통과하기 불리하다.

플레어와 역승강타 효과란?

플레어 단계는 비행기가 직선 강하 비행 단계를 지난 후부터 접지할 때까지 활주로 면과 평행한 비행 자세를 갖기 위한 곡선 비행 경로를 말한다. 만약 여객기가 3도의 표준 강하각을 기준으로 강하하면 피치 자세는 1~4도로 최종 접근하며, 착륙 플레어할 때는 접지할 때의 피치 자세인 4~6도로 변환한다. 즉 플레어는 충격을 줄이고 부드럽게 접지하기 위해 기수를 2~3도 올리는 당김 조작을 통해 착륙으로 전환하는 과정이다.

예를 들어 에어버스 A330-300의 접근 자세는 3~4도이며,

접지 자세는 5~6도가 되도록 받음각을 올리지만, 에어버스 시리즈별로 약간의 차이가 있다. 보잉 777과 보잉 747-8i의 접근 자세는 각각 1~2도이며, 접지 자세는 두 여객기 모두 4~5도로 동일하다. 또 보잉 737 NG의 접근 자세는 다음 그림과 같이 2~4도이며, 접지 자세는 4~7도 정도다. 또 소형 단거리 여객기의 착륙 피치각은 대형 장거리 여객기에 비해 크며, 에어버스 사 기종의 피치각이 보잉 사 기종보다 크다.

이러한 플레어 과정을 통해 조종사는 비행기가 활주로 면에 닿기 전에 당김을 통해 기수를 올려 주 착륙 장치부터 활주로에 접지할 수 있도록 한다. 이때 속도는 접근 속도 V_{AP}에서 플레어 속도 V_{FL}로 변한다. 보통 $V_{FL} = 0.95 V_{AP}$로 가정한다. 플레어 단계에서는 엔진 추력을 감소시키고 피치 자세를 높이게 되는데, 이것은 여객기의 강하율과 속도를 모두 감소시킨다.

조종사가 플레어를 위해 조종간을 당기면 엘리베이터가 위로 올라가며, 이런 당김 조작은 꼬리 날개에 아래 방향의 추가적

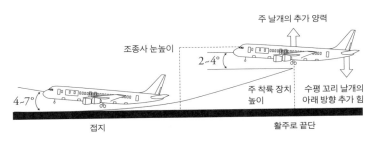

보잉 737 NG의 접근 및 접지 피치각.

인 힘을 발생시킨다. 조종사가 당김을 했으니 당연히 여객기의 기수가 올라가야 하지만, 꼬리 날개의 힘은 조종사가 원하지 않는 방향으로 침하하게 만든다. 이것은 수평 꼬리 날개에 발생한 아래 방향의 추가적인 힘 때문이다. 즉 주 날개에서 충분한 양력이 발생하기 전에 비행기의 반응은 아래로 가속되어 침하율이 증가하는데 이를 역승강타 효과(adverse elevator effect, AEE)라 한다. 이 효과는 높은 고도에서 순항 비행할 때에는 무시할 수 있지만, 착륙 시에는 정확한 위치에 접지하기 위해서 중요하게 고려해야 하는 현상이다.

다음 그림은 여객기의 역승강타 효과를 나타낸 것으로 이상적인 글라이드 패스(glide path, 비행기의 착륙 진입 경로)보다 더 내려간 저고도에서 진입하게 된다. 조종사들은 경험을 바탕으로 역승강타 효과뿐만 아니라 지면 효과(ground effect)를 고려한 착륙 조작을 수행하고 있다.

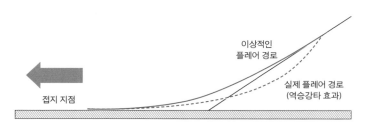

역승강타 효과로 인한 실제 플레어 경로.

접지 및 디로테이션

조종사는 접지 단계에서 테일 스트라이크가 발생하지 않도록 기수가 너무 들리는 것을 막아야 한다. 만약 플레어 단계를 제대로 수행하지 못하면 경착륙, 착륙 바퀴 파손, 테일 스트라이크, 활주로 이탈 등을 유발할 수 있다. 그러므로 조종사는 플레어의 최종 단계에서 전방 착륙 장치를 활주로와의 충격으로부터 보호하고 접지 속도를 줄여야 한다. 그러기 위해서는 접지하기 1~2초 전에 기수가 너무 올라가지 않도록 하고 주 착륙 장치인 뒷바퀴부터 착지시켜야 한다. 일반적으로 민간 여객기는 30~40피트(9~12미터) 고도에서 플레어를 시작해 여객기 자세를 변경시킨다. 여객기 착륙의 67퍼센트 정도가 활주로 접지 목표 위치에서 500피트 범위 내 지점에 접지하며, 나머지 33퍼센트 정도는 500피트보다 더 떨어진 지점에 접지해 지상 활주를 시작한다.

디로테이션은 비행기의 주 착륙 장치가 접지 후 전방 착륙 장치를 부드럽게 활주로에 접지시키는 과정을 말한다. 이때 속도는 접지할 때의 속도 V_{TD}와 거의 같으며, 약 3초 정도 소요된다. 이러한 디로테이션 단계에서의 착륙 거리는 $S_R = 3V_{TD}$이고, 접지 속도 V_{TD}는 실속 속도 V_S를 기준으로 설정하는데 군용기의 경우 $1.1V_S$이고 민간 비행기의 경우 $1.15V_S$다.

여객기의 주 착륙 장치가 활주로에 접지하면 전방 착륙 장치가 부드럽게 접지되고 속도가 감소하기도 전에 엘리베이터의 효과는 사라질 것이다. 비행기의 주 착륙 장치가 접지된 후 디로테이션을 너무 빨리하게 되면 전방 착륙 장치의 최대 하중을 초과해 구조적 손상을 입힐 수 있다. 따라서 조종사는 주 착륙 장치를 접지하기 전부터 전방 착륙 장치가 활주로에 부드럽게 접지할 수 있도록 잘 제어해야 한다. 또 전방 착륙 장치가 과도한 하중을 받지 않는 범위 내에서 빨리 접지된다면 착륙 거리를 줄일 수 있다. 여객기 주 착륙 장치가 활주로에 접지되면 그라운드 스포일러가 자동으로 올라가고 오토 브레이크도 작동하며, 또 조종사는 엔진의 역추력 장치를 수동으로 작동해 속도를 급격히 줄인다.

주 착륙 장치 접지 순간의 보잉 737-800 여객기.

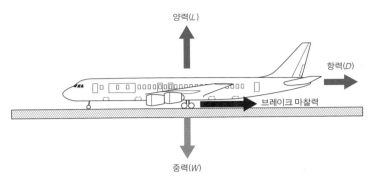

양력(*L*)

항력(*D*)

브레이크 마찰력

중력(*W*)

착륙 후 지상 활주 중 비행기에 작용하는 힘(추력 *T*=0인 경우).

지상 활주 단계

비행기의 착륙 거리를 계산하기 위해 지상 활주 단계에서 작용하는 힘을 고려한 기본 방정식을 알아보자. 물론 정해진 접지 속도에서 최소의 착륙 거리를 얻기 위해서는 속도를 최대로 감속해야 한다.

전체 착륙 거리는 공중 착륙 거리와 지상 활주 거리를 합한 것이지만, 여기서는 지상 활주 거리만을 나타내는 공식을 유도해 보자. 비행기가 활주로에 접지해 지상 활주하는 거리는 가속도와 속도의 정의로부터 다음과 같은 식으로 나타낼 수 있다.

$$a = \frac{dV}{dt}$$
$$= \frac{dS}{dt}\frac{dV}{dS}$$

$$= V\frac{dV}{dS}.$$

따라서 다음과 같이 dS를 구할 수 있다.

$$dS = \frac{VdV}{a}.$$

이를 적분하면 다음과 같이 지상 활주 거리 S를 구할 수 있다.

$$S = \frac{1}{a}\int_{V_{TD}}^{0} VdV.$$

여기서 속도는 접지 속도 V_{TD}에서 비행기가 속도 0으로 멈출 때까지 적분하면 된다. 그리고 평균 감속력의 크기를 $\overline{F}$ 라고 할 때 평균 가속도의 크기는 $\overline{a} = \frac{g}{W}\overline{F}$ 이므로 지상 활주 거리는 다음과 같이 표현된다.

$$S = \frac{WV_{TD}^2}{2g\overline{F}}.$$

이와 같은 착륙 지상 활주 거리는 비행기의 중량 W, 접지 속도의 제곱에 비례하고, 중력 가속도와 평균 감속력의 크기에 반비례한다. 만약 원래의 중량 W_1에서 지상 활주 거리가 S_1, 접지 속도가 V_1이며, 증가된 다른 중량 W_2에서 지상 활주 거리가 S_2, 접지 속도가 V_2일 때, 다른 변수들을 고정한다면 지상 활주 거리와 중량의 관계는 다음과 같다.

$$\frac{S_2}{S_1} = \frac{W_2}{W_1}$$

그러므로 비행기의 총 중량이 10퍼센트 증가하면 지상 활주 거리는 중량에 비례해서 동일하게 10퍼센트 증가한다.

접지 후 지상 활주 거리를 줄이는 방법

지상 활주 거리를 짧게 하기 위해서는 비행기의 중량을 최소화해 접지 속도를 줄여야 한다. 즉 앞에서 언급한 바와 같이 착륙할 때의 최대 허용 착륙 중량이 이륙할 때에 적용되는 최대 허용 이륙 중량보다 가벼워야 한다. 착륙할 때 무거우면 활주로 접근 속도와 접지할 때 속도가 빨라서 충격이 심하고 활주 거리가 길어지기 때문이다. 조종사는 활주로에 접근하면서 느린 속도에서도 공중에 떠 있을 수 있도록 플랩을 사용하고, 받음각도 허용 범위 내에서 될 수 있는 한 크게 해야 한다.

또 지상 활주 거리를 줄이기 위해서 평균 감속력을 크게 해야 한다. 이를 위해 역추력 장치를 사용($T \neq 0$)하거나 항력을 크게 하는 에어 브레이크(air break, 스피드 브레이크)나 드래그 슈트(drag chute) 등을 사용한다. 특히 여객기는 드래그 슈트를 사용하지 않는데 자세한 내용은 『하늘에 도전하다』138쪽을 참조하기 바란다. 여객기가 활주로에 접지한 직후 속도가 빠를 때 날개 윗면에 누워 있던 판을 세우는 모습을 관찰할 수 있다. 이것이 바로 그라운드 스포일러(에어 브레이크)로 항력을 증가시켜 속도를 낮추는 것이다.

다음으로 조종사는 리버스 레버(reverse lever)를 작동시켜 추력을 역방향으로 전환하는데 역방향 추력은 엔진 추력의 25~30퍼센트가 된다. 여객기가 활주로에 접지한 후 큰 엔진 소리가 나는 것은 엔진의 중간 부분이 열리면서 바로 바이패스되는 공기를 앞쪽으로 경사지게 분출하기 때문이다. 일반적으로 터보팬 엔진의 역추력 장치는 바이패스되는 팬 공기를 블로커 도어(blocker door)로 막고 엔진 중간을 열어 경사된 방향으로 배출하는 방식을 사용한다. 엔진 리버스 레버는 주 착륙 장치 타이어의 기울기로 공중인지 지상인지를 판별해, 반드시 지상에서만 작동한다. 또 엔진이 아이들 상태일 때만 작동하며 작동 중에는 스러스트 레버는 움직이지 않는다.

이외에도 비행기가 착륙할 때 정풍인 경우 착륙 거리가 감소하지만 배풍에서는 착륙 거리가 증가한다. 그래서 정풍 방향으로 착륙하기 위해 활주로 방향을 바꾸기도 한다. 한편 고도와 공기 밀도도 착륙 거리에 영향을 끼치는데 대략 활주로의 고도가 1,000피트 올라갈 때마다 착륙 거리는 3.5퍼센트 정도 증가한다. 따라서 미국 덴버 국제 공항과 같이 해발 고도가 1,655미터로 높은 고도에 있는 활주로보다 핀란드 헬싱키 반타 국제 공항과 같이 해발 고도가 55미터로 낮은 고도의 활주로를 이용하면 착륙

보잉 737 여객기의 역추력 장치의 작동(날개 앞의 열린 공간).

거리를 줄일 수 있다.

수학과 물리학이 포함된 강하 비행과 착륙

비행기가 강하하고 착륙하는 데에도 뉴턴의 운동 법칙이 적용된다. 그리고 이것을 해석하기 위해 수학이 필요하다. 비행기는 순항 비행할 때와 달리 착륙할 때는 느린 상태에서도 공중에 떠 있어야 한다. 그래서 비행기는 고양력 장치인 플랩을 이용한 상태로 활주로에 접근해 접지 속도를 느리게 함으로써 착륙 장치에 가해지는 충격을 완화하고 착륙 거리도 줄인다. 또 강하 비행과 착륙 거리를 수식으로 표현함으로써 활주 거리에 미치는 중량,

밀도, 고도, 바람 등과 같은 요소를 분석할 수 있다. 첨단 과학의 결정체인 비행기는 자연 법칙을 수학으로 표현한 방정식을 따라 움직이고 있는 것이다.

연습 문제:

1. 1983년 7월 에어 캐나다 143 편 보잉 767 여객기가 순항 비행 중 연료 부족으로 캐나다 매니토바 주 김리 공군 기지에 비상 착륙하는 사건이 있었다.

에어 캐나다 143 편 보잉 767 여객기는 최적의 활공 속도인 시속 410킬로미터를 유지하면서 약 12:1의 활공비로 비행했다. 여기서 활공비는 무풍 상태에서 직선 비행 중의 비행 거리와 고도의 비율을 말하며 다음과 같이 표현된다.

$$활공비 = \frac{활공\ 거리}{활공\ 고도}$$

$$= \frac{dx}{dh}$$

$$= \frac{1}{\tan \gamma}$$

$$= \frac{C_L}{C_D}$$

$$= \frac{S}{h}.$$

에어 캐나다 143 편 보잉 767 여객기가 12:1의 활공비로 비행한다면 19킬로미터 수평 거리를 비행할 때 고도를 얼마나 잃게 되는가?

2. 걸프스트림 IV(Gulfstream IV)는 쌍발 비즈니스 제트기로 1985년부터 2018년까지 미국 조지아 주 사바나에 본사를 둔 걸프스트림 에

어로스페이스가 설계와 제작을 했다. 걸프스트림 IV는 글라스 콕핏(glass cockpit, 디지털 계기 판넬)을 갖춘 최초의 비즈니스 제트기로 1985년 9월 첫 비행을 했다.

승객 14~19명을 탑승시킬 수 있는 걸프스트림 IV.

걸프스트림 IV의 최대 이륙 중량은 7만 3200파운드(33.2톤)이며 4만 5000피트(1만 3716미터) 고도에서 순항 속도가 시속 850킬로미터이고 최대 항속 거리는 7,815킬로미터다. 최대 상승률은 해면 고도에서 분당 4,000피트(분당 1,219미터)고, 실속 속도는 시속 227킬로미터이며 플랩을 작동시켰을 때는 시속 200킬로미터다.

이러한 성능을 갖는 걸프스트림 IV가 3만 피트(9,144미터)에서 비행하다가 엔진 고장으로 활공 비행을 하게 되었다. 활공 거리 S는 비행기가 고도 h에서 활공각 γ로 활공하기 시작해 지면에 도달했을 때 그 수평 거리를 말한다. 활공각 γ는 수평선과 비행 경로가 이루는 각을 말하며 다음과 같이 표현된다.

$$\tan \gamma = \frac{D}{L}$$

$$= \frac{1}{C_L/C_D}$$

$$= \frac{h}{S}.$$

최소 활공각 γ_{min} 은 최대 양항비 $(C_L/C_D)_{max}$ 일 때, 즉 항력 계수 C_D가 최소인 공기 역학적 상태에서 얻을 수 있다.

$$\tan \gamma_{min} = \frac{1}{(C_L/C_D)_{max}}.$$

최대 양항비가 14.43일 때 최소 활공각 γ를 구하고 최대 항속 거리 S를 구하라.

3. 이륙할 때 중량 35톤인 F-16 파이팅 팰컨(Fighting Falcon) 전투기가 임무를 마치고 착륙 중량이 10톤일 때 해면 고도에 있는 공군 기지 활주로에 착륙하고 있다. 전투기는 장착된 비행 제어 컴퓨터로 접지 후에 앞전 슬랫과 플래퍼론(flaperon, 플랩과 에일러론을 합친 역할을 하는 조종면이다.)을 자동으로 접는다. 그러면서 전투기는 전방 착륙 장치를 디로테이션해 활주로 바닥에 닿게 하며, 이때 양력은 0으로 감소한다. F-16 전투기가 다음과 같은 조건으로 착륙할 때 지상 활주 거

리를 계산해 보자.

무게: $W = 10000kg_f$

날개 면적: $A = 27.9\text{m}^2$

착륙 속도: $V_L = 1.3\,V_S$

착륙 장치 작동 시 유해 항력: $C_D = 0.05$

착륙 시 최대 양력 계수: $C_{L\max} = 1.37$

건조 시 마찰 계수: $\mu = 0.5$

해면 고도에서의 밀도: $\rho = 1.225\text{kg/m}^3$

활주로에 착륙할 때 지상 활주 거리를 계산하기 위해 항공기에 작용하는 힘을 고려해 보자. 지상 활주 중일 때 항공기에 양력, 항력, 무게, 제동력 등 4개의 힘이 작용한다. 여기서 제동력은 수직력과 브레이킹 계수의 곱으로 표현된다.

착륙 지상 활주 중 F-16에 작용하는 힘.

뉴턴의 운동 제2법칙으로부터 다음과 같이 표현할 수 있다.

$$\Sigma F = ma$$
$$= \frac{W}{g} \frac{dV}{dt}.$$

평균 감속력의 크기 $\overline{F}$ 가 추력 $T=0$일 때 항력 D와 활주 제동력의 크기 F의 합이므로 이륙 활주 중 가속도의 크기는 다음과 같다.

$$a = \frac{g}{W} \overline{F} = \frac{g}{W}(D + F).$$

착륙할 때 지상 활주 거리는 다음과 같이 간단하게 표현할 수 있다.

$$S_{GR,TD} = \frac{1}{2} \frac{V_{TD}^2}{a}.$$

여기서 $S_{GR,TD}$는 지상 활주 거리이고 V_{TD}는 접지 속도 그리고 $\overline{a}$는 평균 가속도다.

착륙 시 지상 활주 중일 때 실속 속도 V_s는 수식에서 보여 주는 바와 같이 활주로 고도에서의 밀도, 날개의 최대 양력 계수, 항공기 날개 하중($\frac{W}{A}$) 등을 알고 있으므로 다음과 같이 계산할 수 있다.

$$V_S = \sqrt{\frac{2W}{\rho C_{L\max} A}}$$
$$= \sqrt{\frac{2(10000)(9.8)}{1.225(1.37)(27.9)}} \, m/s$$

$$= 64.7 m/s.$$

일반적으로 항공기의 접지 속도는 실속 속도의 1.3배이므로 $V_{TD} = 1.3 V_s$로부터

$$V_{TD} = 1.3 \times 64.7 m/s$$
$$= 84.1 m/s$$

가 된다.

평균 감속력의 크기 $\overline{F}$ 는 다음과 같이 표현된다.

$$\overline{F} = D + F$$

여기서, 가속도의 크기는 다음과 같이 변환된다.

$$a = \frac{dV}{dS}\frac{dS}{dt}$$
$$= V\frac{dV}{dS}$$
$$= \frac{1}{2}\frac{d(V^2)}{dS}.$$

지상 착륙 활주 시 항공기에 작용하는 힘의 평형 방정식을 평균 감속력의 크기 $\overline{F}$ 와 평균 가속도의 크기 $\overline{a}$ 로 나타낼 수 있다.

$$\Sigma F = D + F - \frac{W}{g}\overline{a}$$
$$= 0.$$

여기서, $F = \mu(W - L)$ 이므로

$$D + \mu(W - L) = \frac{W}{g}\overline{a}$$
$$= \overline{F}$$

가 된다.

지상 활주할 때 평균 가속도의 크기는 $\overline{F}$ 를 질량 $m = \dfrac{W}{g}$ 로 나누어 줌으로써 다음과 같이 얻어진다.

$$\overline{a} = \frac{g}{W}[D + \mu(W - L)]$$
$$= \frac{g}{W}\overline{F}.$$

착륙할 때 지상 활주 거리는 다음과 같은 수식으로 표현된다.

$$S_{GR,TD} = \frac{1}{\overline{a}}\int_{V_{TD}}^{0} VdV$$
$$= \frac{1}{2}\frac{V_{TD}^{2}}{\overline{a}}$$
$$= \frac{1}{2}\frac{W}{g}\left(\frac{V_{TD}^{2}}{\overline{F}}\right).$$

실제 지상 활주할 때 평균 감속력의 크기는 리처드 쉬벨 교수가 제안한 바와 같이 평균 속도 $\overline{V} = 0.7 V_{TD}$ 에서의 항력, 제동력으로 정의한다. 활주 중의 평균 속도는

$$\begin{aligned} \overline{V} &= 0.7 V_{TD} \\ &= 0.7 \times 84.1 m/s \\ &= 58.9 m/s \end{aligned}$$

가 된다.

역추력을 사용하지 않을 경우 평균 감속력의 크기는

$$\overline{F} = [D + \mu(W - L)]_{\overline{V} = 0.7 V_{TD}}$$

가 된다.

그러므로 다음과 같이 지상 활주 거리를 구할 수 있다.

$$S_{GR, TD} = \frac{1}{2} \frac{W}{g} \left[\frac{V_{TD}{}^2}{[D + \mu(W - L)]_{\overline{V} = 0.7 V_{TD}}} \right].$$

이 식에서 지상 활주 거리를 짧게 하기 위해서는 분자인 접지 속도 V_{TD}를 줄여야 한다. 항공기들이 착륙할 때 느린 속도로 접근하더라도 고양력 장치(플랩)를 사용함으로써 공중에 떠 있을 수 있는 것이다. 그리고 항력과 제동력을 크게 해 평균 감속력을 크게 해야 활주 거리를 줄일 수 있다. 그러므로 에어 브레이크나 역추진 장치 등을 사용한다. 또 활주 거리를 줄이기 위해서는 마찰 계수 μ를 크게 해야

한다.

지상 활주 거리를 계산하기 위해 활주 중 평균 속도 $\overline{V} = 58.9 m/s$ 로부터 평균 항력 D는 다음과 같이 구할 수 있다.

$$D = \frac{1}{2}\rho V^2 A C_D$$

$$= \frac{1}{2}(1.225)(58.9)^2(27.9)(0.05)N$$

$$= 2964N$$

$$= 302kg_f$$

따라서 평균 감속력의 크기는

$$\overline{F} = D + \mu(W - L)$$

$$= 302 + 0.5(10000 - 0)kg_f$$

$$= 5302kg_f$$

이 된다.

이렇게 얻은 데이터로부터 $S_{GR,TD} = \frac{1}{2}\frac{W}{g}\left(\frac{V_{TD}^2}{\overline{F}}\right)$ 식을 이용해 지상 활주 거리를 계산하라.

3부

비행의 성패를
좌우하는
과학 원리들

7장

항공기 안정성과
무게 중심

조종사는 조종간으로 에일러론, 엘리베이터, 러더 등을 움직여 항공기를 조종한다. 1903년 라이트 형제는 '플라이어 호'에 3축 조종(에일러론, 엘리베이터, 러더)이라는 항공기의 핵심적인 기술을 담아 인류 최초의 동력 비행에 성공했다. 항공기는 비행하면서 어떻게 균형을 잡을까? 항공기의 무게 중심은 안정성과 직접적으로 연관된 핵심 개념이다. 항공기는 무게 중심 위치에 따라 안정성을 유지하지 못하고 추락하기도 한다. 안정성을 유지하며 잘 나는 항공기를 개발하기까지는 수많은 사람의 피나는 노력이 있었고, 이제 컴퓨터의 도입으로 무게 중심을 쉽게 계산하고 적절하게 잘 조정하고 있다. 항공기의 무게 중심을 어떻게 계산하고 무게 중심이 항공기의 안정성에 어떤 영향을 미치는지 알아보자.

항공기는 허용 이륙 중량과 허용 착륙 중량이 크게 다르다!

항공기의 무게는 항공기 자체뿐만 아니라 승무원, 연료, 기내 항목, 탑승객, 화물 등 탑재되는 모든 것의 무게를 합한 값이다. 무게는 지구의 중심으로 향하는 중력으로, 항공기가 공중에 뜨는 것을 방해하는 힘이다. 따라서 항공기가 날아가기 위해서는 자신의 무게를 이겨 낼 수 있는 양력이 필요하다. 이를 위해서는 충분

**캐나다 토론토 피어슨 공항에서 항공기가
이륙하는 장면.**

한 속도를 낼 수 있는 엔진이 있어야 한다. 그리고 이에 따른 하중을 견딜 수 있는 구조물로 제작되어야 한다.

모든 항공기는 각각의 성능에 따라 무게 운용 범위가 정해져 있으며, 이 범위를 초과할 때는 ① 이륙 속도 및 이륙 거리 증가 ② 상승률 및 상승각 감소 ③ 항속 거리 감소 ④ 순항 속도 감소 ⑤ 실속 속도 증가 ⑥ 착륙 속도 및 착륙 거리 증가 등과 같은 다양한 현상이 발생한다.

또 항공기는 이륙할 때의 최대 허용 이륙 중량이 착륙할 때 적용되는 최대 허용 착륙 중량보다 무겁다. 왜냐하면 이륙할 때 항공기는 속도를 계속 증가시키므로 실속 속도에 근접하지 않을 뿐만 아니라 바퀴가 지면에서 떨어져 충격을 받지 않기 때문이다. 착륙할 때 무게가 무거우면 활주로 접근 속도가 커야 한다. 또 접지 속도가 크면 착륙 장치에 충격이 심하고 활주 거리가 길어질 수 있다. 그러므로 최대 허용 착륙 중량은 최대 허용 이륙 중량보다 가벼워야 한다. 보잉 747과 777의 경우 최대 이륙 중량이 각각 413톤과 352톤이지만, 최대 착륙 중량은 각각 296톤과 251톤이다. 특히 에어버스 A380은 최대 이륙 중량이 575톤이고 최대 착륙 중량은 394톤으로 다른 기종에 비해 대단히 무겁다.

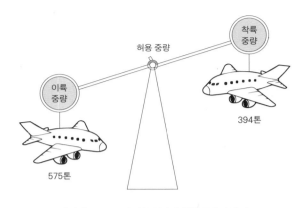

에어버스 A380의 이륙 중량과 착륙 중량의 차이.

이러한 수치로 비교해 보면 최대 착륙 중량은 대략적으로 최대 이륙 중량의 70퍼센트 정도다. 그렇지만 소형 항공기는 이륙 당시의 중량으로 착륙할 수 있도록 설계되므로 이륙 후 바로 착륙할 수 있다.

항공기는 이륙 및 착륙할 때의 허용 중량이 서로 다르기 때문에 항공기가 이륙하자마자 환자가 발생하거나 비상 상황이 발생해 착륙할 때 최대 허용 착륙 중량을 고려해야 한다. 그렇지만 엔진 화재와 같은 중대 결함인 경우에는 최대 허용 착륙 중량보다 무거운 상태로 착륙하기도 한다. 이륙 후 항공기 중량이 15분 비행에 필요한 연료 무게를 제외하고 최대 허용 착륙 중량을 초과하면 연료 방출 시스템(fuel dump system)을 사용해 강제로 연료를 방출해야 한다. 그래야 타이어 펑크, 화재 발생 등과 같은 사고 위험을 줄일 수 있다. 이를 위해 전 세계 공항은 저마다 연료를 방출할 별도의 구역을 설정해 놓고 있다.

2005년 8월 25일 인천 국제 공항을 이륙한 로스앤젤레스 행 KE017 편 여객기가 이륙하자마자 환자가 발생해 73톤의 항공유를 동해 상공에 버리고 회항한 사례가 있다. 강제로 연료를 방출할 때는 뒤따르는 항공기에 피해를 주지 않도록 항공로에서의 방출은 피해야 한다. 또 자신의 항공기에 연료가 묻지 않도록 선회 도중 연료를 방출해서도 안 된다. 이외에도 사람이나 민가, 동식물에 피해를 주지 않도록 바다나 벌판 상공에서 방출하되 적어도 6,000피트 이상의 높은 고도에서 방출해야 한다.

무게 중심 복습 시간

시장에서 물건을 사면서 종종 저울로 무게를 측정해 값을 지불하고는 한다. 그렇지만 일상 생활에서 무게 중심을 심각하게 고민해 본 경험은 거의 없을 것이다. 무게 중심이 일상 생활에서는 큰 관심거리가 아니지만, 항공 과학에서는 매우 중요하다.

무게 중심은 물체의 각 위치에 작용하는 중량의 합력(resultant force)의 작용점으로 정의된다. 원이나 구, 사각형 등의 무게 중심은 그 대칭의 중심에 있지만, 삼각형의 무게 중심은 세 중선이 만나는 위치에 있다. 여기서 중선은 한 꼭짓점에서 마주 보는 변의 중점까지 그은 선분을 말한다. 물체의 한 점을 실로 매달면 무게 중심은 반드시 매단 점에서 아래로 그은 수직선상에

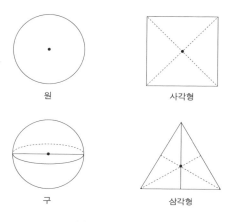

원   사각형

구   삼각형

여러 도형의 무게 중심.

위치한다.

어릴 적 학교에서 삼각형의 무게 중심에 대해 배운 적이 있어도 당시에는 흥미가 없었을 수도 있다. 모든 물체는 무게 중심이 어디에 있는지에 따라 안정성이 달라진다. 무게 중심이 물체의 높은 쪽에 있다면 물체는 매우 불안정한 상태가 되어 넘어지기 쉽다. 그렇지만 무게 중심이 물체의 낮은 쪽에 있으면 그 놓임새가 안정해 넘어지지 않는다. 물체를 그리 심하지 않게 기울인다면 무게 중심이 위로 올라가더라도 오뚝이처럼 넘어지지 않는다.

이탈리아 토스카나 주 피렌체 인근의 도시 피사에 가면 8층짜리 둥근 탑이 있다. 바로 피사의 사탑이다. 이 탑은 건축 당시부터 약 5도 기울어졌지만, 쓰러지지 않고 지금까지 잘 버티고 있다. 그 이유는 건물의 무게 중심이 건물 안쪽에 있기 때문이다.

약 5도의 각도로 기울어진 피사의 사탑.

건물이 기울어져 무게 중심이 이동했을 때 무게 중심에서 그은 연직선이 건물이 놓인 바닥을 벗어나면 건물은 쓰러진다. 모래와 점토로 이루어진 지반으로 인해 무게 중심의 연직선이 건물 밖으로 이동한다면 피사의 사탑은 결국 무너질 것이다.

싱가포르에 가면 '현대판 피사의 사탑'이라는 마리나 베이 샌즈 호텔이 있다. 이 호텔은 최고 52도까지 기울어진 건물과 이 건물을 지탱하는 57층의 수직 건물로 구성된다. 시공을 진행하기 전에 기울어진 건물을 8층만 올리더라도 무게 중심이 건물 밖으로 나가 수직 건물과 만나기도 전에 쓰러질 것으로 예상되었다.

그런데 한국의 쌍용 건설이 포스트 텐션(post tension, 강선을 이용해 인장력이 약한 콘크리트를 보강해 주는 공법이다.)을 적용한 신공법으로 문제를 해결해 23층에서 기울어진 건물이 수직 건물과 만나도록 시공해 2010년 완공했다. 무게 중심이 건물 밖에 있어 쓰러지는 현상을 신공법으로 막은 것이다. 싱가포르의 랜드마크가 된 건물을 우리나라 건설 업체가 시공했다는 점은 매우 자랑스러운 일이다.

항공기의 무게 중심은 항공 안전에서 매우 중요한 생명줄이나 다름없다. 무게 중심이 항공기마다 허용하는 범위를 벗어나 항공기가 균형을 잡지 못하면 추락할 수도 있기 때문이다. 또 지상에서도 항공기의 무게 중심이 후방으로 이동하면 항공기가 다음 쪽 그림과 같이 뒤로 넘어갈 수 있다. BAe 146-200의 무게 중심은 엔진 수리를 위해 장착된 엔진을 제거하는 바람에 주 착륙 장치보다 후방으로 이동했다. 게다가 바람까지 불어 후방 동체가 바닥에 닿는 일이 발생했으며 바람이 사라진 후에도 다시 원위치로 돌아가지 않았다. 무게 중심이 주 착륙 장치의 후방에 있었기 때문이다.

이러한 무게 중심과 안정성을 계산하려면 어떤 함수를 써야 할까? 그리고 항공기는 어떻게 안정성을 유지할까? 수학적으로는 복잡하지만, 설명은 간단하면서도 유익한 주제임에는 틀림없다.

항공기는 어떻게 안정성을 유지할까?

앞서 말했듯 항공기의 무게 중심은 안정성과 직접적으로 관련된

무게 중심이 후방으로 이동해 뒤로 넘어간 BAe 146-200.

다. 항공기의 안정성은 항공기가 평형 상태로 비행하고 있는데 갑자기 돌풍 등으로 평형이 깨졌을 때 원래 상태로 돌아가려는 경향성을 말한다. 항공기의 안정성과 조종성은 서로 상반되는 개념으로 모두 다 좋게 항공기를 제작할 수는 없다. 물론 모든 항공기는 안정성을 유지하도록 제작되지만, 항공기의 임무에 따라 안정성과 조종성이 다르다. 여객기처럼 안정성이 좋으면 조종성이 떨어지고, 전투기처럼 조종성이 좋으면 안정성이 떨어진다.

항공기에 작용하는 힘의 평형 원리는 수직축에 회전이 자유로운 화살 깃을 장착한 풍향계(wind vane)로 설명할 수 있다. 다음 쪽 그림처럼 평형 상태에 있던 풍향계가 돌풍이나 외부 교란을 받아 왼쪽이나 오른쪽으로 움직이게 되면 뒷날개가 교란된 각만큼 힘을 받게 된다. 이 힘은 풍향계의 회전 중심에 대한 복원

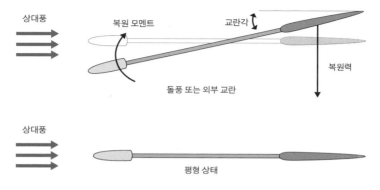

상대풍

복원 모멘트

교란각

복원력

돌풍 또는 외부 교란

상대풍

평형 상태

힘의 평형 원리를 이용한 풍향계의 안정성.

모멘트를 발생시키므로 풍향계의 앞부분을 회전시켜 원래 평형 상태로 돌아가게 한다. 여기서 모멘트란 회전하는 물체에 수직으로 작용하는 힘의 크기와 회전 중심에서 힘의 작용점까지의 거리를 곱한 물리량을 말한다. 풍향계의 뒷날개가 항공기의 수평-수직 꼬리 날개와 같은 안정판 역할을 한다고 볼 수 있다. 모형 비행기 모양의 풍향 속도계(aerovane)는 비행기 방향으로 풍향을, 프로펠러 속도로 풍속을 동시에 측정한다.

항공기 제작사는 비행할 때 기체에 가해지는 힘을 구조적으로 지탱하기 위해 항공기의 무게, 그리고 무게 중심에 대한 허용 범위를 설정한다. 항공사는 승객과 수하물, 화물 등을 총 허용 중량과 무게 중심의 한계 위치를 초과하지 않도록 실어야 한다. 항공기의 무게 중심은 항공기 전방의 일정한 기준선으로부터 각각의 거리와 그 위치에서의 중량으로 계산해 구한다.

무게 중심은 항공기를 끈으로 매달았을 때 균형을 유지할 수 있는 지점으로, 항공기의 총 중량이 집중되는 위치다. 항공기의 무게 중심 위치는 승객, 화물, 연료 등을 실은 위치에 따라 변한다. 그 위치는 어떤 항공기라도 비행 매뉴얼에 상세히 기록되어 있으며, 대략 주 착륙 장치보다 약간 앞에 있다. 항공사는 항공기가 구조적으로 견딜 수 있도록 설정한 중량과 안정성을 위해 설정한 무게 중심의 허용 범위를 초과하지 않도록 항공기를 운용해야 한다. 그러므로 항공기에 적재할 수 있는 최대 허용 중량을 초과해서도 안 되지만, 무게 중심이 허용 범위를 벗어나도록 승객과 화물을 실어도 안 된다.

또 항공기 자체 중량 및 무게 중심이 좌석 배치 변경이나 추

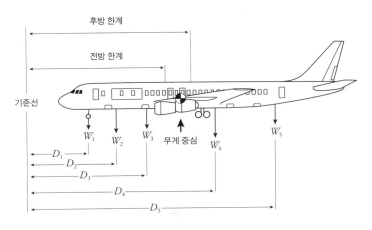

항공기 무게 중심 계산. D는 거리, W는 무게를 나타낸다.

가 장비 장착으로 인해 제작사의 매뉴얼과 크게 달라질 수 있다. 그러므로 미국 연방 항공청이 인정하는 비행 매뉴얼의 중량과 무게 중심에 대한 최신 정보나 최신 항공기 기록을 참고해야 한다.

항공기의 무게 중심은 다음과 같이 각 모멘트의 합을 무게의 합으로 나눈 값으로 구한다.

$$무게 중심 = \frac{\sum 모멘트}{\sum 무게}.$$

우선 항공기 기수 전방으로 일정 거리 떨어진 위치에 기준선을 정하고, 이 기준선에서 항공기의 해당 위치까지의 거리와 그 위치에 작용하는 힘으로 모멘트를 구한다. 여기서 구한 모멘트는 항공기의 특정 지점에서 작용하는 무게에 기준선으로부터 그 지점까지의 거리를 곱한 값이다. 이렇게 구한 모멘트 값들을 더한 총 모멘트를 총 무게로 나누면 무게 중심 위치를 구할 수 있다.

이렇게 구한 무게 중심의 위치는 항공기의 가로축을 중심으로 회전하는 피칭 모멘트에 대한 세로 안정성에 중요한 역할을 한다. 무게 중심의 위치는 비행 중에 연료 소모, 화물 투하 등에 따라 변하지만, 항공기 전체의 전방 한계(승강타 효과가 최대로 감소한 항공기 최소 속도에서 기수 내림 모멘트를 제어할 수 있는 최전방 위치를 말한다.)와 후방 한계(무게 중심이 후방으로 이동하면서 세로 안정성이 감소하면서 결국은 피치 조종이 곤란해 불안정하기 시작하는 위치를 말한다.)를 초과해서는 안 된다. 이러한 무게 중심은 항공기의 안전한 이

착륙과 경제적인 운항을 위해 제작사와 운용 기관에서 정한 범위 내에서 운용된다.

피칭 모멘트 값이 변하지 않는 공력 중심

비행기 날개에 작용하는 모멘트의 크기는 모멘트 기준점에 따라 다르며, 모멘트 기준점으로 모멘트 값이 0인 압력 중심(center of pressure)을 선택할 수 있다. 압력 중심은 받음각에 따라 날개의 압력 분포가 바뀌기 때문에 그 위치가 변하게 된다. 따라서 모멘트 기준점으로 압력 중심을 선택하면 유용하지 못하다. 그러나 이론이나 실험을 통해 날개의 어떤 위치에서는 받음각이 바뀌더라도 피칭 모멘트가 변하지 않고 일정한 값을 유지한다는 놀라운 사실이 확인되었다. 이 특정한 위치를 공력 중심(aerodynamic center, ac) 또는 공기 역학적 중심이라 하며, 비행기 안정성과 조종에 직접적으로 연관되는 지점이다.

항공기 공력 중심은 양력 곡선이 선형적으로 변하는 받음각 범위 내에서 받음각이 변하더라도 피칭 모멘트가 변하지 않는 항공기 상의 한 점이다. 양력 계수와 피칭 모멘트 계수가 받음각에 대해 선형적으로 변하기 때문에 공력 중심이 존재한다. 예를 들어 캠버(날개 단면의 휘어진 정도를 의미하며 날개 시위선과 평균 캠버선과의 높이 차이를 말한다.)가 있는 에어포일에서는 공력 중심에서 모멘트가 0이 아니더라도 일정한 값을 갖는다. 그러므로 공력 중심을 모멘트 기준점으로 선택하면 받음각에 따라 모멘트 값이 변하지 않으므로 압력 중심에 비해 아주 유용하게 사용된다. 모멘트를 계산할 때 대부분 기준점으로 공력 중심을 선택한다. 날개의 단면인 에어포일을 풍동(wind tunnel) 실험한 결과 중 피칭 모멘트 계수가 받음각에 따라 일정한 데이터는 공력 중심 위치의 존재를 증명하는 셈이다.

다음과 같이 공력 중심에서의 양력과 항력, 그리고 그 공력 중심에서의 모멘트(일정한 값)를 그림으로 나타낼 수 있다. NACA 0012와 같은 대칭 에어포일의 공력 중심은 앞전에서 시위의 25퍼센트 지점에 위치하며, 그 점에서의 피칭 모멘트는 0으로 일정한 값을 갖는다. 대부분의 비대칭 에어포일의 공력 중심은 앞전에서 시위의 25퍼센트 지점 근처에 위치하며 이 지점에서 일정한 임의의 피칭 모멘트를 갖는다.

임의의 점에 대한 양력 계수 곡선과 피칭 모멘트 계수 곡선

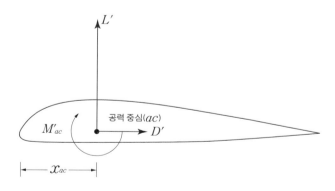

비대칭 에어포일의 공력 중심에서 양력과 항력, 피칭 모멘트(공력 중심 ac).

에 대한 전산이나 풍동 실험 데이터가 있으면 공력 중심의 위치를 구할 수 있다. 다음 그림에서와 같이 임의의 점으로 4분의 1 시위 지점을 택해 그 점에서의 피칭 모멘트 계수와 양력 곡선 기울기를 알 수 있을 때 임의의 공력 중심에서 피칭 모멘트를 계산해 보자.

$$M'_{ac} = L'\left(c\overline{x}_{ac} - \frac{c}{4}\right) + M'_{c/4}.$$

자유류(freestream)의 동압 $q_\infty = \frac{1}{2}\rho_\infty V_\infty^2$에 아래 첨자 ∞ 가 붙은 것은 자유류를 의미하고 ρ_∞와 V_∞는 공기 역학적 물체로부터 멀리 떨어진 상류(upstream)에서의 밀도와 속력을 각각 의미한다. 따라서 자유류는 물체가 공기를 교란하거나 압축 또는 느리게 하기 전의 상태를 말한다.

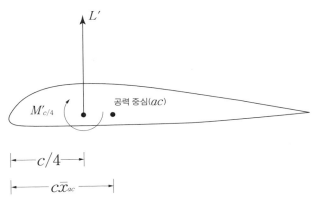

에어포일에서의 공력 중심 계산 방법.

앞서 구한 피칭 모멘트 식을 모멘트 차원을 갖는 $q_\infty sc$ (동압 q_∞, 면적 s, 거리 c의 곱)로 양변을 나눠 피칭 모멘트 계수에 대한 식으로 나타내면 다음과 같다.

$$C_{m,ac} = C_l(\overline{x}_{ac} - 0.25) + C_{m,c/4}.$$

여기서 양력 계수 C_l(2차원 에어포일인 경우 아래 첨자를 소문자 l 로 표기하고 3차원 날개에서는 대문자 L로 표기한다.)은 양력 L'을 사용해 $C_l = \dfrac{L'}{\frac{1}{2}\rho_\infty V_\infty^2 S}$로 표현한다. 이 표현 방식은 1920년대부터 사용하기 시작했으며, 독일 괴팅겐 대학교의 루트비히 프란틀 교수가 동압 $q_\infty = \dfrac{1}{2}\rho_\infty V_\infty^2$ 식이 적합하다고 했다.

양변을 받음각 α에 대해 미분을 하면

$$\frac{dC_{m,ac}}{d\alpha} = \frac{dC_l}{d\alpha}(\overline{x}_{ac} - 0.25) + \frac{dC_{m,c/4}}{d\alpha}$$

가 된다.

공력 중심의 정의에 따라 좌변은 $\dfrac{dC_{m,ac}}{d\alpha} = 0$이며, 양력 계수 기울기를 $\dfrac{dC_l}{d\alpha} = a_0$, 4분의 1 시위 지점에서의 피칭 모멘트 계수 기울기를 $\dfrac{dC_{m,c/4}}{d\alpha} = m_0$ 라고 하면 위 식은 다음과 같이 표현된다.

$$0 = a_0(\overline{x}_{ac} - 0.25) + m_0.$$

그러므로 공력 중심의 위치는

$$\overline{x}_{ac} = -\frac{m_0}{a_0} + 0.25$$

가 된다.

양력 계수의 기울기 a_0 와 4분의 1 시위 지점에서의 피칭 모멘트 계수 기울기 m_0 가 선형적으로 변해 고정된 값이므로 공력 중심이 에어포일 위에 고정된 점으로 존재함을 수식으로부터 알 수 있다. 처음에는 공력 중심이 존재할 수 있는지 상상하기가 어려웠지만, 풍동 실험을 통해 실제로 존재함을 증명한 것이다. 따라서 공력 중심은 양력 계수 기울기와 4분의 1 시위 지점(또는 임의의 점)에서의 피칭 모멘트 계수 기울기를 알면 구할 수 있다.

풍동과 풍동 실험의 원리

풍동은 정지한 대기 속을 비행하는 비행체 주위와 같은 흐름 상태를 만들어 비행체에 작용하는 제반 현상을 관찰 및 측정할 수 있는 장비다. 항공기 설계 과정에서 항공기를 제작하기 전에는 시험 비행이 불가능할 뿐만 아니라 설계 검증이 안 된 항공기로는 안전하게 시험 비행하기 곤란하다. 그러므로 축소된 모형만으로 항공기 성능을 시험하고 설계를 검증할 수밖에 없다. 이러한 축소 모형을 통한 풍동 실험은 효율적으로 항공기 성능을 확인할 수 있을 뿐만 아니라 개발 비용을 절감할 수 있는 장점이 있다.

일반적으로 풍동 실험은 상사 법칙(principle of similarity)을 만족하기 위한 중요한 실험 변수로 레이놀즈수(흐름의 관성력과 점성력의 비)와 마하수(물체의 속도와 음속의 비)를 고려한다. 항공기 실험 모델이 실제 항공기와 기하학적 상사(geometrical similarity, 서로 대응하는 길이의 비가 같은 동일한 형상이다.) 조건을 만족해야 하고 실험 무차원 수(레이놀즈수 R_N, 마하수 M)가 동일해 동역학적 상사(dynamic similarity, 원형과 모형의 대응점에 작용하는 힘의 비가 동일하고 작용 방향이 같다.) 조건을 만족해야 한다.

비행기를 개발할 때 기하학적으로 형태가 같은 축소 모형을 제작하고 동역학적 상사(마하수와 레이놀즈수)를 맞춰 준다면 '크기가 다른 두 전투기의 기하학적으로 같은 위치'에 작용하는 힘은 어느 일정한 비율로 작용하게 된다. 그러면 2개의 다른 흐름에서 양력 계수와 항력 계수 측정값은 동일하다. 이것이 바로 축소 모형으로 풍동 실험한 공기 역학적 데이터를 실제 비행기에 적용할 수 있는 원리다. 그러나 풍동 실험에서 마하수와 레이놀즈수를 모두 맞추기란 실험 설비 건설 비용이 많이 들어 상당히 어렵다. 그래서 대부분 풍동에서는 마하수 따로 레이놀즈수 따로 실험을 수행하는 방식을 택하고 있다. 그 두 결과를 분석해 실제 공력 계수 값에 대한 상관관계를 분석한 후 풍동 실험 결과에 적용한다.

동역학적 상사 조건의 하나인 레이놀즈수를 만족하기 위해서는 풍동 실험할 때의 레이놀즈수가 실제 비행할 때의 레이놀즈수($10^6 \sim 10^9$)와 같도록 맞춰 주어야 한다. 풍동 시험부의 크기

미국 NASA 에임스 연구 센터에 있는 세계 최대 규모의 아음속 풍동.

를 일정 이상으로 크게 하고 유속을 빠르게 해야 하는데, 시험부
가 작은 풍동으로는 도저히 레이놀즈수를 맞출 수 없는 어려움
이 있다. 그러므로 적어도 중형 아음속 풍동으로 실험해야 한다.
국내에는 한국 항공 우주 연구원(시험부 크기: 3.0미터(높이)×4.0미터
(폭)), 공군사관학교(2.45미터×3.50미터, 3.67미터×5.25미터), 국방 과
학 연구소(2.25미터×3.0미터)가 중형 아음속 풍동을 보유하고 있
다. 이러한 풍동으로 축소 비행기 모형을 어느 정도 이상 크게 함
으로써 실제 비행의 레이놀즈수를 맞추어 실험을 수행할 수 있
다. 심지어 미국 캘리포니아 실리콘 밸리에 있는 NASA 에임스
연구 센터는 보잉 737 여객기의 실물을 시험할 수 있는 아음속 풍
동을 보유하고 있다. 이는 시험부 크기가 24.4m×36.6m이며, 시

속 190킬로미터의 풍속을 낼 수 있는 세계 최대 규모의 풍동이다.

　필자는 1989년 방문한 미국 메릴랜드 대학교에서의 중형 아음속 풍동(글렌 엘 마틴 아음속 풍동) 실험 경험을 바탕으로 공군사관학교 아음속 풍동 설치 프로젝트를 수행한 바 있다. 그 당시 풍동의 전체 규모, 생도 교육 및 연구 환경, 레이놀즈수에 따른 상사 원리, 제작 및 운영 비용, 사용 빈도, 국내 환경 및 활용 가능성 등 다양한 조건을 고려해 풍동의 시험부 크기(2.45미터×3.50미터, 3.67미터×5.25미터)와 최대 풍속 초속 92미터를 결정했다.

안정성의 척도, 정적 여유

항공기의 승객과 화물은 정해진 중량 및 무게 중심의 허용 범위 내에 위치해야 한다. 이와 관련된 용어로 정적 여유(static margin)가 있다. 이는 무게 중심에서 중립점(항공기의 피칭 모멘트 계수가 받음각에 따라 변하지 않는 위치로 전체 항공기의 공력 중심으로 간주할 수 있으며, 보통 후방 한계로 간주한다.)까지의 거리를 날개의 평균 공력 시위(mean aerodynamic chord, MAC)로 나눈 값으로 정의된다. 여기서 평균 공력 시위는 날개 시위의 산술 평균이 아니라 날개 평면의 도심(centroid)을 지나는 시위를 말한다. 항공기 날개 면적을 날개 길이로 나눠 구한 값이다. 이것은 날개의 공기 역학적 특성을 대표하는 기본 단위로 사용된다. 예를 들어 항공기 날개의 평균 공력 시위가 4미터이고 항공기 무게 중심이 앞전에서 1미터 평균 공력 시위에 있다면 무게 중심은 25퍼센트 MAC에 있다고 표현한다.

정적 여유는 항공기 세로 안정성을 결정하는 중요한 평가 척도다. 세로 정안정성을 위해 정적 여유는 양의 값을 가져야 하며, 그 값이 클수록 항공기는 더 안정하다. 만약 무게 중심 위치가 허용 범위 앞에 있는 경우에는 ① 기수가 숙여지는 현상 ② 전방 착륙 장치의 과도한 하중 증가 ③ 실속 속도의 증가 ④ 성능 저하 유발 ⑤ 구형 항공기 조종 방식에서 조종에 요구되는 힘 증가 등과 같은 위험이 발생할 수 있다.

무게 중심이 전방 한계를 벗어난 비행 사고로 2003년 12월 25일 아프리카 베냉의 항만 도시 코토누(Cotonou)에서 프랑스 UTA 항공사의 보잉 727 여객기가 이륙 직후 추락한 사례를 들 수 있다. 조종사는 이륙 전 브리핑에서 하중에 대한 정보가 정확하지 않았는데도 불구하고 이륙을 결정했다. 조종사가 이륙을 위해 지상 활주를 하다가 승강타를 당겨 기수를 들었지만, 여객기는 기수가 들리지 않고 매우 낮은 피치각으로 부양되었다. 그리고 여객기는 활주로 중심선 외곽에 위치한 건물과 부딪치고 해변

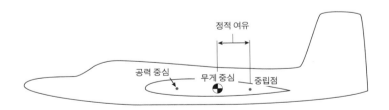

항공기의 공력 중심과 정적 여유.

으로 추락했다. 이 사고는 항공기 중량이 허용 무게를 초과했을 뿐만 아니라 무게 중심 위치가 허용 범위 앞에 있었기 때문에 발생했으며 승무원 10명을 포함해 탑승자 163명 중 무려 141명이나 사망했다.

만약 무게 중심 위치가 허용 범위의 후방에 있는 경우에는 ① 세로 방향의 정적 및 동적 안정성 감소 ② 심한 경우 항공기 조종 불능 상태 ③ 실속 특성의 악화 ④ 기수 들림 현상 ⑤ 조종에 필요한 힘 감소(조종사가 무의식적으로 조종 조작을 크게 해 기체에 큰 무리를 줄 수 있다.) 등과 같은 위험을 초래할 수 있다.

무게 중심이 후방으로 이동해 조종 불능 상태로 이어진 비행 사고는 2013년 4월 29일 발생한 내셔널 에어라인 사(National Airlines)의 NA102 편 사례다. 보잉 747-400 화물기가 아프가니스탄 바그람 공군 기지에서 이륙한 후 추락해 탑승자 7명 전원이 사망했다. 이 화물기 내에는 기갑 차량 3대와 지뢰 처리 차량 2대가 탑재되었는데 그중 장갑 차량 1대가 화물기 후방으로 굴러 기체를 손상시킨 것이다. 이것은 중요한 유압 시스템과 수평 꼬리 날개 구성품을 손상시켰으며, 무게 중심이 후방으로 이동해 허용 범위를 초과하는 결과를 낳았다. 사고 화물기는 비정상적으로 기수가 들리고 조종 불능 상태가 되는 바람에 추락했다. 이 사고가 발생한 원인은 조종면이 손상된 이유도 있겠지만 탑재 차량을 단단히 매지 않아 이륙 상승 자세에서 탑재물이 항공기 후방으로 이동했기 때문이다. 항공기 추락의 원인이 될 수 있는 항공기의 무게 중심 위치는 조종사가 아주 중요하게 고려해야 하는 핵심 데이터 중에 하나다.

전투기의 무게 중심 변화와 전방 및 후방 한계

F-4 전투기의 무게는 통상 이륙할 때가 제일 무겁고(최대 이륙 중량이 약 28톤이다.) 착륙할 때가 제일 가벼우며, 무게 중심의 전후방 한계는 약 5퍼센트 MAC의 이동 범위를 갖고 있다.

다음 그림은 F-4 팬텀 전투기가 이륙해서 비행 임무를 수행하고 착륙할 때까지 무게와 무게 중심의 위치가 변하는 모습을 나타낸 것이다. 항공기 무게 중심의 위치와 그 허용 범위는 평균

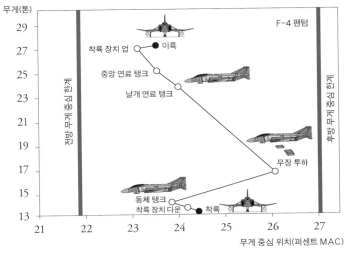

F-4 팬텀 전투기의 무게 중심의 변화와 전방 및 후방 한계.

공력 시위의 백분율로 나타낸다. 무게 중심의 전방 한계와 후방 한계는 대략적으로 각각 22퍼센트 MAC와 27퍼센트 MAC다. 전투기가 임무 수행 중 폭탄을 투하할 때 무게 중심이 24~26퍼센트 MAC로 가장 크게 이동하며, 착륙 장치를 내리거나 올릴 때는 약 0.4퍼센트 MAC 이동한다. 이 전투기는 임무 수행 중에 무게 중심 위치가 23~26퍼센트 MAC 범위 내에서 이동하는 것을 보여 준다. F-4 전투기는 비행 임무 수행 중 무게 중심이 전방 한계와 후방 한계를 벗어나지 않도록 제작됐다. 모든 항공기는 항공기를 운용할 때 발생할 수 있는 무게 중심의 모든 범위에 대해 안정성이 보장되도록 설계된다.

다음 표는 각종 항공기의 무게 중심 이동 한계를 의미하는 정적 여유를 나타낸 것이다. 수송기나 여객기, 비즈니스 제트기 등과 같은 경우 정적 여유를 상당히 크게 설계하지만, 전투기의 경우 작게 설계한다. 왜냐하면 정적 여유가 작으면 안정성이 감소하지만, 조종사의 입력에 즉각 반응하는 조종성이 좋아지기 때문이다. 여객기와 같이 정적 여유가 크면 매우 안정하지만 조종사의 입력에 반응하는 조종성이 떨어진다. 그러므로 정적 여유는 항공기의 비행성 평가(handling quality)에서 아주 중요한 요소다.

F-16A의 정적 여유를 보면 -2퍼센트 MAC로 음의 정적 여유(negative static margin)를 가져 교과서에서 배우는 세로축 방향 안정성이 불안정하게 설계되었음을 알 수 있다. F-16과 F-18 등과 같은 최신 고성능 전투기는 조종성 향상을 위해 정안정성

각종 항공기의 정적 여유 비교.

항공기	정적 여유
보잉 747	27퍼센트 MAC
세스나 172	19퍼센트 MAC
봄바디어 리어젯 35	13퍼센트 MAC
제너럴 다이내믹스 F-16A	-2퍼센트 MAC (음의 정적 여유)
제너럴 다이내믹스 F-16C	1퍼센트 MAC
컨베어 F-106	7퍼센트 MAC

완화 개념을 채택했기 때문이다. 여기에는 반드시 전기 신호 제어 시스템(fly by wire, FBW)이 전투기에 채택되어야 한다. 전기 신호 제어 시스템을 이용해 세로축이 불안정한 전투기라 할지라도 조종성과 안정성을 동시에 확보할 수 있게 제작한다. 또 최신 전투기는 꼬리 날개를 작게 설계해 꼬리 날개의 구조물 중량과 항력을 줄여 성능이 향상된다.

언제나 빠지지 않는 항공 과학 속 수학과 물리학

7장에서는 항공기의 무게 중심과 공력 중심을 구하는 방법뿐만 아니라 항공기가 어떻게 안정성을 유지하면서 날아가는지에 대해 알아보았다. 또 F-4 팬텀 전투기 무게 중심의 변화와 각종 항공기 무게 중심의 후방 한계인 정적 여유를 조사했다. 이러한 항공기의 평형 원리를 탐구하기 위해서는 수학과 물리학 분야의 기초적인 지식을 갖춰야 한다는 것을 충분히 이해했으리라 생각된다. 항공기의 무게와 안정성에 대해 좀 더 자세한 내용을 알고 싶다면 졸저 『비행의 시대』(사이언스북스, 2015년)의 48장 「항공기 중량과 균형의 중요성」을 참조하기 바란다.

1. 다음 그림에서와 같은 와인병 거치대는 정적 평형을 이루고 있는 하나의 묘기나 다름없다. 두 물체(와인병, 거치대)가 균형을 이루기 위해서는 외력이 0($\sum \vec{F} = 0$)이고, 모멘트도 0($\sum \vec{M} = 0$)이어야 한다. 두 물체의 무게 중심이 어디에 있어야 넘어지지 않고 균형을 이룰 수 있겠는가?

와인병 거치대.

2. 다음 쪽 그림과 같이 무게를 무시할 수 있는 판자로 만들어진 시소에 무게 W인 물건이 받침대(지지점)에서 왼쪽으로 50센티미터의 거리에 있고, 무게 50킬로그램인 물건이 받침대에서 오른쪽으로 100센티

미터 위치에 놓여 있다. 시소의 받침대에서 균형을 이루기 위해서는 무게 W는 얼마여야 하는가?

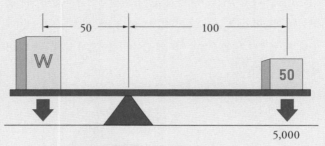

균형을 이루고 있는 시소.

3. 에어포일의 공력 중심의 위치를 모를 때 다음과 같은 수식을 통해 구할 수 있다.

$$\overline{x}_{ac} = -\frac{m_0}{a_0} + 0.25.$$

여기서 a_0는 양력 계수 기울기 $a_0 = \dfrac{dC_l}{d\alpha}$이며, m_0는 4분의 1 시위 지점에서의 피칭 모멘트 계수 기울기 $m_0 = \dfrac{dC_{m,c/4}}{d\alpha}$다. 그러므로 공력 중심을 구하기 위해서는 양력 계수 기울기와 4분의 1 시위 지점에서의 피칭 모멘트 계수 기울기를 알아야 한다.

NACA 23015 에어포일을 풍동에서 실험한 결과 받음각 $\alpha = 6°$에서 양력 계수 $C_l = 0.77$이고, 4분의 1 시위 지점에서의 피칭 모멘트 계수 $C_{m,c/4} = -0.003$이다. 또 양력이 0($C_l = 0$)인 영 양력 받음각은 $\alpha = -1.1°$이며, $\alpha = -4°$에서 $C_{m,c/4} = -0.0125$다. 이러한 양력 계수와 피칭 모멘트 계수 데이터를 통해 NACA 23015 에어포일의 앞전에서부터 시위 길이의 비율로 나타낸 공력 중심 위치 $\overline{x}_{ac}$ 를 구하라.

8장

항공기 크기와 기하학

여객기처럼 작은 전투기보다 상대적으로 움직임이 둔해 보이는 커다란 기체의 반응은 실제로 어떨까? 비행기의 길이를 늘이면 그에 따른 넓이와 부피는 상상을 초월할 정도로 커진다. 에어버스 A380의 전체 길이는 72.7미터로 39.5미터인 보잉 737보다 약 1.8배 긴데 부피와 관련된 무게가 7.5배 정도 무거운 것도 그런 이유다. 또 보잉 737과 에어버스 A380의 날개 면적이 비교할 수 없을 정도로 크게 차이가 나는 이유는 무엇일까? 조종사가 조종할 때도 비행기가 크면 클수록 기체 반응이 더욱더 느려져 둔해지는 것은 왜 그럴까?

여객기가 전투기보다 느리다고?

한 모서리의 길이가 1미터인 정육면체를 생각해 보자. 그럼 한 면의 넓이는 1제곱미터, 부피는 1세제곱미터이다. 이 정육면체의 모서리 길이를 10배인 10미터로 늘이면 한 면의 넓이는 10^2배인 100제곱미터로 늘어난다. 또 부피는 10^3배인 1,000세제곱미터로 늘어난다. 다시 말해 길이를 L배 늘이면, 넓이는 L^2배, 부피는 L^3배 증가한다. 이를 실생활에 적용해 보면 지름이 작은 수박을 여러 개 사기보다 큰 수박 1개를 구입하는 편이 경제적으로 훨

썬 유리함을 알 수 있다. 예를 들어 수박의 부피는 반지름의 세제
곱에 비례하므로(반지름이 r인 구의 부피는 $\frac{4}{3}\pi r^3$이다.) 반지름이 1인
수박의 부피는 반지름이 2분의 1인 수박의 부피보다 8배 크다.
보통 큰 수박이 작은 수박보다 가격이 8배까지 비싼 경우는 드물
기 때문에 양으로만 따진다면 큰 수박을 구입하는 편이 훨씬 이
득이다.

우선 길이에 대한 속력의 비 개념을 이해하기 위해 소형 전
투기와 대형 여객기가 같은 속력 1로 비행한다고 생각해 보자.
소형 전투기의 길이는 1이고 대형 여객기의 길이는 그것의 10배
인 10이다. 이때 길이에 대한 속력의 비를 계산해 보면 소형 전
투기는 $\frac{1}{1}$이고 대형 여객기는 $\frac{1}{10}$이다. 따라서 두 비행기가 날
아가는 속력이 같더라도, 길이가 긴 대형 여객기는 소형 전투기
에 비해 속력이 느려 보인다. 소형 전투기인 F-5와 대형 여객기
인 보잉 737의 착륙 접지 속도는 약 시속 270킬로미터로 비슷하
지만, 시각적 효과 때문에 보잉 737이 더 느리게 접근하는 것처
럼 보인다.

공항 근처에서 대형 여객기가 활주로에 착륙 접근을 하는 모
습을 볼 때의 속도감은 동체의 길이에 비례한다. 대형 여객기 에
어버스 A330이 착륙할 때 접지 속도는 항공기 무게에 따라 다르
지만 대략 시속 250킬로미터 정도로, 시속 230~240킬로미터인
FA-50 경공격기보다 더 빠르다. 그럼에도 불구하고 착륙할 때
FA-50 경공격기가 에어버스 A330보다 더 빨리 접근하는 것처

럼 보인다.

저마다 감당할 수 있는 무게가 다르다

다음으로 넓이와 부피 사이의 관계를 나타내는 제곱-세제곱 법칙(square-cube law)에 대해 알아보자. 이 법칙에 따르면 길이가 L배 증가하면 넓이는 L^2배, 부피는 L^3배 증가한다. 만약 모양을 그대로 유지한 채 단순히 길이만 늘여 크기를 바꾼다면 제곱-세제곱 법칙 때문에 심각한 문제가 발생한다. 예를 들어 모양을 유지하면서 거미의 크기를 거대한 코끼리만큼 확대한다고 생각해보자. 거미의 길이가 L배 증가할 때 거미 다리의 근력은 L^2배 증

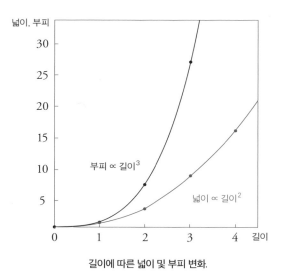

길이에 따른 넓이 및 부피 변화.

가한다. 왜냐하면 거미 다리의 근력은 근육의 단면적에 비례하기 때문이다. 반면 거미의 몸무게는 부피에 비례해 증가한다. 모양을 유지하면서 단순히 길이만 늘인 거미의 다리 근력은 다리가 8개 이더라도 늘어난 몸무게를 지탱할 수 없다. 다리 근력과 몸무게 의 증가율이 각각 다르기 때문이다.

또 다른 예로 하늘에서 낙하하는 빗방울을 들 수 있다. 하늘 에서 빗방울이 떨어지는 속도는 처음에 증가하다가 어느 순간 부터는 더 이상 증가하지 않고 일정한 속도를 유지한다. 이 속도 를 종단 속도(terminal velocity)라 하는데, 이는 빗방울에 작용하 는 공기 저항력의 크기가 중력의 크기와 같아져 더 이상 물체가 가속되지 않을 때의 속도. 낙하산을 펼치지 않은 스카이다이버 (종단 속도 초속 60미터 정도)나 야구공(초속 43미터 정도)처럼 공기 속 에서 빠른 속도로 운동하는 물체의 공기 저항력은 속력의 제곱에 비례한다. 그러나 빗방울과 같이 단면적이 너무 작고 느린 물체 의 공기 저항력은 관성력에 비해 점성력이 커지면서 속도에 비례 한다. 빗방울의 공기 저항력은 지름과 속도에 비례하고, 중력은 부피에 비례한다. 따라서 빗방울의 종단 속도는 공기의 저항력과 중력이 같아야 하므로 부피를 지름으로 나눈 값(또는 지름의 제곱) 에 비례한다.

예를 들어 지름이 2밀리미터인 빗방울의 종단 속도는 초속 9미 터 정도다. 지름이 10분의 1인 0.2밀리미터로 줄어든다면 빗방울의 종단 속도는 10분의 1의 제곱인 100분의 1에 해당하는 초속 0.09미터가 된다. 종단 속도가 지름의 제곱에 비례하기 때문이다. 구름이나 안개를 형성하는, 지름이 작은 물방울들은 종단 속도가 매우 작기 때문에 거의 땅에 떨어지지 않고 공중에 떠 있는 것이다.

제곱-세제곱 법칙은 소형 항공기를 초대형 항공기로 제작할 때도 반드시 고려되어야 한다. 기존 기술이 획기적으로 변하지 않는 한, 항공기 또한 대략적으로 제곱-세제곱 법칙을 따른다. 즉 모양을 유지한 채 소형 여객기 보잉 737의 크기를 초대형 여객기인 에어버스 A380만큼 확장시키면, 무게와 직접적으로 관련된 동체 부피에 비해 날개 면적이 상당히 작아 양력을 충분히 내지 못하고 추락할 수 있다.

에어버스 A380의 전체 길이는 약 72.7미터로, 39.5미터인 보잉 737-800보다 1.84배 길다. 그러나 에어버스 A380의 최대 이륙 중량은 126만 7658파운드(575톤)로, 17만 4165파운드(79톤)인 보잉 737-800보다 무려 7.28배나 무겁다. 다시 말하지만 무게는 동체 부피와 직접 관련되어 있기 때문이다. 따라서 보잉 737을 두 비행기의 길이 비율인 1.84배만큼 확장한 '초대형 보잉 737'은 무게 증가(7.28배)에 비해 날개 면적이 매우 작아 뜨기 힘들다. 항공기도 제곱-세제곱 법칙을 따르기 때문에 에어버스 A380만큼 확장시킨 '초대형 보잉 737'은 날개를 기존 모양과 다르게 아주 크게 제작해야 한다.

실제로 보잉 737-800과 에어버스 A380의 날개 면적은 각각 124.6제곱미터, 845.0제곱미터로 무려 6.78배의 차이가 난다. 그

보잉 737(위쪽)과 에어버스 A380(아래쪽)의 동체 길이에 대한 날개 면적 비율은 길이가 더 긴 에어버스 A380이 훨씬 크다.

러프로 앞 쪽 그림에서와 같이 동체 길이에 따른 날개 면적을 비교한다면 에어버스 A380의 날개가 보잉 737 날개에 비해 기형적으로 커서 전체 모양이 아주 다른 것을 볼 수 있다.

덩치 큰 놈이 더 둔하다

이제 항공기의 회전 운동(회전축에 따라 피칭, 요잉(yawing), 롤링 등 세 가지로 나뉜다.)에 대한 기체 반응을 알아보자. 조종사가 회전 운동을 조작할 때 항공기가 반응하는 성질은 세제곱-다섯제곱 법칙(cube-fifth power law)을 따른다. 항공기의 공기 역학적 모멘트(피칭, 요잉, 롤링 모멘트)는 길이의 세제곱에 비례하고, 이에 저항하려는 관성 모멘트(moment of inertia)는 길이의 다섯제곱에 비례한다. 물체를 회전시킬 때 잘 돌아가지 않으려는 성질인 관성 모멘트는 질량과 회전 반지름 제곱의 곱으로 정의되므로 길이의 다섯제곱에 비례하게 된다. 따라서 에어버스 A380처럼 항공기 덩치가 크면 클수록 공기 역학적 모멘트에 대한 항공기의 반응은 더욱더 느려진다.

예를 들어 우주 왕복선과 같은 거대한 비행체는 착륙할 때 조종간을 당기면 약 2.2초 후에 기수가 올라간다. 따라서 조종사가 조종간을 당겨도 기수가 바로 올라가지 않고 아래로 대략 7.6미터 더 떨어진 후 올라가므로 이를 고려해 미리 조작을 해야 한다. 회전 운동에서 관성(물체가 외부의 힘에 저항해 현재의 운동 상태를 그대로 유지하려는 성질이다.)의 척도인 관성 모멘트로 인해 항공기

2011년 미국 플로리다 주 케네디 우주 센터(Kennedy Space Center, KSC)에 착륙하고 있는 우주 왕복선 디스커버리(Discovery) 호.

기체 반응이 느려지기 때문이다. 소형 단거리 여객기를 조종하다가 대형 장거리 여객기로 전환한 조종사는 조종간 조작에 따른 기체 반응이 느려지는 변화를 직접 체험할 수 있을 것이다.

이것이 바로 하늘의 과학!

기하학(geometry)은 도형의 기본 요소인 각, 길이, 넓이, 부피 등의 상호 관계뿐만 아니라 공간에 있는 점, 선, 면, 도형들의 치수, 모양, 상대적 위치, 법칙 등을 다루는 수학의 한 분야다. 기하학을 근간으로 한 물리학을 통해 우리는 소형 항공기를 대형 항공기로 확대할 때 단순히 길이만 늘여서는 안 된다는 사실을 알게 되었다. 대형 항공기는 제곱-세제곱 법칙에 따라 동체의 부피가 커져 무게가 증가하면 날개 면적을 기형적으로 아주 크게 확대해야 한다. 또 세제곱-다섯제곱 법칙에 따라 항공기가 크면 클수록 공기 역학적 모멘트에 대한 항공기의 반응은 더욱 더 느려진다. 한마디로 덩치 큰 놈이 아주 무겁고 둔하다는 얘기다. 이것이 바로 하늘의 과학이다.

연습 문제:

1. 보잉 737-900의 최대 이륙 중량은 18만 7393파운드(85톤) 정도이고 에어버스 A380의 최대 이륙 중량은 126만 7658파운드 정도다. 비행기의 양력을 계산하는 공식은 $L = \frac{1}{2}C_L \rho V^2 S$ 이며, 만약 두 기종의 여객기가 양력 계수 C_L 과 동압 $\frac{1}{2}\rho V^2$ 이 동일한 상태로 순항 비행한다고 가정하자. 그렇다면 에어버스 A380의 날개 면적 S 를 보잉 737의 날개 면적보다 몇 배 크게 제작해야 하는가?

2. 질량이 힘에 대해 속도 변화를 일으키기 어려운 정도를 의미하듯이 관성 모멘트도 회전시키고자 하는 돌림힘(torque, 토크)에 대해 각속도 변화를 일으키기 어려운 정도를 의미한다. 질량 M 과 반지름 R 이 동일한 2개의 구가 있는데 하나는 속이 꽉 찼고 다른 하나는 속이 비었다. 2개의 구가 동시에 경사진 면을 굴러 내려온다고 하자. 속이 꽉 찬 구의 관성 모멘트 I_{CM} 은 $\frac{2}{5}MR^2$ 이고, 속이 빈 구의 관성 모멘트 I_{CM} 은 $\frac{2}{3}MR^2$ 이다. 어떤 구가 더 먼저 바닥에 내려오는가?

9장

항공기 소음과
로그 함수

로그 함수는 1614년 영국의 천재 수학자 존 네이피어(John Napier)가 20여 년의 노력 끝에 고안해 냈으며 현재까지 여러 분야에서 요긴하게 사용되고 있다. 로그 함수는 항공 과학 분야에서도 유용하게 쓰인다. 항공기 소음 측정에 로그 함수가 어떻게 활용되고 있는지 알아보자.

로그는 언제 탄생했을까?

로그 함수는 어떤 수를 나타내기 위해 고정된 밑 a를 몇 번 곱해야 하는지를 나타내는 '비의 수'를 의미하는 함수다. 일반적으로 로그 함수는 지수 함수 $y = a^x$의 역함수 $y = \log_a x$를 말한다. 여기서 $y = \log_a x$는 a를 밑으로 하는 로그 함수다.

로그 개념의 선구자는 미하엘 슈티펠(Michael Stifel)로 x와 2^x의 관계를 통해 덧셈과 곱셈이 대응하는 것을 알아냈다. 이후 17세기 초에 영국 스코틀랜드 출신의 수학자이며 천문학자인 존 네이피어가 처음 로그를 고안했다. 그는 매우 복잡한 계산을 단순화시켜 쉽게 계산하기 위해 20년 이상을 연구해 처음으로 로그 이론을 정립했다. 그의 이론은 현재의 로그 이론과는 차이가 있지만, 그는 자연 로그와 관련된 표와 설명 자료가 들어 있는 책

『놀라운 로그 법칙의 기술(*A Description of the Wonderful Law of Logarithms*)』을 1614년에 발간했다.

대표적으로 사용되는 로그 함수에는 10을 밑으로 하는 상용 로그 함수 $y = \log x$와 무리수 e를 밑으로 하는 자연 로그 함수 $y = \ln x$가 있다. 네이피어는 1615년 자신을 방문한 영국의 수학자인 헨리 브리그스(Henry Briggs)의 상용 로그 제안을 받아들이고 공동으로 로그의 기초를 확립하고자 노력했다. 당시 브리그스의 제안은 무리수 e를 실제적으로 활용하기 어려우니 밑이 10인 상용 로그를 도입하자는 것이었다. 그러나 네이피어는 상용 로그에 대한 생각을 실행에 옮기지 못하고 세상을 떠났다. 그 후 브리그스는 1624년 자신의 저서 『로그 산술(*Arithmetica Logarithmica*)』을 통해 상용 로그 값을 정리해 상용 로그표를 작성했다. 초항이 1이고 공비가 10인 등비 수열에 상용 로그를 취하면 $\log_{10} 1 = 0$, $\log_{10} 10 = 1$, $\log_{10} 100 = 2$ 등으로 초항이 0이고 공차가 1인 등차 수열이 된다.

요하네스 케플러(Johannes Kepler)는 행성의 천체 관측 데이터만으로 제3법칙인 주기의 법칙을 알아냈다. 모든 행성의 궤도 주기와 그 궤도의 긴반지름에 로그를 취하고 비교해 그래프를 그리니 선형 관계(직선)로 나타난다는 사실을 알아낸 것이다. 케플러는 그 직선의 기울기가 대략 $\frac{3}{2}$임을 발견했는데, 양변의 단위를 맞추어 주면 다음과 같이 쓸 수 있다.

$$\log_{10}(\text{행성의 궤도 주기}) = \frac{3}{2}\log_{10}(\text{궤도의 긴반지름}).$$

여기서 양변의 로그를 제거하면

$$(\text{행성의 궤도 주기}) = (\text{궤도의 긴반지름})^{\frac{3}{2}}$$

이 된다.

케플러는 천체 관측 결과를 바탕으로 로그를 활용해 케플러의 제3법칙인 "모든 행성의 궤도 주기의 제곱은 그 궤도의 긴반지름의 세제곱에 비례한다."를 유도했다. 이것은 68년 후에 발표된 뉴턴의 운동 제2법칙과 중력의 법칙으로부터 증명된다.

상용 로그는 우리가 사용하는 십진법 수를 자릿수로 표현하기에 편리했다. 상용 로그로 천문학적으로 큰 수를 빠르면서도 간편하게 계산할 수 있다. 그러나 10의 거듭제곱 사이에 너무 많은 수가 비어 있는 단점이 있다. 이에 따라 그 사이를 무한히 쪼갤 때 등장하는 무리수 e를 밑으로 하는 자연 로그가 필요했다.

무리수 e는 역사적으로 네이피어가 로그를 발견할 당시 복리 이자를 계산하면서 등장했다. 은행에 예치하는 기간이 무한대라고 할 때, 등비 수열을 이용해 원리합계를 계산하기 위해서는 이자에 해당하는 공비(로그 함수의 밑)를 아주 작게 쪼개야 하며 기간을 나타내는 지수 n을 무한대로 발산시켜야 한다. 이러한 계산은 다음과 같은 극한으로 정의할 수 있다.

$$e \equiv \lim_{n \to \infty}\left(1 + \frac{1}{n}\right)^{n}.$$

이 식에서 n이 무한대로 커지면 $\frac{1}{n}$은 0에 가까운 값이 되고, 그 결과 괄호 안의 값은 1에 가까워진다. 한편 지수 n은 무한대이므로 괄호 안의 값을 무한히 거듭제곱해야 한다. 이처럼 1에 한없이 가까운 값을 무한히 거듭제곱하면 그 값은 결국 $e = 2.7182818284590\cdots$에 수렴한다. 그러니까 $\left(1 + \frac{1}{n}\right)^{n}$의 값은 n이 무한히 커짐에 따라 일정한 수에 수렴하는데, 그 극한을 무리수 e라 표현한다. 이것이 바로 무리수 e의 탄생 배경이다.

그럼 무리수 e가 로그에 어떻게 응용되는지 알아보자. 은행이 복리로 연이율 $\frac{r}{n}$을 n년 동안 지급한다면 최종적으로 원리합

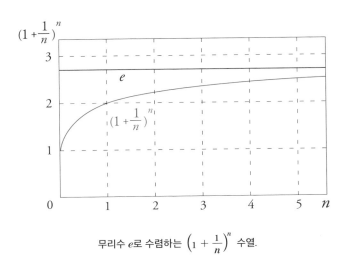

무리수 e로 수렴하는 $\left(1 + \frac{1}{n}\right)^{n}$ 수열.

계는 원금의 $\left(1 + \dfrac{r}{n}\right)^n$ 배가 된다. 여기서 기간을 나타내는 지수 n이 충분히 크다면 이 값은 e^r에 가까워진다. 따라서 기간 n을 무한대로 증가시킨다면 무리수 e가 계산식에 들어가게 되는 것이다. 무리수 e를 밑으로 하는 지수 함수 $e^x = y$의 양변에 자연 로그를 취하면 자연 로그 함수 $x = \ln y$를 얻을 수 있다. 계산이 복잡한 지수 함수에 로그를 취하고 로그표를 통해 쉽게 계산할 수 있다.

레온하르트 오일러(Leonhard Euler)는 미분 방정식을 연구하던 차에 미분 결과가 자기 자신이 되는 지수 함수의 밑이 바로 무리수 e라는 것을 알아냈다. 어떤 함수를 미분할 때 계수가 발생하지 않고 미분한 결과가 원래 함수와 동일한 값을 찾는 과정에서 무리수 e가 나온 것이다. 그래서 수학자들은 무리수 e를 오일러의 수(Euler's number)라 부르기도 한다. 무리수 e에 대한 지수 함수 $y = e^x$은 x에 대해 미분해도 그 결과가 $y' = e^x$으로 다시 자기 자신이 되는 함수다. 또 $y = \ln x$의 x에 대한 미분은 계수가 발생하지 않는다. e^x과 $\ln x$는 x에 대해 미분해도 계수가 붙지 않아 자연 현상과 사회 현상을 설명하는 데 아주 유익한 면이 있다.

또 두 숫자 사이의 차가 크다 하더라도 로그를 이용해 자릿수를 대폭 줄일 수 있는 장점이 있다. 예를 들어 자연수 100과 1000만은 10만 배 차이가 나므로 한 그래프에서 비교하기 곤란하다. 100은 10^2이므로 100에 상용 로그를 취하면 값이 2고, 1000만은 10^7이므로 1000만에 상용 로그를 취하면 값이 7이다. 로그는 100과 1000만과 같은 숫자를 각각 2와 7과 같이 자릿수를 줄여 표현하는 일종의 압축기 역할을 한다.

이외에도 로그는 아래와 같이 곱셈과 나눗셈을 덧셈과 뺄셈 만큼 간편하게 계산할 수 있게 해 주는 계산 도구이기도 하다.

$$\log_a MN = \log_a M + \log_a N$$
$$\log_a \frac{M}{N} = \log_a M - \log_a N \,.$$

로그 함수가 17세기 초에 최초로 등장했을 당시 계산을 많이 하는 천문학 분야에서 큰 환영을 받았다고 한다. 현재는 컴퓨터 의 발달로 계산 도구로서의 가치는 많이 떨어졌지만, 함수로서의 가치는 여전하다.

자연 로그와 무리수 e는 과학, 경제학 등의 분야에서 큰 수 를 계산할 때 효과적으로 활용된다. 자연 로그는 천문학 분야에 서와 같이 아주 큰 수뿐만 아니라 미생물이나 세포의 크기와 같 이 아주 작은 수를 다룰 때도 아주 유익하다. 또 물리량을 간략하 게 나타내는 강점이 있어 일상 생활에서 수치를 나타내는 도구 로 이용된다. 이러한 로그 함수는 소리의 세기를 나타내는 데시 벨(decibel, dB), 지진의 세기를 나타내는 리히터 규모 척도(Richter magnitude scale), 별의 밝기, 세균의 크기, 산성과 염기성을 알려 주는 pH(potential of hydrogen, 수소 이온 농도 지수), 항공기 소음 등에 활용된다.

항공기 소음에 로그 함수를 사용한다고?

전라남도 광주 공항 주변 소음 세기는 84웨클(WECPNL, weight equivalent continuous perceived noise level, 가중 등가 감각 소음도)로, 청주 공항과 함께 전국 지방 공항 중에서 소음이 최고로 심한 곳이다. 여기서 웨클은 공항 주변의 소음 영향도를 나타내는 단위로 항공기의 고주파 소음에 다양한 가중치를 두어 종합적으로 평가한다. 최근 법원은 광주 공항 주변 소음 피해 주민에 306억 원을 배상하라는 판결을 내렸다. 몇 년 전에도 대구 공항 인근 주민들이 항공기 소음에 피해를 보았다며 국가를 상대로 소송을 제기해 승소했다. 이에 국방부는 소음 피해가 심각한 대구, 수원, 광주 등 여러 곳의 군용 비행장을 이전하기로 했다.

공항 주변의 항공기 소음에 대해 언급하기 전에 로그 함수로 나타내는 소리의 세기에 대해 알아보자. 인간은 소리를 진동으로 인지하기 때문에 작은 소리의 변화에는 예민하지만 큰 소리 변화에는 아주 둔감하다. 다시 말해 청각은 어떤 음이 10배로 되었을 때와 10배에서 100배로 되었을 때를 같은 증가량으로 인식한다. 이에 따라 소리의 세기를 수치화하면 편차가 매우 큰데, 이를 그대로 사용하지 않고 청각이 인식하는 것과 비슷하게 로그 함수로 압축해 사용한다.

$$dB = 10 \log_{10} \left(\frac{I}{I_0} \right).$$

소리의 세기를 나타내는 무차원 단위 데시벨은 전화의 발명자 알렉산더 그레이엄 벨(Alexander Graham Bell)을 기념해 명명된 단위인 벨(Bell)의 10분의 1을 뜻한다. 이는 측정하고자 하는 소리 세기 I와 특정 표준음의 소리 세기 I_0의 비에 상용 로그를 취한 다음 10을 곱해서 얻는다. 여기서 소리 세기 대신에 전력을 전류나 전압과 비교하는 경우에는 전력은 전류나 전압의 제곱에 비례하므로 상용 로그를 취한 다음 20을 곱해야 한다. 표준음인 0데시벨은 건강한 귀로 조용한 방에서 들을 수 있는 작은 소리 정도이다. 정상적인 청각을 지닌 사람이 겨우 들을 수 있는 0데시벨과 기차의 경적 소리 정도인 120데시벨을 기준으로 데시벨의 값이 10만큼 증가할 때마다 소리 세기는 10배 강해진다. 20데시벨의 소리는 10데시벨의 소리보다 10배 강하고, 0데시벨보다 100배 강하다.

보통 일상의 대화 소리는 45~60데시벨이며, 아이들이 뛰는 소리는 50데시벨 정도다. 소음 허용 기준은 지역뿐만 아니라 낮과 밤에 따라 다르다. 정부가 발표한 충간 소음 기준은 주간(오전 6시부터 오후 10시까지)에 43데시벨이고 야간에는 38데시벨이다. 시끄러운 소리(80데시벨)는 표준음 세기의 10^8배(1억 배)이고, 철도변 기차 소음이나 모터사이클 소리(100데시벨)는 10^{10}배(100억 배)이며, 전투기의 이착륙 소음이나 기차 경적 소리(120데시벨)는 표

김포 공항 주변 항공기 소음 측정.

준음 세기의 10^{12}배(1조 배)다. 로그 함수의 압축 능력은 이처럼 대단하다.

항공기 소음의 측정 및 평가에는 단순히 소리 크기만을 나타내는 데시벨 대신 웨클이라는 단위를 사용한다. 이는 국제 민간 항공 기구에서 권장하는 단위로 항공기가 이착륙할 때 발생하는 소음 정도(최고 소음도의 평균치)에 시간대, 운항 횟수, 소음의 최댓값 등에 가중치를 주어 종합적으로 평가한다. 같은 세기의 소리라도 항공기 소음은 한낮(오전 7시~오후 7시)에 비해 저녁 시간(오후 7시~오후 10시)에는 3배, 심야 시간(오후 10시~익일 오전 7시)에는 10배의 소음 피해를 주는 것으로 평가해 각각 가중치를 부여한다.

세계 각국에서는 항공기 소음을 평가하기 위해 자국의 환경 기준이나 특성에 맞추어 웨클, 감각 소음도(perceived noise level, PNL), 주야 등가 소음도(day-night equivalent sound level, Ldn), 등가 소음도(equivalent sound level, Leq) 등 다양한 척도를 사용하고 있으나, 아직 전 세계적으로 통일된 단위가 없어 직접적으로 비교하는 데 어려움이 있다. 우리나라는 법률 제15113호인 '공항 소음 방지 및 소음 대책 지역 지원에 관한 법률'에 따라 공항 인근 지역의 소음 방지 대책 기준을 정하고 있다. 우리나라와 중국에서는 소음 척도로 웨클, 독일과 영국에서는 등가 소음도, 미국과 오스트레일리아에서는 주야 등가 소음도를 사용한다.

조용한 여객기는 없을까?

항공기의 소음은 크게 두 가지로, 기체 표면에서 발생하거나 바퀴에서 발생하는 공기 역학적 소음과 엔진에서 발생하는 엔진 소음으로 구분된다. 공기 역학적 소음은 기체 표면을 따라 흐르는 공기 흐름에서 발생하는 소음으로 항공기가 순항 비행하거나 이착륙할 때 날개의 플랩, 착륙 장치 등에서 발생한다. 이러한 공기 역학적 소음은 엔진 소음에 비해서 훨씬 낮은 수준이다. 매우 높은 고도에서 발생하는 공기 역학적 소음은 주변 환경에 큰 영향은 없다. 그렇지만 항공기 실내 소음 측면에서 중요한 고려 대상이 된다. 항공기 실내 소음은 공기 역학적 소음을 비롯해 엔진 소음, 공조기 소음 등이 대부분을 차지한다.

최근 개발된 보잉 787과 에어버스 A380 등은 실내 소음을

보잉 787 여객기 엔진의 셰브런 노즐.

90데시벨 미만으로 줄여 종전의 여객기보다 상당히 조용해졌다. 에어버스 A380은 엔진뿐만 아니라 객실 내부에도 흡음재를 장착해 획기적으로 소음을 감소시켰다. 특히 엔진 제작사들은 실내 소음의 주된 원인인 엔진 소음을 줄이고자 적절한 블레이드 숫자와 회전 속도 조절, 흡음재 장착 등을 통해 각고의 노력을 기울이고 있다.

보잉 787이나 보잉 747-8 터보팬 엔진의 배기 노즐은 다른 여객기와 달리 톱니바퀴 모양(또는 물결 모양)으로 제작되었는데, 이것이 바로 제트 소음을 감소시켜 주는 셰브런 노즐(chevron nozzle)이다. 이것은 팬 흐름과 외부 공기가 효과적으로 빠르게 혼합되게 함으로써 난류 발생을 억제하고 배기 가스 흐름 속도를 감소시켜 소음을 줄인다.

수능 날에는 비행 금지!

매년 대학 수학 능력 시험을 실시할 때 듣기 평가 시간 동안 해발 1만 피트 아래로 비행이 금지된다. 항공기 소음은 거리가 증가함에 따라 감소하는데, 대략 거리가 2배 증가함에 따라 소음은 절반으로 줄어든다. 따라서 여객기가 1만 피트 이상 높이에서 비행하면 30데시벨 이하까지 소음이 줄어 수능 듣기 평가에 방해를 주지 않는다. 국토 교통부는 모든 조종사가 알 수 있도록 이를 공지하며, 국내 공항에 진입하는 외국 항공기도 이착륙이 금지된다.

인천, 김포, 제주 공항뿐만 아니라 군용 비행장이 있는 대구, 수원, 광주 등과 같은 대도시에 이착륙하는 항공기도 인근 주민들에게 큰 소음 피해를 주고 있다. 이러한 소음을 줄이기 위해 공항은 주변에 항공기 소음 자동 측정망을 운영하며 실시간 소음 측정 결과를 분석해 대책을 마련하고 있다. 또 어떤 공군 전투 비행단에서는 소음을 줄이기 위해 이륙 활주 후 상승각을 높여 지면에서 빨리 멀어지도록 비행한다고 한다.

소리의 세기는 진폭에 따라 결정이 되는데, 진폭이나 진동수가 2배, 3배의 단위로 증감하는 것이 아니라 100배, 1,000배의 단위로 변한다. 그래서 소리의 세기를 일반 정수로 표현하지 않고 편리하게 상용 로그를 사용하는 것이다. 물론 로그 함수는 항공기의 소음뿐만 아니라 진동, 에너지 수준을 표현하는 데에도 다양하게 활용된다.

지진 측정에도 사용되는 로그

2016년 9월 경주와 2017년 11월 포항에서 각각 리히터 규모 5.8과
5.4의 지진이 발생했다. 이로 인해 1978년 국내에서 지진을 관측
한 이래 최대 규모로 많은 피해가 발생했다. 지진이 발생했을 때
사용하는 용어는 '리히터 규모 척도'다.

리히터 규모는 1935년 미국의 지질학자 찰스 프랜시스 리히
터(Charles Francis Richter)가 제안했다. 이것은 지진 자체의 강도
를 절대적 수치로 표현하기 위한 척도다. 리히터 규모는 지진파

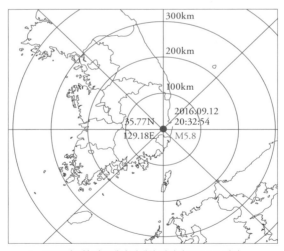

2016년 9월 경주에서 발생한 리히터 규모 5.8 지진.

별로 진폭의 편차가 수십억 배 이상이기 때문에 압축기 역할을 하는 상용 로그 함수로 나타낸다. 지진의 규모는 $M = \log A$로 표현하며, 여기서 A는 지진파의 최대 진폭(마이크로미터 단위)을 말한다. 지진의 규모는 상용 로그 함수로 표시되므로 지진파의 최대 진폭이 10배씩 커질 때 함숫값이 1.0씩 증가한다. 리히터 규모가 1단위 증가하면 진폭은 무려 10배나 증가한 것이므로 큰 피해를 유발한다.

진앙에서 발생한 지진 자체의 크기는 떨어진 위치에 따라 실질적인 피해 정도와 맞지 않을 수 있다. 그래서 정확한 수치를 갖는 정량적인 값으로 지진 자체의 크기를 나타낼 필요가 있다. 지진 자체의 크기를 나타내는 리히터 규모 외에 실제로 입은 피해 정도를 나타내는 데는 진도(intensity)라는 척도를 사용한다. 진도는 정해진 설문으로 어떤 위치에 나타난 지진의 세기를 인간의 느낌이나 지진 피해의 정도로 등급화한 척도다. 따라서 진도는 동일한 진앙에서의 지진이라도 떨어진 거리에 따라 다르게 나타난다.

로그의 발명은 수학사의 획기적 사건!

로그 함수는 복잡한 계산을 간단하게 해 주고 큰 숫자를 작게 압축하며, 곱셈을 덧셈으로 만들어 주는 등 다양한 기능이 있다. 따라서 로그 함수는 자연과 사회 현상을 나타내는 데 아주 편리해 항공 우주학, 천문학, 화학, 지질학, 항해학 등 여러 분야에서 활용된다. 특히 항공기 소음은 웨클이란 단위로 평가하는데 소음의 편차를 줄이기 위해 로그 함수로 압축해 사용한다. 17세기 초 존 네이피어의 로그 함수 발명은 한마디로 수학사의 획기적인 사건이라 말할 수 있다.

연습 문제:

1. 산성과 염기성의 정도를 알려 주는 수소 이온 농도 지수인 pH는 용액에 따라 그 차이가 크고 매우 작은 값이기 때문에 상용 로그를 사용한다. 물(또는 수용액)은 그 일부가 수소 이온(H^+)과 수산화 이온(OH^-)으로 전리되고, H^+ 농도인 $[H^+]$의 값이 정해지면 OH^- 농도인 $[OH^-]$의 값은 자동적으로 정해진다. 그러므로 산성 또는 염기성의 정도는 $[H^+]$의 값만 조사하면 된다. pH는 H^+ 농도가 높을수록 작고, OH^- 농도가 높을수록 크다. pH는 다음과 같이 표현된다.

$$pH = -\log_{10}[H^+].$$

pH는 주로 강한 산성의 0부터 강한 염기성의 14까지의 수로 나타낸다. 하지만 위 식에서 알 수 있듯이 pH 값에 한계가 있는 것은 아니므로 산성이 매우 강한 경우 pH가 음수가 되거나 염기성이 매우 강한 경우 pH가 14를 넘을 수 있다.

만약 수용액 중에 수소 이온의 농도가 10^{-5}몰(mol)이라면 이때의 pH 값을 구하고 산성인지 염기성인지 밝혀라.

2. 국내에서 제1금융권은 보험 회사, 신용 협동 기구, 저축 은행, 캐피탈 등 제2금융권을 제외한 일반 은행을 말한다. 제1금융권 은행의 정기 예금 최고 우대 이자는 대략 연 2.0퍼센트다. 여기에 정기 예금을 할 때 1년간 맡기면 $(1 + 0.02)$배가 되고, 2년간 맡기면 $(1 + 0.02)^2$

배가 되며, n년 말기면 $(1 + 0.02)^n$배가 된다. 정기 예금 원금의 2배가 되는 연수는 다음과 같이 표현할 수 있다.

$$(1 + 0.02)^n = 2.$$

양변에 자연 로그를 취하면

$$\ln(1 + 0.02)^n = \ln 2.$$

이 식을 통해 원금의 2배가 되는 연수를 구하라. (단, $\ln 1.02 = 0.01980$, $\ln 2 = 0.69315$.)

3. 열역학 제2법칙은 '엔트로피는 항상 증가한다'는 것이다. 1850년에 독일의 물리학자 루돌프 클라우지우스(Rudolf Clausius)가 엔트로피라는 개념을 도입했다. 그는 거시적인 열역학적 물리량(압력, 부피, 온도)으로 다음과 같이 정의했다.

$$dS = \frac{dQ}{T}.$$

여기서 S는 엔트로피, Q는 열의 양, T는 온도다. 그렇지만 오스트리아의 물리학자 루트비히 볼츠만(Ludwig Boltzmann)은 1877년 미시적(입자)인 관점에서 통계 역학적으로 엔트로피를 다음과 같이 정의했다.

$$S = k \log W.$$

여기서 k는 볼츠만 상수이고 W는 계가 가질 수 있는 상태의 수(열역학적 확률)다.

볼츠만이 유도한 엔트로피 관계식을 증명하기 위해 이상 기체의 자유 팽창을 고려해 보자. 기체가 처음에 부피 V_i에 있다가 자유 팽창해 더 큰 부피 V_f로 증가했다. 미시적인 관점에서 각각의 기체 분자가 어떤 부피 V_n을 점유하고 있을 때, 초기 부피 V_i에서 단일 분자가 위치할 수 있는 자리의 수는 $w_i = \dfrac{V_i}{V_n}$ 다. 어떤 부피에서 위치할 방법의 숫자는 각각의 분자마다 동일하므로 N개의 분자가 위치할 방법의 숫자는 다음과 같이 N 제곱을 해 주면 된다.

$$W_i = w_i^N = \left(\frac{V_i}{V_n}\right)^N.$$

기체가 자유 팽창해 부피가 증가한 후 그 부피에 위치할 방법의 숫자도 마찬가지로 다음과 같다.

$$W_f = w_f^N = \left(\frac{V_f}{V_n}\right)^N.$$

팽창한 후와 초기의 비율을 구하면 다음과 같다.

$$\frac{W_f}{W_i} = \left(\frac{V_f}{V_i}\right)^N.$$

이 식의 양변에 로그를 취하고 단위를 일치시키기 위해 볼츠만 상수 k 를 곱하면 다음과 같이 표현된다.

$$k\ln\left(\frac{W_f}{W_i}\right) = k\ln\left(\frac{V_f}{V_i}\right)^N$$

$$= kN\ln\left(\frac{V_f}{V_i}\right).$$

여기서 N 을 기체 분자의 수, n 을 몰수, N_A 를 아보가드로수(1몰의 물질에 들어 있는 입자의 수)라 하면 $N = nN_A$ 다. N_A 에 볼츠만 상수 k 를 곱한 값이 일반 기체 상수 R 이므로 다음과 같이 유도된다.

$$k\ln W_f - k\ln W_i = nR\ln\left(\frac{V_f}{V_i}\right).$$

이 식은 미시적 관점에서 통계적인 분석을 통해 유도한 관계식이다.

이제 거시적인 관점에서 등온 자유 팽창에서의 엔트로피 변화를 구해 보자. 기체의 초기 부피가 V_i 에 있다가 단열 자유 팽창해 더 큰 부피 V_f 가 되었다. 기체가 피스톤을 천천히 밀어내면서 등온 상태에서 가역 팽창을 한다고 가정하자. 기체가 부피 V_i 에서 부피 V_f 로 팽창하면서 한 일은 다음과 같이 구할 수 있다.

$$Work = -\int_{V_i}^{V_f} P dV$$

$$= -nRT\ln\left(\frac{V_f}{V_i}\right).$$

여기서 엔트로피의 거시적인 정의 $dS = \dfrac{dQ}{T}$ 를 적분해 엔트로피 변화를 구하면 다음과 같다.

$$\Delta S = \frac{1}{T}\int_{Q_i}^{Q_f} dQ.$$

이 식 우변의 적분값은 등온 과정일 경우 기체가 부피 V_i에서 부피 V_f로 팽창하면서 한 일(work)의 음의 값과 같다. 미시적 관점과 거시적 관점에서 구한 엔트로피의 변화를 비교해 엔트로피의 미시적 정의가 $S = k\log W$ 임을 증명하라.

10장

측풍 착륙과
벡터

바람과 관련된 이야기는 역사가 아주 깊다. 중국 촉나라의 전략가 제갈공명은 위나라 대군을 화공으로 이긴 적벽 대전에서 제사를 지내 바람의 방향을 바꾸어 대승을 거둔다. 이처럼 인류는 동서고금을 막론하고 바람의 힘을 빌려 많은 변화를 이뤄 왔다. 비행기는 한국에서 동쪽인 미국으로 갈 때 바람의 힘을 활용해 연료를 절감하기도 한다. 비행기가 순항 중에 측풍이 불면 한쪽으로 밀려 비행 진로가 바뀌게 되는데, 이것을 이해하기 위해 벡터의 수학적 개념이 필요하다. 조종사는 측풍 착륙(crosswind landing)할 때 작용하는 힘과 비행 진로에 적용되는 벡터를 통해 바람을 이겨 내고 비행기를 안전하게 착륙시키고 있다.

조종사가 꼭 알아야 하는 벡터

비행기가 순항 중에 왼쪽이든 오른쪽이든 측풍이 불게 되면 왼쪽, 또는 오른쪽으로 밀리면서 비행기의 진로가 바뀌게 된다. 조종사가 이를 수정해 진로에서 벗어나지 않고 비행하기 위해서는 반드시 벡터의 개념이 필요하다.

벡터는 크기뿐만 아니라 방향을 함께 가지는 물리량을 말한다. 변위, 가속도, 힘, 운동량, 속도(속력은 방향성이 없는 스칼라지만,

속도는 크기와 방향을 갖는 벡터다.) 등이 벡터다. 하지만 질량, 속력, 시간, 온도, 길이, 넓이, 부피, 물건의 개수 등은 적절한 물리적 단위는 갖지만, 방향성이 없는 하나의 크기만으로 정해지는 양으로, 스칼라라 한다. 우선 벡터의 연산에 대해 설명을 하고 이러한 벡터가 비행기에 어떻게 적용되는지 알아보자.

벡터의 덧셈은 두 벡터 $\vec{A}$, $\vec{B}$ 가 있을 때 벡터 $\vec{A}$ 를 그린 후, $\vec{B}$ 를 더해 $\vec{R} = \vec{A} + \vec{B}$ 로 구하면 된다. 또 벡터 $\vec{B}$ 를 그린 후, $\vec{A}$ 를 더하면 합은 $\vec{R} = \vec{B} + \vec{A}$ 가 되며 벡터의 덧셈은 교환 법칙이 성립한다.

세 벡터 $\vec{A}$, $\vec{B}$, $\vec{C}$ 가 있을 때 벡터 $\vec{A}$ 와 $\vec{B}$ 를 더한 후, $\vec{C}$ 를 더해 $(\vec{A} + \vec{B}) + \vec{C}$ 를 구할 수 있다. 또 벡터 $\vec{B}$ 와 $\vec{C}$

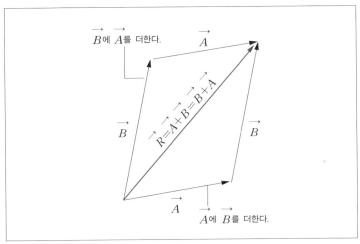

벡터의 덧셈과 교환 법칙.

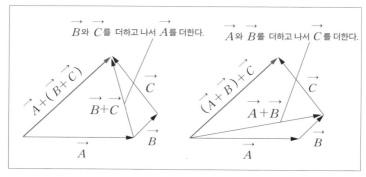

벡터의 덧셈과 결합 법칙.

를 더한 후, $\vec{A}$ 를 더해 $\vec{A} + \left(\vec{B} + \vec{C} \right)$ 를 구할 수 있으므로 벡터의 덧셈은 결합 법칙이 성립한다.

벡터의 뺄셈은 두 벡터 $\vec{A}$, $\vec{B}$ 가 있을 때 $\vec{B} + \vec{C} = \vec{A}$ 를 만족하는 벡터 $\vec{C}$ 는 $\vec{A}$ 에서 $\vec{B}$ 를 뺀 것을 말하며 $\vec{A} - \vec{B}$ 로

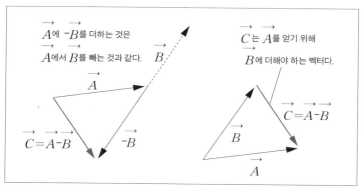

벡터의 뺄셈.

나타낸다. 그러므로 그림에서와 같이 $\vec{A}$ 에 $-\vec{B}$ 를 더하는 것은 $\vec{A}$ 에서 $\vec{B}$ 를 빼는 것과 동일하며, $\vec{C}$ 는 $\vec{A}$ 를 얻기 위해 $\vec{B}$ 에 더해야 하는 벡터다. 벡터의 곱에는 내적(inner product)과 외적 (outer product)이 있다. 내적은 계산 결과 스칼라가 되며, 외적은 계산 결과 두 벡터에 수직이 되는 벡터가 된다.

미국을 오가는 데 비행 시간이 다른 이유

늦가을에 보잉 777 여객기로 인천에서 동쪽인 미국 샌프란시스 코로 가려면 10시간 25분이 걸린다. 반면 샌프란시스코에서 인천으로 돌아오는 데는 13시간이나 걸린다. 동쪽으로 부는 제트 기류 때문에 2시간 35분이나 더 소요되는 것이다. 이러한 제트 기류는 제2차 세계 대전 당시 미군 폭격기가 아시아 폭격 임무를 수행하는 과정에서 발생한 비행 시간 차이로 발견되었다.

제트 기류는 계절과 지역에 따라 다르지만, 일반적으로 대류 경계면 지역인 고도 2만 3000~5만 2000피트(7,000~1만 6000미터) 사이에 극지방과 열대 지방의 온도 차이와 지구의 자전으로 인해 형성된다. 이렇게 형성된 제트 기류는 열대 지방의 난기류와 극지방의 냉기류 차이로 인해 계절에 따라 위치와 속도가 다르다. 제트 기류는 하절기에 북쪽으로 올라와 북위 50도 근방에서 시속 약 65킬로미터, 동절기에는 남쪽으로 내려와 북위 35도 근방에서 시속 약 130킬로미터의 평균 풍속을 보이며, 동절기 제트 기류가 하절기보다 빠른 것으로 알려져 있다. 따라서 동서를 오

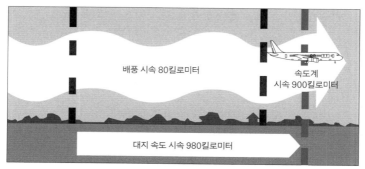

배풍 시속 80킬로미터

속도계
시속 900킬로미터

대지 속도 시속 980킬로미터

비행기의 진행 방향으로 부는 바람인 배풍.

가는 장거리 여객기는 계절에 따라 목적지에 도달하는 비행 시간이 달라진다.

여객기가 인천 국제 공항에서 미국으로 갈 때 제트 기류가 배풍으로 작용해 벡터의 덧셈으로 대지 속도가 빨라진다. 그림에서와 같이 시속 900킬로미터의 여객기 속도에 시속 80킬로미터의 배풍이 더해져 여객기의 대지 속도는 시속 980킬로미터가 된다. 제트 기류가 뒤에서 여객기를 밀어 주니 여객기 동체가 일정한 순항 속도를 유지하더라도 대지 속도는 빨라진다.

반대로 여객기가 미국에서 인천 국제 공항으로 올 때는 제트 기류가 정풍으로 작용해 벡터의 뺄셈으로 대지 속도는 시속 820킬로미터가 된다. 제트 기류의 방해로 여객기가 일정한 순항 속도를 유지하더라도 대지 속도가 느려져 많은 비행 시간이 소요된다. 여객기의 순항 속도는 날개 윗면에서의 충격파 현상으로 인

정풍 시속 80킬로미터

속도계
시속 900킬로미터

대지 속도 시속 820킬로미터

앞에서 불어오는 바람인 정풍.

해 속도 제한을 받는다. 미주 지역에서 귀국하는 여객기는 비행
시간을 단축하고 연료를 절감하기 위해 제트 기류를 피하는 항공
로를 선택하는 것이 당연하다. 그래서 북아메리카 동부 지역에서
인천으로 오는 여객기는 북극 항공로를 택하고 있다.

아래 그림에서와 같이 비행기가 순항 중에 왼쪽에서 측풍이
불면 벡터의 덧셈으로 인해 진로가 오른쪽으로 밀린다. 조종사가

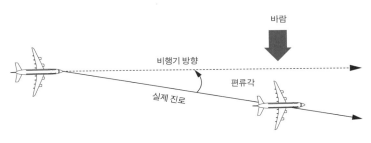

바람

비행기 방향

편류각

실제 진로

측풍의 영향을 받는 비행기의 진로.

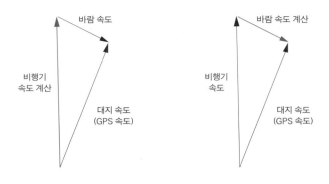

벡터 연산을 통한 비행기 속도 및 바람 속도 추출.

가고자 하는 비행 경로에서 오른쪽, 또는 왼쪽으로 흐르게 되는
데 이를 편류(drift)라고 한다. 조종사가 항공로를 벗어나지 않고
예정 항공로로 비행하기 위해서는 편류 수정각을 알아야 하며,
여기에는 벡터의 개념이 필요하다.

위 그림 중 왼쪽 벡터 그림에서는 대지 속도에서 바람 속도
를 빼는 벡터 연산으로부터 비행기 속도를 구할 수 있다. 또 오른
쪽 벡터 그림에서는 대지 속도에서 비행기 속도를 빼는 벡터 연
산을 통해 바람 속도를 알 수 있다. 이와 같은 벡터 연산으로 바
람의 속도 벡터를 알 수 있으므로 항공로를 벗어나지 않도록 편
류를 수정할 수 있다.

측풍이 불 때의 착륙

비행기 착륙 사고의 약 33퍼센트가 측풍, 배풍, 돌풍, 윈드 쉬어

(wind shear) 등 바람의 영향 때문이다. 또 활주로 이탈 사건의 약 70퍼센트가 측풍과 관련되어 있고 측풍 준사고(incident)와 사고의 85퍼센트 정도가 착륙할 때 발생한다고 한다. 일단 이 책에서는 주로 측풍 착륙에 대해 언급하기로 한다.

미국 연방 항공청은 인증 비행기의 경우 90도 측풍의 속도가 V_{SO}의 20퍼센트 정도일 때 조종사가 특별한 수준의 기술 없이 만족스럽게 조종할 수 있어야 한다고 요구한다. 여기서 V_{SO}는 플랩과 착륙 장치를 내린 착륙 형태(landing configuration) 비행기의 실속 속도, 또는 최소 비행 속도를 말한다. 비행기가 플랩과 착륙 장치를 내린 착륙 형태에서 V_{SO}의 20퍼센트를 넘는 측풍 속도는 제약으로 작용한다. 이는 예를 들어 세스나 172S 소형 비행기가 플랩을 완전히 내리고 15노트(시속 28킬로미터)의 측풍을 받았을 때 착륙할 수 없다는 뜻은 아니다. 미국 연방 항공청은 15노트 이상의 측풍인 경우 안전하게 접지하기 위해 더 특별한 기술이 필요하다는 것을 말한다.

조종사가 착륙을 시도할 때 측풍이 심하게 부는 경우 착륙하기 곤란한 상황이 발생한다. 이것은 조종사에게 큰 스트레스를 준다. 만약 활주로에 접근할 때 측풍이 있으면 가장 오래된 방법인 크랩(crab) 방법이나, 윙로(wing low, 사이드슬립) 방법을 사용해 착륙할 수 있다. 크랩 방법은 날개를 기울이지 않고 비행기 진행 방향을 활주로 중심선에 일치시키는 방법이다. 항공기가 크랩 방법으로 착륙하는 경우 플레어하기 직전에 통상적으로 '디크랩(decrab)'을 수행한다. 이 방법은 반대편 러더를 적용해 비행기 기수를 활주로의 중심선과 일치하도록 한 후에 지상 활주를 하는 것이다. 이러한 접근을 하는 동안에 비행기가 활주로 중심선으로부터 바람 때문에 밀려 나가지 않도록 에일러론과 러더의 복합적인 조작이 필요하다.

XB-52는 미국의 장거리 아음속 전략 폭격기인 보잉 B-52 스트래트포트리스(Stratofortress)의 프로토타입(시제기)으로 1951년 2대 제작되어 시험 비행을 수행했다. 다음 쪽 사진의 XB-52는 기체의 방향과 활주로 중앙선 방향이 엇갈려 있는데, 착륙 직전 접지할 때 디크랩을 하지 않고 착륙했기 때문이다. 현재 활동 중인 B-52는 1952년 4월 첫 비행 후 1955년부터 미국 공군에서 장기간 운용해 왔다. 이 항공기는 착륙 장치에 4개의 보기(bogie, 항공기 중량을 각 바퀴에 분담시키기 위해 2개 이상의 바퀴를 착륙 장치 스트럿에 부착시키는 부위를 말한다.)에 바퀴가 2개씩 장착되어 총 8개의 착륙 장치가 장착된다. 전방 착륙 장치에 4개의 바퀴가 장착되고 주 착륙 장치에도 4개의 바퀴가 장착된다. 그리고 날개 끝이 지면과 가까워 윙로 방법을 적용하기 힘들기 때문에 모든 착륙 장치의 축 방향을 좌우로 20도까지 변경할 수 있게 제작했다. 그러므로 측풍이 불 시 접지할 때 기수를 활주로 중심선과 일치시키는 디크랩을 조작하지 않고 안정적으로 착륙이 가능하다.

여객기 조종사는 측풍이 불 때 활주로에 접근하고 접지하기 위해 크랩 방법과 윙로 방법 중 하나를 사용하는데, 측풍이 아주

크랩 방법으로 착륙하는 XB-52 폭격기. 착륙 장치는 활주로 중심선과 일치되어 있다.

심한 경우에는 두 방법을 동시에 사용한다. 윙로 방법은 풍상 쪽 (windward, 바람이 불어오는 방향이다.)의 에일러론을 올려 날개를 내린 상태로 기체를 활주로 중심선에 일치시켜 접근하는 것이다. 보잉 737 조종사의 경우 기술 가이드에 따르면 측풍이 33노트(날개 끝에 거의 수직으로 부착된 작은 날개인 윙렛이 있는 경우다.)와 36노트(윙렛이 없는 경우다.)를 초과하면 착륙할 수 없다. 이런 경우 조종사는 바람 속도가 줄어들 때까지 공중에 대기하거나 대체 공항으로 돌아가야 한다. 착륙이 제한되는 최대 측풍 속도는 항공사마다, 그리고 조종사의 경험과 대처 능력에 따라 다르다.

일반적으로 국내 항공사는 규정상 측풍이 30노트 이상인 경우 착륙을 제한하고 있다. 또 항공사마다 약간의 차이는 있지만 통상 여객기 조종사는 측풍이 15노트 이상일 때 자동으로 착륙하지 않고 신속한 대응 조작을 위해 수동으로 직접 조종해 착륙한다.

측풍 접근 및 착륙 기법

측풍 접근 및 착륙 기법은 크게 크랩 방법과 윙로 방법으로 구분되며, 이를 중심으로 ① 크랩 ② 크랩-디크랩 ③ 윙로 ④ 크랩-윙로 등과 같은 기법들이 있다. 주로 크랩과 윙로 방법을 사용하며, 평소보다 측풍이 강하게 불 때 크랩-디크랩 방법과 크랩-윙로 방법을 사용하기도 한다.

크랩 방법과 윙로 방법에는 각각의 장단점이 있다. 때문에 측풍 기법 중에서 적절한 기법을 선택하기 전에 반드시 몇 가지 요소를 신중하게 고려해야 한다. 그러한 요소에는 날개의 경사로 인한 엔진 및 날개 끝 접촉, 피치 업으로 인한 꼬리 부분 접촉(테일 스트라이크) 등을 비롯해 착륙 바퀴의 구조 및 성능, 롤 및 요의 인가 범위, 측풍의 크기 등이 있다. 또 활주로에 착륙하기 위해 플레어할 때 선택한 기법의 효과도 반드시 고려해야 할 요소다.

① 크랩 방법

조종사는 착륙 접근 중 측풍의 영향을 막기 위해 편류 수정을 해야 한다. 이를 위해 활주로 방향의 왼쪽 또는 오른쪽으로 비행기 기수를 틀어서 접근하지만, 비행기는 활주로 중심선 방향으로 진행하게 된다. 이렇게 날개를 기울이지 않는 측풍 수정 방법을 크랩 방법이라 부른다. 비행기의 기수가 틀어진 상태에서의 움직임이 게의 움직임과 비슷하다고 해서 부르는 명칭이다.

비행기는 측풍으로 인한 편류 방지를 위해 에일러론을 풍상 쪽으로 조작해 측풍 속에서도 기울어지지 않고 수평을 이룬 상태에서 접근하게 된다. 최종 접근 단계에서 크랩 방법을 유지하며 일부 크랩 상태에서 접지한다. 이 방법은 비행기가 활주로 중심선과 진행 방향이 일치하므로 편류를 방지하면서 접지 직전에 기수가 활주로 중심선과 일치하도록 디크랩 조작(러더)과 날개 수평 조작(에일러론)을 수행하면 된다.

대부분의 제트 여객기는 크랩 방법으로 착륙할 수 있는 능력

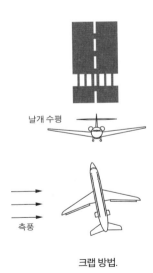

크랩 방법.

을 가지고 있다. 그러나 크랩 방법으로 착륙하면 주 착륙 장치와 타이어에 측면 하중이 발생해 타이어와 휠에 부담을 주게 된다. 이것을 방지하고 비행기의 기수와 활주로의 중심선을 일치시키기 위해 조종사는 뒷바퀴가 접지된 후 전방 착륙 장치가 내려지고 지상 활주와 감속이 완료될 때까지 면밀한 조작을 해야 한다. 이것은 조종사가 러더를 사용해 비행기가 활주로 중심선을 유지하도록 지속적으로 세밀한 조작을 해야 한다는 뜻이다. 만약 이 조작을 제대로 하지 못하면 측면 하중이 작용해 착륙 장치가 손상될 수 있다.

크랩 방법으로 측풍을 수정해 접지할 때 단일 엔진을 장착한 세스나 172 스카이호크(Cessna 172 Skyhawk)와 보잉 737 여객기 사이에는 차이가 있다. 세스나 172 스카이호크가 접지할 때 활주로와 정렬되어 있지 않으면 매끄럽게 착륙하지 못한다. 아주 심한 경우에는 활주로를 이탈하거나 바운싱(bouncing, 착륙 접지할 때 충격으로 공중으로 다시 떠오르는 것을 말한다.)을 할 수도 있다. 그래서 소형 항공기는 측풍이 불 때 대부분 윙로 방법을 사용한다. 그러나 보잉 737은 접지할 때 활주로에 완벽하게 정렬되지 않더라도 활주 방향으로 복원되는 힘을 이용해 활주로 중심선에 정렬할 수 있다.

다음 쪽 그림은 여객기 우측에서 측풍이 부는 경우 여객기가 바람이 부는 우측으로 틀어진 상태에서 착륙하기 위해 내려오는 장면을 보여 준다. 여객기는 건조한 활주로에 크랩 방법만으로

날개 수평

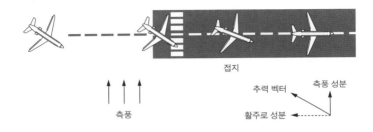

접지

측풍

추력 벡터   측풍 성분

활주로 성분

크랩 방법(접지할 때도 크랩 상태).

접지하는 것을 추천하지 않으며, 접지하기 전에 러더와 에일러론 조작을 통해 착륙 바퀴를 활주 방향과 일치하도록 디크랩을 해야 한다. 그러나 매우 미끄러운 활주로에서는 접지 전에 크랩만으로 충분히 편류를 감소시킬 수 있으므로 디크랩을 추천하지 않으며, 접지 후에 에일러론과 러더를 통해 활주로 중심선 방향으로 제어 한다.

② 크랩-디크랩 방법

조종사는 측풍이 강하게 불 때 활주로를 향해 날개를 수평으로 유지하고 크랩 방법으로 접근하다가 접지하기 전에 크랩 상태를 제거하는 디크랩 방법을 사용한 후 착륙 장치 방향을 활주로 중 심선에 맞춰야 한다. 그렇게 함으로써 착륙 장치에 작용하는 측

날개 수평

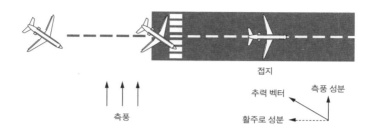

접지

추력 벡터   측풍 성분

측풍   활주로 성분

디크랩 방법(접지할 때 기축이 활주로 중심선 방향).

력(side loads)을 줄일 수 있다. 플레어 중에 러더를 사용해 비행기를 활주로 중심선과 일치시키고 필요한 경우 편류를 막기 위해 에일러론을 조작한다. 이러한 방법은 가장 일반적으로 사용되는 기법으로 종종 '크랩-디크랩'이라 한다.

측풍의 강도에 따라 비행기에 러더가 적용될 때 롤링을 유발할 수 있다. 롤링이 발생하면, 풍상 쪽의 에일러론을 적용해야 하며, 접지할 때에는 날개를 수평으로 유지하기 위해 교차 제어를 수행해야 한다. 이러한 조작을 위해 다음에 언급할 크랩과 윙로 방법의 조합을 택해야 한다. 중간 규모의 측풍은 내려간 날개를 들어 올릴 수 있기 때문에 바람이 불어오는 쪽의 에일러론 제어는 상당히 중요하다. 에일러론 제어는 바람이 불어오는 쪽의 착륙 장치가 확실하게 활주로 바닥에 밀착되고 날개가 수평으로 유지되도록 도와준다. 이러한 기법은 비행기가 활주로 중심선과 일치한 상태에서 양쪽의 주 착륙 장치가 수평 상태에서 동시에 접지되며 지속적으로 유지되어야 한다.

③ 윙로 방법

윙로 방법은 착륙을 결심한 후 기수를 활주로 중심선과 일치시키기 위해 러더를 사용하고 그로 인한 편류를 막기 위해 풍상 쪽으로 날개를 기울이는 조작을 해 기수와 활주로 중심선을 일치시켜 착륙 접근을 진행하는 방식이다. 소형 항공기가 측풍 착륙하는 대부분의 경우에 윙로 방법이 부드럽게 접지를 수행하기에 쉬운

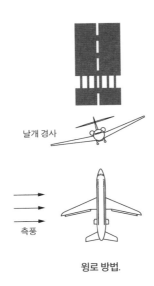

날개 경사

측풍

윙로 방법.

편이다.

윙로 방법은 불균형 선회를 유발하므로 사이드슬립으로 알려져 있다. 사이드슬립은 바람이 불어오는 쪽으로 옆 미끄럼이 발생하는 것을 말하는데, 양력의 수평 성분인 구심력이 원심력보다 큰 경우에 발생한다. 바람이 불어오는 쪽 날개를 내려 사이드슬립을 유지하고 기울어진 날개 쪽으로 방향이 틀어지는 것을 막기 위해 반대 방향의 러더를 사용해 비행기의 종 방향 축이 활주로 중심선과 일치되도록 한다. 측풍 착륙할 때 일정한 사이드슬립으로 활주로에 접근하고, 플레어를 하고 접지하는 동안에도 사이드슬립을 유지한다.

이와 같은 사이드슬립으로 비행기가 미끄러질 것 같지만, 비행기를 밀고 있는 측풍 때문에 낮은 날개 방향으로 미끄러지지 않는다. 이러한 사이드슬립 기술은 경사각이 크고 롤 및 러더의 한계 때문에 주의 깊게 적용할 필요가 있다. 더군다나 바람의 방향과 세기가 기복이 심할 경우 최종 착륙 단계에서 날개 및 엔진이 지면에 닿아 파손될 수 있기 때문에 더욱 신중해야 한다.

윙로 방법을 조작하는 법은 두 단계로 나누면 쉽게 터득할 수 있다. 먼저 비행기 앞부분을 러더로 활주로에 맞추고 두 번째로 활주로 중심선에서 왼쪽, 또는 오른쪽으로 편류하는 것을 멈추기 위해 에일러론을 사용한다. 이러한 윙로 방법은 조종사들에게 어려운 교차 제어를 계속 유지해야 하는 힘든 상황을 만든다. 만약 조종사가 접지하기 위해 윙로 방법을 사용하는 경우 아주 강한 측풍이 불게 되면 크랩 방법을 추가할 수도 있다.

윙로 방법은 착륙 접근 경로부터 접지할 때까지 전 과정에서 비행기 전후 축과 활주로 중심 연장선을 일치시킬 수 있는 장점이 있다. 일반적으로 측풍이 불 때 보통 착륙 접근 경로에서는 크랩 방법을 사용하다가 플레어 지점에 가까워지면 윙로 방법으로 전환한다.

④ 크랩-윙로 방법

크랩과 윙로 방법은 바람의 상황이나 조종사의 숙련도 또는 개인의 선호에 따라 적절한 비율로 조율 가능한 조작법이다. 이러한 크랩과 윙로 방법의 조합은 정상적인 측풍인 경우보다 강한 난기류 측풍을 만날 때 종종 사용된다. 이 방법은 앞에서 언급했듯이 플레어를 할 때 항공기 기수를 활주로 중심선에 맞추기 위해 러더를 사용하고, 활주로 중앙선에서 편류되는 것을 방지하고 수평을 유지하기 위해 반대편 에일러론을 조작한다.

이미 언급한 윙로 방법과 마찬가지로 엔진이 날개 아래에 장착된 비행기의 경우에 강력한 돌풍이 발생할 경우 나셀(nacelle, 엔진을 둘러싸는 외형 구조물이다.) 또는 날개가 지면에 닿을 수 있다. 상대적으로 5~15노트(시속 9~28킬로미터)의 약한 측풍에서 착륙은 크랩 방법을 사용하지 않는 윙로 방법이나 접지하기 전에 디크랩 과정이 없는 크랩 방법을 사용하면 된다.

그렇지만 20~30노트(시속 37~56킬로미터)의 강한 측풍에서 안전한 착륙은 크랩 방법으로 접근하고 접지하기 전에 디크랩과 윙로 방법을 동시에 사용해야 한다. 강한 측풍이 불더라도 여객기의 경우 날개 경사각을 2도 이내로 활주로에 접지하는 것이 일반적인 기술이다. 그렇지 않고 날개 경사가 너무 들어가게 되면 나셀 또는 날개 끝이 지면에 닿을 수 있다. 이와 같은 측풍 착륙 기법은 측풍의 세기뿐만 아니라 활주로 길이 및 표면 상태, 비행기 유형 및 무게, 조종사의 경험 등에 따라 거의 주관적으로 선택된다.

활주로 접지

항공기가 크랩 방법으로 접지할 때는 기수 방향을 활주로 방향과 일치시키기 위해 러더와 에일러론으로 추가적인 윙로 자세로의 변경이 필요하다. 만약 크랩 상태로 착륙하게 되면 바퀴에 측면 하중이 크게 작용하므로 상당히 위험하다. 한편, 윙로 방법으로 접지할 때는 추가적인 자세 변경이 필요 없고 에일러론과 러더로 편류를 수정하면 된다.

다음 쪽 그림은 보잉 737의 활주로 접지 자세를 보여 주고 있으며, 이때 피치 자세는 4~7도의 받음각 자세를 갖는다. 보잉 737은 주 착륙 장치가 활주로 바닥에서 20~40피트(6~12미터) 위쪽에 있을 때 플레어를 시작한다. 그리고 보잉 737의 피치 자세를 약 3도 추가로 들어 올리고 스러스트 레버를 아이들 상태로 조작한다. 그러면 보잉 737은 활주로 상공 위로 날아 부드럽게 접지하게 된다.

접지

보잉 737NG의 활주로 접지 자세.

측풍 착륙을 수행해 활주로에 접지한 경우 순간적으로 바람을 받는 날개가 위로 올라가는 현상이 발생할 수 있다. 또 측풍이 동체 측면을 쳐서 비행기를 기울어지게 할 수도 있다. 이때 조종사가 적절한 조치를 취하지 못하면 바람 부는 반대쪽 날개 또는 날개에 부착된 엔진이 부딪힐 수 있다. 그래서 측풍이 심하게 불 때 조종사는 신속하게 대응하기 위해 자동 착륙(auto landing)보다는 수동으로 착륙하고 있다. 착륙 중에 날개가 기울어지려고 하면 조종사는 신속한 대응 조작으로 비행기의 방향과 수평을 유지하며 감속해야 한다. 만약 강한 측풍이 조종사의 조작 범위를 초과하면 복행을 시도해야 한다. 복행은 착륙할 때 안전에 문제가 있는 경우 착륙 절차를 중지하고 상승한 후 다시 착륙을 시도하는 것을 말한다.

비행기의 측풍 착륙과 벡터

10장에서는 바람의 빠르기와 방향을 나타내는 속도라는 벡터에 대해 언급하고, 측풍이 불 때 활주로에 안전하게 착륙하는 여러 기법에 대해 설명했다. 측풍 접근 및 착륙 기법에는 크게 크랩 방법과 윙로 방법이 주된 내용이지만 실제로는 이를 조합해 사용하게 된다.

여객기는 측풍 착륙할 때 주로 크랩 방법(크랩-디크랩 방법 포함)을 사용하며 평소보다 측풍이 강하게 불 때는 윙로 방법을 조합해 조종한다. 편류 수정을 위한 비행기의 움직임에는 벡터라는 수학이 숨어 있다. 비행기의 측풍 접근 및 착륙뿐만 아니라 순항할 때의 진로에서도 벡터 개념의 중요성을 상세하게 설명했다.

이처럼 육중한 비행기가 하늘로 뜨고, 다시 땅으로 착륙할 수 있는 놀라운 과학의 힘도 수학이 없었다면 이루어질 수 없는 일이다. 인류가 발전할수록 수학도 더불어 같이 진화하고 있다. 누구도 감히 수학을 경시할 수 없을 것이다.

연습 문제:

1. 여객기가 인천 국제 공항에서 미국을 갈 때 일본과 알래스카 알류 산 열도를 따라 북태평양을 가로지르는 북태평양 항공로를 이용한다. 이 항공로에는 북반구를 기준으로 서쪽에서 동쪽으로 부는 편서풍인 제트 기류가 존재한다. 그러므로 동쪽으로 비행하는 여객기는 배풍을 받게 된다. 만약 시속 60킬로미터의 속도로 배풍이 불 때 여객기가 시속 900킬로미터의 순항 속도로 비행한다면 여객기의 대지 속도는 얼마가 되는가?

2. 비행기가 시속 900킬로미터로 순항 중에 기수 방향과 90도 왼쪽에서 시속 78.4킬로미터로 측풍이 불면 오른쪽으로 밀려 진로가 바뀐다. 조종사가 가고자 하는 비행 경로에서 오른쪽으로 흐르게 되는데 이때의 비행기 방향과 실제 진로가 이루는 편류각은 몇 도인가?

4부

발전하는
항공기 속
첨단 과학

11장

착륙 장치와
삼각 함수

우리는 초등학교 때 처음 삼각형이라는 개념을 배운 다음, 중학교에서 내심과 외심을 배우며 삼각형의 여러 특성을 공부하게 된다. 또 고등학교와 대학교에 진학하면 내심과 외심의 좌표를 구하는 등 더욱 심도 있게 배운다. 이러한 삼각형에 대한 학습은 삼각 함수로 발전한다. 기원전부터 인류는 측정하기 어려운 거리, 높이 등을 계산하는 데 직각삼각형을 사용했다. 16세기에 들어서 삼각비를 직각삼각형의 비로 사용했고 본격적으로 삼각법(삼각형의 세 변과 세 각의 기하학적 관계를 연구하는 학문이다.)을 사용했다. 삼각 함수는 기하학에서 삼각법을 거쳐 지금의 해석학적 삼각 함수로 발전했다. 그러므로 삼각 함수는 직각삼각형의 성질에 기초한 개념이다. 비행기 착륙 장치는 지상에 정지했을 때의 지지대이며, 이착륙 시 지상 활주뿐만 아니라 충격을 흡수하는 기능도 맡는다. 착륙 장치를 설명하기 위해서는 삼각 함수 개념이 필요하다. 삼각 함수는 공중 항법을 비롯해 전산 유체 역학, 건축, 기계의 설계 등에서 매우 다양하게 사용된다.

삼각형과 피타고라스의 정리

삼각형은 세 변으로 이루어진 2차원 도형으로 내각의 합은 180도다. 삼각형은 카메라 지지대와 토지 측량 기기, 삼각의자, 세발자전거 등 많은 생활용품에 활용되고 있다. 이는 세 지지점을 갖는 삼각형이 하나의 안정된 평면을 구성하기 때문이다. 항공기는 대부분 착륙 바퀴가 삼륜 형태를 지니며 바퀴가 3개라 할지라도 앞뒤로 또는 좌우로 넘어지지 않는다.

삼각형에는 모든 변의 길이가 같고 각 또한 모두 60도인 정삼각형, 변의 길이와 두 각의 크기가 같은 이등변삼각형, 한 각의 크기가 90도인 직각삼각형 등이 있다. 직각삼각형에서 직각을 마주하고 있는 변을 빗변, 각 θ와 마주하고 있는 변을 높이, 나머지 변을 밑변이라 한다. 여기서 직각을 낀 두 변을 각각 한 변으로 하는 2개의 정사각형 넓이의 합은 빗변을 한 변으로 하는 정사각형의 넓이와 같다. 이것이 바로 그 유명한 피타고라스의 정리다. 그래서 직각삼각형 ABC에서 직각을 낀 두 변의 길이와 빗변의 길이를 각각 a, b, c라 할 때 피타고라스의 정리 $a^2 + b^2 = c^2$이 성립한다.

사실 피타고라스가 고대 그리스에서 태어나기 1,000년 전부터 $a^2 + b^2 = c^2$은 알려져 있었다고 한다. 19세기 초에 이라크 남쪽 센케레(Senkereh) 유적지에서 피타고라스의 정리가 약 3,700년 전에 기록된 점토판 「플림프톤 322(Plimpton 322)」가 발견되었기 때문이다. 메소포타미아 남쪽의 고대 왕국인 바빌로니아의 점토판 「플림프톤 322」는 미국 컬럼비아 대학교 소장품으로 손바닥 크기 정도의 수학책이다. 뉴욕의 출판업자 조지 아

피타고라스.

서 플림프톤(George Arthur Plimpton)은 1922년경 골동품 전문가로부터 「플림프톤 322」를 구입해 컬럼비아 대학교에 기증했다.

미국 예일 대학교 박물관에 보관된 또 다른 바빌로니아 점토판 「YBC 7289(Yale Babylonian Collection 7289)」은 정사각형과 대각선을 나타내고 있다. 「YBC 7289」 점토판의 가운데 숫자는 $\sqrt{2}$를 나타내는데, 이는 한 변의 길이가 1인 정사각형에서 대각선의 길이를 기록한 피타고라스의 수다.

피타고라스의 정리는 그것이 증명되기 몇백 년 전에도 존재하긴 했지만, 당시에는 일반적으로 받아들여지지 못하고, 증명을 통해 이론화되지 못했다. 그러다가 기원전 540년경에 피타고라스학파의 누군가가 처음으로 증명한 것이다.

피타고라스의 정리는 수백 가지 증명법이 존재하는데, 정사각형의 성질과 4개의 합동인 직각삼각형을 이용하면 간단히 증명할 수 있다. 다음 쪽 그림의 정사각형 모양에서 큰 정사각형 면적은 $(a + b)^2$이고 그 안에 들어 있는 작은 정사각형 면적은 c^2이다. 큰 정사각형 모서리마다 있는 4개의 직각삼각형 넓이의 합

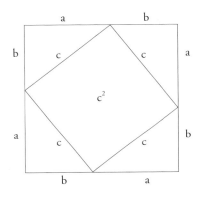

정사각형을 통한 피타고라스의 정리 증명.

은 $2ab$이므로 $(a + b)^2 = c^2 + 2ab$가 성립해야 한다. 이를 풀면 피타고라스의 정리 $a^2 + b^2 = c^2$을 쉽게 구할 수 있다. 중·고등학교 교과서에 나오는 피타고라스의 정리를 이용하면 토지나 건축물을 측량할 때 직접 측량하지 않고도 거리와 높이 등을 구할 수 있다.

　이와 같은 직각삼각형에 대한 관계식은 중·고등학교 시절에 배우는 삼각비와 삼각 함수로 발전했다. 삼각비는 밑변, 높이, 빗변 등 3개의 변이 있는 직각삼각형에서 삼각형의 변 길이의 비를 말한다. 또 변 길이의 비가 3:4:5인 피타고라스의 정리는 불국사 청운교와 백운교의 계단 경사도에 응용되었으며, 직각삼각형의 비례 구조는 광화문, 숭례문, 첨성대, 원각사지 십층 석탑 등과 같은 문화재들을 건축하는 데에도 응용됐다.

삼각형을 이용한 영역 분할과 전산 유체 역학

유체 역학 분야에서 나비에-스토크스 방정식을 전산 유체 역학으로 푸는 방법 중에는 격자 기반 기법(grid-based method)이 있다. 격자 기반 기법은 연속체로 가정한 유동장(flow field)을 컴퓨터로 계산이 가능하도록 매우 작은 모양으로 세분화한 격자를 생성(grid generation)하는 방법이다. 그리고 각 격자점에서 방정식을 세워 시간과 공간을 조금씩 증가시키면서 속도, 압력, 밀도, 온도 등을 계산한다.

아래 그림에서와 같이 평면의 모든 영역은 작은 삼각형으로 영역을 분할해 채울 수 있다. 삼각형은 서로 꼭짓점을 공유하며 겹침 없이 영역을 완벽하게 메운다. 삼각형 격자마다 컴퓨터로 수치 계산을 수행하게 된다. 평면 안에 엄청나게 많은 삼각형이

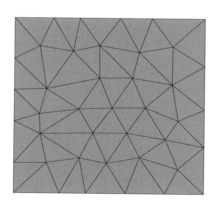

삼각형을 이용한 영역 분할.

있다면 그만큼 컴퓨터로 많은 계산을 해야 하며, 계산 결과는 더 정확해진다. 그러니까 삼각형을 세밀하게 자를수록 더 정확한 값을 계산할 수 있다는 뜻이다. 이와 같은 방정식을 푸는 알고리듬을 짜기 위해서는 기본적으로 영역을 자르는 격자를 생성해야 한다.

계산 영역을 자를 때는 일반적으로 아래 왼쪽 그림과 같이 예각삼각형을 사용한다. 예각은 90도보다 작은 각을 의미하며, 예각삼각형은 삼각형의 세 각의 크기가 모두 예각일 때를 말한다. 오른쪽과 같은 둔각삼각형으로 영역을 분할하는 것은 피해야 한다. 그 이유는 삼각형의 외심(외접원의 중심)의 위치에 있다. 외심은 그림에서와 같이 예각삼각형인 경우 삼각형 안쪽에 존재하지만, 둔각삼각형인 경우 삼각형 밖에 있다. 외심이 삼각형 밖에 있게 되면 컴퓨터 계산 알고리듬을 만들기 어렵고, 수치 계산 결과도 좋지 않게 나오는 경우가 많다.

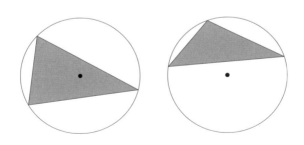

예각삼각형(왼쪽)과 둔각삼각형(오른쪽)의 외심.

삼각 함수와 위치 파악

수학에서 말하는 삼각 함수란 과연 무엇일까? 삼각 함수란 삼각형의 각 크기와 변 길이의 관계를 나타낸다. 삼각법은 지구와 달 사이 거리와 각도를 측정하는 과정에서 탄생했고 삼각 함수에까지 이르게 되었다. 삼각 함수에는 사인(sin), 코사인(cos), 탄젠트(tan)라는 3개의 기본적인 함수가 있다. 1624년 영국의 수학자 에드먼드 건터(Edmund Gunter)가 그동안 사용해 오던 기호를 변형해 삼각 함수 기호를 처음 사용했다고 한다.

삼각 함수는 산이나 건물의 높이, 비행기나 선박 간의 거리 등 직접 측정하기 어려운 물체를 정확하게 확인하는 데 활용된다. 미지의 변 길이나 미지의 각 크기를 결정할 때 많은 사람이 유용하게 사용하는 함수다.

삼각법은 수학의 한 분야로 삼각 함수와 삼각형의 각과 변의 관계를 구하는 것이다. 조금 심도 있는 삼각법인 사인 법칙

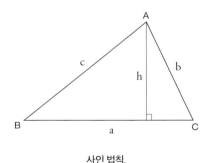

사인 법칙.

은 사인 함수로 각과 변의 관계를 나타내는 법칙이다. 사인 법칙은 삼각형 ABC에서 각 A, B, C가 마주 보는 변의 길이를 각각 a, b, c라고 하고 한 꼭짓점 A에서 대변에 수직선을 내리고 수직선의 길이를 h라고 하면 $h = c\sin B = b\sin C$이므로 $\dfrac{a}{\sin A} = \dfrac{b}{\sin B} = \dfrac{c}{\sin C}$가 성립한다. 그러므로 변의 길이는 다음과 같이 표현할 수 있다.

$$a = \frac{b \cdot \sin A}{\sin B} = \frac{c \cdot \sin A}{\sin C}$$

$$b = \frac{a \cdot \sin B}{\sin A} = \frac{c \cdot \sin B}{\sin C}$$

$$c = \frac{a \cdot \sin C}{\sin A} = \frac{b \cdot \sin C}{\sin B}.$$

이것은 어떤 삼각형의 한 변의 길이와 두 각의 크기를 알면 다른 두 변의 길이를 구할 수 있다는 것을 말해 준다. 이러한 삼각 함수를 통해 조종사는 항법 장비로 방향과 거리를 측정하고 항공기의 위치를 파악해 원하는 목적지까지 갈 방향과 직선 거리를 구할 수 있다. 이외에도 삼각 함수는 가장 근본적인 주기 함수이므로 삼각형뿐만 아니라 전자기파, 음파, 지진파 등 파동과의 관계를 파악하는 데에도 활용된다.

세발자전거 바퀴 형태의 비행기 착륙 장치

비행기 착륙 장치는 이륙과 착륙 중에 지상 활주를 가능하게 해 주는 장치로 바퀴뿐만 아니라 비행기 동체와 연결되는 구조물을 통틀어 말한다. 이는 지상 유도로에서 이동하거나 정지해 있을 때 지지대 역할을 한다. 착륙 장치를 다른 말로 언더캐리지(undercarriage)라 하며, 자동차처럼 동력을 직접 전달하는 기능은 없고 제동 기능을 담당한다.

모든 비행기는 넘어지지 않도록 안정된 지지 장치를 갖추고 있고, 대부분 착륙 바퀴는 삼각형 형태의 3지점으로 지지하고 있다. 여기서 삼각 함수는 착륙 장치의 설계 기준을 계산하는 데 사용된다. 비행기 착륙 장치에는 앞바퀴식(tricycle, 트라이사이클 방식)과 꼬리 바퀴식(tail dragger, 테일 드래거 방식)이 있다. 앞바퀴식은 조향 장치가 전방 착륙 장치에 있고 주 착륙 장치가 뒤에 있는 방식이며, 꼬리 바퀴식은 주 착륙 장치가 앞에 있고 꼬리 날개 부근의 뒷바퀴로 방향을 조종하는 방식이다.

1903년 세계 최초의 동력 비행기인 라이트 형제의 플라이어 호는 모래사장에 착륙하기 위해 착륙 바퀴가 아닌 나무 스키드(skid)를 장착했다. 현대 비행기 중에도 착륙용 스키드를 사용한 기종이 있다. 제2차 세계 대전 당시 메서슈미트 ME 163 코멧뿐만 아니라 1960년대 실험용 고속 제트 항공기인 미국 공군 X-15도 착륙용 스키드를 장착했다.

오늘날 비행기는 대부분 세발자전거처럼 앞바퀴식의 착륙 바퀴를 장착하고 있다. 착륙 장치의 장착 위치는 지상 주행, 부양 및 접지하는 동안에 한쪽으로 기울어지거나 뒤집힐 위험이 없

3지점 착륙 장치를 갖는 세스나기.

도록 안정성을 고려해야 한다. 그러기 위해서는 무게 중심과 착륙 장치와의 관계뿐만 아니라 이착륙 성능을 파악해 결정해야 한다. 비행기 동체 중간 부근에 위치한 주 착륙 장치인 뒷바퀴는 비행기 무게의 80~90퍼센트를 지탱하며, 전방 착륙 장치인 앞바퀴는 10~20퍼센트를 지탱한다.

대부분의 비행기는 후방 동체 부분이 이륙 부양할 때 활주로에 닿는 테일 스트라이크가 발생하지 않도록 일정한 각도 이상 회전할 수 없도록 설계된다. 일반적으로 비행기의 후방 기울임 각(tip-back angle)은 12도와 15도 사이의 값을 갖는다.

비행기 무게 중심은 착륙 중에 꼬리 부분이 기울어지는 현상을 막기 위해 주 착륙 장치보다 후방에 두면 안 된다. 다음 그림

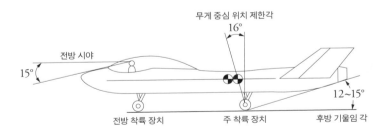

앞바퀴식 삼륜 착륙 장치의 무게 중심과 장착 위치.

에서와 같은 비행기 무게 중심에 대한 주 착륙 장치의 상대적 위치는 정상적인 착륙 자세에서 접지할 때 전방 착륙 장치를 아래로 내리는 피칭 모멘트를 발생시킨다. 이러한 피치 다운 모멘트는 비행기의 받음각과 그에 따른 날개 양력을 줄이는 데 도움이 된다. 그러나 비행기가 활주로에 접지할 때 무게 중심이 주 착륙 장치보다 후방에 있고 높은 위치에 있을 때는 아주 위험하다. 테일 스트라이크나 후방 기울임 현상으로 이어질 수 있기 때문이다.

착륙 장치와 무게 중심의 적정한 위치는 조종사에게 비행기가 활주로와 일직선이 안 돼도 안전하게 착륙할 수 있는 영역을 넓혀 준다. 앞바퀴식 배치는 유도로에서 비행기를 이동시키기 편하도록 조종사의 부담을 줄여 준다. 더군다나 승객과 화물 이동을 쉽게 하는 평편한 바닥을 제공할 뿐만 아니라 조종석에서 전방 시야를 확보할 수 있게 해 준다. 또 비행기가 이륙 중에 작은 받음각에서 엔진의 추력 방향이 진행 방향과 더 평행에 가깝게 되어 가속이 더 잘된다. 그렇지만 전방 착륙 장치 스트럿이 추가되면서 항력이 발생하고 무게가 증가하는 단점이 있다.

착륙 장치의 스트럿 길이는 비행기가 지상에 있을 때 비행기 엔진 나셀의 아래와 활주로 바닥과 적절한 간격을 갖도록 설계되어야 한다. 날개 아래에 엔진을 장착한 저익기(low wing plane, 좌우 날개가 기체의 중심선보다 아래에 장착된 비행기다.)인 경우 활주로 바닥과 간격이 크지 않아 착륙하면서 엔진이 활주로 바닥에 부딪힐 수 있다. 그러므로 비행기를 설계할 때 착륙 접지하면서 허용

되는 롤 각도를 확보하는 것은 몹시 어려운 문제다. 한 예로 보잉 737 여객기는 엔진 나셀과 활주로 바닥과의 간격을 확보하기 위해 엔진 나셀의 아래를 약간 눌린 형상으로 제작했다.

비행기 전복각(turnover angle)은 비행기가 지상 활주 중에 착륙 장치의 장착 위치로 인해 전복되는지를 나타내는 기준이다. 이것은 다음 쪽 그림에서와 같이 주 착륙 장치와 무게 중심을 연결한 빗변과 지상 바닥을 연결한 밑변이 이루는 각도로 정의된다. 전복각은 비교적 측정하기 쉬운 무게 중심의 높이 H를 측정하고, 앞 착륙 바퀴와 주 착륙 바퀴를 연결한 선에서 수직으로 이루는 무게 중심과의 거리 D를 측정해 구한다. 그러면 전복각 Ψ는 다음과 같이 삼각 함수 공식을 통해 구할 수 있다.

$$\Psi = \tan^{-1}\frac{H}{D}.$$

비행기는 착륙 장치의 전복각이 기준치보다 크게 설계될 경우에는 주 착륙 장치 바퀴 폭(wheel track)이 좁아져 전복될 수 있다. 그러므로 지상 활주하는 비행기는 전복각을 63도 이하로 엄격히 제한해 안정적으로 이동할 수 있도록 설계한다. 항공 모함에 착륙하는 비행기는 전복각을 54도 이하로 제한해 주 착륙 장치 바퀴 폭을 좀 더 크게 하고 있다. 전복각을 너무 작게 제작해 주 바퀴 사이의 간격이 넓은 경우 착륙 장치 구조물 중량이 증가하게 된다. 그러므로 착륙 장치의 장착 위치를 선정할 때는 반드

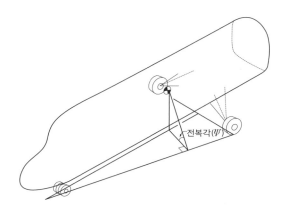

입체적으로 나타낸 착륙 장치의 전복각 Ψ .

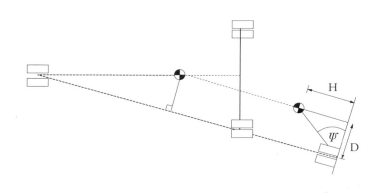

평면으로 나타낸 착륙 장치의 전복각 Ψ .

시 전복각을 분석하고 세심하게 설계해야 한다.

보잉 747, 737-200, 콩코드, 에어버스 A300B 등과 같은 저익기는 날개 안에 착륙 장치를 넣을 수 있으므로 전복각은 각각 39도, 46도, 47도, 41도로 그리 크지 않다. 그렇지만 고익기(high wing plane, 좌우 날개가 동체보다 높이 있는 비행기다.)인 C-141A, 록히드 L-100은 동체 안에 착륙 장치를 넣을 수 있도록 바퀴 폭이 작아야 하므로 전복각은 각각 53도, 61도로 커질 수밖에 없다.

여객기의 착륙 장치

여객기의 착륙 장치는 오랫동안 앞바퀴식을 장착해 왔다. 여객기 동체를 수평으로 만들어 지상에 있을 때 평편한 객실 바닥을 제공하기 때문이다.

앞바퀴식 착륙 장치의 설계와 장착 위치는 비행기의 형상, 중량, 임무 요건 등과 같은 고유한 특성으로 인해 결정된다. 또한 비행기의 무게와 무게 중심 범위가 기체의 구조, 이착륙 및 운용 요건 등과 잘 맞도록 고려해야 한다. 특히 개념 설계 단계에서 타이어의 숫자와 크기, 브레이크 및 충격 흡수 메커니즘 같은 필수적인 특징을 최적으로 선택해야 한다. 나중에 변경하기 어렵고 변경하려면 비용도 많이 들기 때문이다. 초기 착륙 장치를 크게 변경한 여객기로 에어버스 A340-400을 예로 들 수 있다. 이 여객기는 주 착륙 장치의 보기가 초기에 2개였지만, 나중에 4개로 변경하는 바람에 많은 비용과 시간이 추가로 소요됐다.

여객기 착륙 장치를 설계할 때 전방 착륙 장치와 주 착륙 장치에 작용하는 하중의 균형을 적절하게 맞추는 것이 아주 중요하다. 전방 착륙 장치인 앞바퀴의 하중이 너무 작으면 조향 효과가 감소하고, 주 착륙 장치인 뒷바퀴의 하중이 너무 작으면 제동 효과가 감소하기 때문이다. 여객기 착륙 장치에서 전방 착륙 장치에 가해지는 정적 하중이 최대 이륙 중량의 약 8퍼센트 미만일 경우, 지상의 측풍 조건에서 제어할 수 있는 한계에 도달한다. 또 정적 하중이 약 15퍼센트를 초과하는 경우, 주 착륙 장치의 제동 성능이 저하되고 전방 착륙 장치를 조향하는 데 더 많은 힘이 필요하며 동적 제동 하중이 과도해질 수 있다.

통상 착륙 장치의 무게는 비행기 최대 이륙 중량의 3~5퍼센트 정도다. 착륙 장치는 안전한 착륙과 지상 활동에 필수적인 요소지만, 비행기가 공중에 떠 있는 동안에는 사중량(dead weight)이다. 그러므로 일부 훈련용 소형 비행기를 제외하고 거의 모든 비행기는 공중에서 착륙 장치로 인한 공기 저항을 감소시키기 위해 접개들이 착륙 장치(retractable landing gear)를 사용한다. 이를 위해서는 날개와 동체 하부에 접개들이 착륙 장치를 접어 넣을 공간을 확보하고 작동시키는 기계 장치가 필요하다.

착륙하면서 플랩을 완전히 가동해 고양력을 발생시켰을 때 날개의 받음각은 이륙할 때의 받음각보다 작다. 그러므로 착륙할 때의 피치각은 통상적으로 이륙할 때의 피치각보다 낮은 수준을 유지한다. 또한 비행기는 착륙 접지할 때의 롤각이 너무 클 경우에는 엔진 나셀 또는 날개가 지면에 닿을 수 있으므로 과도한 경사가 생기지 않아야 한다.

대형 여객기의 착륙 장치는 큰 하중을 분산할 수 있도록 보기형 착륙 장치를 장착한다. 이러한 착륙 장치는 착륙 장치 스트럿에 2개 이상의 바퀴가 부착될 때의 부착 부위인 보기에 여러 개의 바퀴를 장착하는 방식이다. 여객기 전방 착륙 장치에서 하나의 보기에 2개의 바퀴를 사용하는 경우 바퀴 하나가 터지더라도 안전과 조향 제어 기능을 유지할 수 있다. 주 착륙 장치에는 대부분 조향 제어 기능은 없지만, 보기에 여러 개의 바퀴를 장착해 안전하게 하중을 분산한다.

여객기 착륙 장치의 보기에는 기종마다 다른 개수의 바퀴가 장착된다. 비행기가 무거워질수록 착륙 장치마다 더 많은 바퀴를 추가로 장착해 비행기 무게를 활주로 바닥에 고르게 분산한다. 비행기가 최대 이륙 중량이 5만 파운드(22.7톤) 미만이면 주 기어 보기당 1개의 바퀴만 장착되고, 5만 파운드부터 20만 파운드(90.7톤)까지의 비행기는 보기당 2개의 바퀴가 장착된다. 이보다 더 무거운 비행기에는 보통 보기당 4개에서 6개의 바퀴가 장착된다.

기종별 착륙 장치 숫자 및 장착 위치

기종마다 중량이 다르므로 착륙 장치 숫자 및 장착 위치는 달라질 수밖에 없다. 비행기 중량이 증가함에 따라 조향 기능을 갖는 전방 착륙 장치에는 크게 변동이 없지만, 중량을 담당하는 주 착

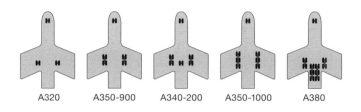

에어버스 여객기 기종별 착륙 장치 숫자 및 장착 위치.

류 장치의 숫자는 크게 증가하게 되는데 기종별 착륙 장치 숫자
및 장착 위치를 살펴보자.

위 그림은 에어버스 사 여객기의 기종별 착륙 장치 숫자 및
장착 위치로, 맨 우측의 에어버스 A380 바퀴 숫자가 다른 기
종보다 아주 많다는 사실을 보여 준다. 에어버스 A318, A319,
A320 등과 같은 단일 복도식 단거리 여객기는 주 착륙 장치의
보기에 2개의 바퀴가 장착되어 있다. 최대 이륙 중량이 78톤인
에어버스 A320은 전방 착륙 장치 보기에 2개의 바퀴가 장착되
고 주 착륙 장치의 2개 보기(스트럿)에는 각각 2개의 바퀴가 장착
되므로 총 6개의 바퀴가 장착된다.

에어버스 A380 여객기는 최대 이륙 중량이 575톤 정도이며,
전방 착륙 장치에 2개의 바퀴가 장착되고 양 날개 아래 2개의 주 착
륙 장치 보기에 각각 4개의 바퀴가 장착된다. 또 동체 아래에 2개의
주 착륙 장치 보기에는 각각 6개의 바퀴가 장착되어 총 22개의 바
퀴가 장착된다.

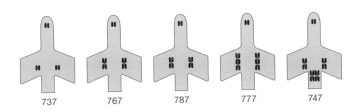

보잉 여객기 기종별 착륙 장치 숫자 및 장착 위치.

　위 그림은 보잉 사 여객기의 기종별 착륙 장치 숫자 및 장착 위치를 나타낸 것이다. 보잉 737과 같은 단일 복도식 협폭 여객기는 에어버스 A320과 마찬가지로 주 착륙 장치의 보기에 각각 2개의 바퀴가 장착된다. 보잉 777 여객기는 최대 이륙 중량이 352톤이므로 전방 착륙 장치 보기에 2개의 바퀴가 장착되고, 주 착륙 장치의 2개 보기에는 각각 6개의 바퀴가 장착되어 총 14개의 바퀴가 장착된다.

　보잉 747-8 여객기는 최대 이륙 중량이 448톤이므로 앞부분에 2개의 바퀴가 장착되고, 주 착륙 장치에는 4개의 보기에 각각 4개의 바퀴가 장착되어 총 18개의 바퀴가 장착된다. 보잉 747과 에어버스 A380 같은 모든 현대식 대형 비행기의 주 착륙 장치는 멀티 보기형 착륙 장치로 안전 관점에서 여객기 중량을 다수의 바퀴에 분산한다.

　다음 쪽 그림은 대형기의 기종별 착륙 장치 숫자 및 장착 위치를 나타낸 것이다. 보잉 B-52 스트래토포트리스(Stratofortress)

대형기 기종별 착륙 장치 숫자 및 장착 위치.

는 최대 이륙 중량이 220톤인 아음속 제트 추진 전략 폭격기다. 이는 1952년 4월에 개발되어 첫 비행을 했으며 1955년부터 현재까지도 미 공군에서 활약하고 있다. 터보 제트 엔진을 8기 장착한 보잉 B-52 스트래토포트리스는 공중 급유 없이 1만 4080킬로미터 이상 장거리 비행이 가능하다. 또 순항 속도(시속 844킬로미터)에서의 우수한 성능과 낮은 운용 비용으로 앞으로도 장기간 운용될 예정이다. 보잉 B-52 스트래토포트리스는 전방 착륙 장치의 보기 2개에 바퀴가 2개씩 장착되고, 주 착륙 장치의 보기 2개에 바퀴가 2개씩 장착되어 총 8개의 바퀴가 장착된다.

C-17 글로브마스터 III(C-17 Globemaster III)는 미국 공군을 위해 맥도넬 더글라스 사가 제작한 대형 전략 수송기로 1991년 9월 첫 비행을 했다. C-17은 최대 이륙 중량이 265톤으로 전략 공수 임무를 수행하며, 전 세계 어느 곳에도 장거리 비행을 통해 병력과 화물을 수송할 수 있다. 여기에 더해 C-17은 공중 투하와 의료 수송 역할도 수행한다. 1997년 맥도넬 더글라스 사가 보잉 사

에 합병되었지만, 그 이후에도 보잉 사는 수출을 위해 계속해서 C-17을 제작했다. 이 수송기는 전방 착륙 장치의 보기에 바퀴 2개가 장착되고, 주 착륙 장치의 보기 4개에 각각 바퀴 3개가 장착되어 총 14개의 바퀴가 장착된다.

세계 최대의 비행기인 An-225 므리야(Mriya)는 러시아 안토노프 사가 개발한 화물기로 1988년 11월 첫 비행을 했다. 이 화물기는 최대 이륙 중량이 640톤으로 독특한 착륙 장치를 보유하고 있다. 전방 착륙 장치의 보기 2개에 바퀴가 2개씩 장착되고, 각 날개 아래 주 착륙 장치의 보기 7개에 바퀴가 2개씩 장착되어 무려 32개라는 엄청난 숫자의 바퀴가 장착된다.

다음 쪽의 표는 비행기 기종별 최대 이륙 중량과 그에 따른 전방 착륙 장치와 주 착륙 장치의 숫자를 나타낸 것이다. 착륙 바퀴 10개가 장착된 맥도넬 더글라스 DC-10-10은 최대 이륙 중량이 195톤인 광폭 3발 제트 여객기다. 이처럼 DC-10-10이 종전의 여객기에 비해 무게가 증가하면서 착륙할 때의 접지 하중을 버틸 수 있도록 활주로 포장 두께는 63.5센티미터까지를 요구하게 되었다. DC-10-30은 최대 이륙 중량이 252톤으로 DC-10-10에 비해 57톤 더 증가했으므로 원래는 포장 활주로가 더 두꺼워야 했다. 그러나 DC-10-30은 DC-10-10과 같은 활주로에서 운항될 수 있도록 동체 중앙에 2개의 바퀴를 추가했다.

록히드 C-5A 갤럭시(Galaxy)는 최대 이륙 중량이 347톤인 미국 공군 최대 전략 수송기로 1970년 6월부터 운용되기 시작했다.

비행기 기종별 착륙 장치 바퀴 개수.

비행기 기종	최대 이륙 중량(톤)	전방 착륙 장치	주 착륙 장치	총 바퀴 개수
A320, B737	78, 66~85	2	4	6
B-52(전략폭격기)	220	4	4	8
B757, B767, A330	124, 204, 242	2	8	10
B787	254	2	8	10
A350-900	280	2	8	10
DC-10-10	195	2	8	10
DC-10-30	252	2	10	12
A340-200/300	275/277	2	10	12
C-17	265	2	12	14
A340-500/600	380/380	2	12	14
A350-1000	316	2	12	14
B777	352	2	12	14
B747-8	448	2	16	18
A380	575	2	20	22
An-124	402	4	20	24
C-5M	418	4	24	28
An-225	640	4	28	32

하늘의 과학

동체 중앙에 2개의 바퀴를 추가한 DC-10-30.

이 대형 수송기는 무려 24개의 착륙 바퀴로 중량을 분산하므로 45.7센티미터 두께의 포장 활주로만 있어도 이착륙이 가능하다.

록히드 마틴 사의 C-5M 슈퍼 갤럭시(Super Galaxy)는 최대 이륙 중량이 418톤인 장거리 전략 수송기다. 이 수송기의 전방 착륙 장치 보기에는 4개의 바퀴가 장착되고, 주 착륙 장치 보기 4개에는 각각 6개의 바퀴가 장착되어 총 28개의 착륙 바퀴가 장착된다.

이처럼 대형 항공기가 등장함에 따라 활주로에 접지할 때 하중 한계치를 벗어나지 않도록 더 많은 바퀴를 장착하거나 활주로 포장 두께를 증가시켜 접지 하중 문제를 해결해 왔다.

비행기 착륙 장치에 응용된 삼각 함수

삼각형을 쉽게 생각해 삼각형에 별다른 의미가 없다고 여겨서는 안 된다. 삼각형과 관련된 삼각 함수는 많은 특성을 지니고 있으며 다양한 공식이 삼각 함수로부터 나온다. 이러한 공식은 항공기 제작과 관련된 항공 과학에서 아주 중요하게 활용된다. 그러므로 공식을 제대로 활용하기 위해서는 그 배경과 근거를 정확하게 이해해야 한다.

비행기에 착륙 장치의 장착 위치를 결정하기 위해서는 비행기가 넘어지지 않도록 전복각을 계산하고 하중을 분석해 설계해야 한다. 여기에는 삼각 함수를 다루는 수학 지식이 동반되어야 정확하게 전복각을 분석할 수 있다. 이제 초등학교부터 대학교 수학에 이르기까지 삼각형과 삼각 함수가 빠지지 않고 등장하는 이유를 알 수 있을 것이다. 단순히 삼각 함수 공식만 외울 것이 아니라 그 공식이 의미하는 물리적 의미(physical meaning)를 명확히 파악해야 한다.

연습 문제:

1. 항공 교통 관제사(air traffic controller, ATC)는 항공 교통을 질서 있고 안전하며 원활한 흐름으로 유도하기 위해서 고도의 전문 지식, 기술, 능력이 필요하다. 그들은 지상의 관제탑이나 항공관제 센터에 배치되어, 공항에 이착륙하는 비행기가 서로 충돌하지 않도록 잘 유도하고, 할당된 공역에서 비행기의 위치, 속도 및 고도를 모니터링하며 무선으로 필요한 정보를 비행기에 제공한다.

항공 교통 관제사는 비행기가 지상에서뿐만 아니라 할당된 공역에서 안전하고 효율적으로 이동하기 위해 서로 안전하고 적절한 거리를 유지하는 분리 규칙을 적용한다. 관제사는 막중한 책임감을 갖고 매일 수많은 실시간 의사 결정을 해야 하므로 순발력과 판단력이 꼭 필요하며, 정신적으로 상당히 어려운 직업 중 하나로 간주된다. 그렇지만 특권적인 자율성이 있고 대부분 안정적인 국토 교통부 소속 국가 공무원이다.

항공 교통 관제사와 같은 항공 운항 분야 종사자들은 공중에 떠 있는 비행기들 사이의 거리와 비행 시간을 구해야 할 때가 있다. 다음과 같이 피타고라스의 정리와 관련된 문제를 다뤄 보자.

항공 교통 관제사가 동일한 고도에서 서로 직각으로 접근하는 두 여객기가 한 지점에서 충돌할 수 있다는 상황을 발견했다. 한 여객기는 그 지점에서 140킬로미터(x) 떨어져 있고 시속 840킬로미터의 속력($\frac{dx}{dt}$)으로 비행하고 있으며, 다른 여객기는 그 지점으로부터 120킬로미터(y) 떨어져 있고 시속 720킬로미터의 속력($\frac{dy}{dt}$)으로 비행하고 있다. 이런 경우 피타고라스의 정리 $x^2 + y^2 = z^2$ 으로부터 두 여객기 사이 거리를 구할 수 있다. 또 양변을 시간 t에 대해 미분하면 다음과 같이 두 여객기 사이 거리의 변화율 $\dfrac{dz}{dt}$ 를 나타내는 식으로 표현할 수 있다.

$$2x\frac{dx}{dt} + 2y\frac{dy}{dt} = 2z\frac{dz}{dt}.$$

① 두 여객기 사이 거리 z는 얼마이며, 거리 감소 변화율 $\dfrac{dz}{dt}$ 는 얼마인가?

② 항공 교통 관제사가 여객기 중 1대를 몇 분 이내에 다른 비행 경로로 배치해야 서로 충돌하지 않는가?

2. 대한민국 공군의 주력 전투기인 제너럴 다이내믹스(General Dynamics) 사의 F-16 파이팅 팰컨은 고고도에서 마하수 2.0까지 낼 수 있는 초음속 전투기다. 지금은 록히드 마틴이 F-16을 제작하는데 이는 1993년에 제너럴 다이내믹스 사가 록히드 마틴에 합병되었기 때문이다.

미국은 1970년대 초반 그루먼(Grumman) 사의 쌍발 F-14 톰캣과 같은 고가의 대형 전투기를 개발해 운용하고 있었지만, 비용 때문에 많은 대수를 보유하지 못했다. 그래서 근접 공중 전투용의 '경전투기 개발 사업'을 추진했다. 이 사업은 1975년 제너럴 다이내믹스 사의 YF-16과 노스롭 사의 YF-17이 치열하게 경쟁했지만 결국 YF-16이

채택되었다. 탈락한 YF -17은 추후 미국 해병대의 F/A-18로 발전했다.

F-16은 1974년 2월 첫 비행을 수행한 YF-16을 기반으로 하는 전투기로 대한민국 공군이 1991년 도입, 현재 실전 배치해 운용하고 있는 다목적 주력 전투기다. 이 전투기는 전기 신호와 컴퓨터로 제어하는 전기식 조종 방식을 채택해 인간 능력을 넘는 기동을 가능하게 했다. 또 동체와 주익이 부드러운 곡선으로 이루어지는 동체 날개 혼합 형식을 적용해 많은 연료를 탑재하고 공기 저항을 감소시켰다.

F-16은 다목적과 기동성을 인정받아 20여 개국에 4,600대 이상 판매되었으며, 생산 규모가 가장 크고 경이적인 전투기다. 이러한 F-16 전투기의 정면도와 무게 중심을 점으로 나타냈다. 아래 그림에서 각도기를 사용하지 말고 길이를 직접 측정해 전복각을 구하라.

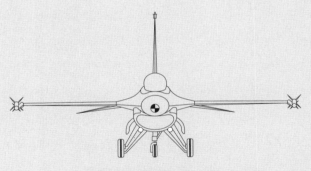

F-16 전투기의 정면도와 무게 중심.

12장

자동 조종 장치와
선형 대수

최근 자율 주행 자동차를 비롯해 자율 운항 선박, 자율 비행 드론 등 스스로 운항이 가능한 운행체를 개발하기 위한 경쟁이 전 세계적으로 아주 뜨겁다. 이러한 운행체는 기본적으로 인지, 판단, 제어의 3단계를 거쳐야 한다. 최첨단 과학 기술이 반영된 이동 수단인 비행기도 자동 조종 장치를 이용해 보다 안전하고 편리하게 비행기를 제어할 수 있게 됐다. 이륙 전 조종사가 비행기의 비행 관리 시스템에 항공로를 입력해 놓으면 비행기가 자세나 고도를 자동으로 제어하는 것이다. 게다가 활주로의 계기 착륙 시설을 통해 진입 경로에서 어느 정도 거리에 있고 상하 및 좌우로 어느 정도 벗어났는지 알 수 있다. 여기에는 선형 대수(linear algebra)의 행렬과 벡터 공간(vetor space)에 대한 수학이 필요하며, 선형 방정식으로 간단하게 표현하면 컴퓨터로 쉽고 효과적으로 연산할 수 있다. 또 행렬은 여객기의 노선과 비행 시간 등에 대한 정보를 쉽게 관리할 수 있게 한다.

선형 대수란 무엇인가?

자연과 사회에서 발생하는 현상을 선형 방정식 형태로 표현할 수 있는 경우가 있다. 이러한 선형 방정식은 모든 변수가 1차 항으로만 표현되며, 변수들의 곱이나 제곱근 형태로 표현되지 않는다. 따라서 선형 방정식은 2차 함수, 삼각 함수, 지수 함수, 로그 함수 등을 포함할 수 없다. 선형 방정식의 해를 구하기 위해 행렬 이론이나 벡터 공간 이론 등을 활용하는 것이 바로 선형 대수로서, 이를 통해 자연 및 사회 현상을 모델링하고 효율적으로 계산할 수 있다. 1960년대 이후 선형 대수는 거의 모든 분야에 응용되고 있으며, 컴퓨터는 구조 특성상 선형 대수 계산에 매우 적합하다. 이러한 사실은 우리가 오늘날 선형 대수에 더욱 많은 관심을 기울이는 이유이기도 하다.

기원전 200~100년에 쓰인 중국의 고대 수학서 『구장산술(九章算術)』에 행렬을 다룬 방정술(方程術)이 소개되어 있다. 수백 년 먼저 발행된 『산수서(算數書)』에도 2개의 미지수를 갖는 연립 방정식의 해법을 기술했다고 한다. 일본의 세키 다카카즈(関孝和)는 1683년에 출판한 『해복제지법(解伏題之法)』에서 행렬식의 개념을 사용해 1차 연립 방정식을 풀었다. 독일의 수학자 고트프리트 빌헬름 라이프니츠(Gottfried Wilhelm Leibniz)는 선형 방정식의 계수를 행렬로 여길 수 있다고 생각했다. 라이프니츠가 1693년 프랑스의 수학자 기욤 드 로피탈(Guillaume de l'Hôpital)에게 보낸 편지를 통해 유럽에 행렬식이 처음 소개되었다. 라이프니츠는 선형 시스템을 풀기 위한 체계적인 방법으로 처음 행렬식을 생각했으니 역사적으로 행렬보다 행렬식의 개념이 먼저 나온 셈이다.

근대 선형 대수학은 독일의 수학자 아우구스트 페르디난트 뫼

비우스(August Ferdinand Möbius) 덕분에 크게 발전했다. 그는 기하학과 역학의 연관성에 대한 연구를 수행했으며, 1827년 저서에서 최초의 대수적 체계를 소개했다. 독일의 수학자 헤르만 그라스만(Hermann Grassmann)은 1830년대 초반에 선형 대수학을 연구하기 시작해 1840년에 논문 「조수 간만 이론(Theorie der Ebbe und Flut)」을 출판해 선형 대수학을 대대적으로 발전시켰다. 1844년에는 『선형 확장 이론: 수학의 새 분야(*Die Lineale Ausdehnungslehre ein neuer Zweig der Mathematik*)』에서 '벡터들 사이의 내적(inner product)'을 정의했다.

선형 대수학은 덧셈과 곱셈 등과 같은 연산을 한 후에 나타나는 변화와 구조에 많은 관심을 두며, 그 핵심은 벡터 공간 이론이나 행렬 이론 등으로 선형 방정식의 해를 구하는 것이다.

행렬식은 1683년에 그 개념이 나온 지 약 150년이 지나서야 비로소 다뤄지기 시작했다. '행렬식'이라는 용어는 프랑스 수학자 오귀스탱루이 코시(Augustin-Louis Cauchy)가 처음으로 사용했다. 그는 1841년에 발표한 행렬식 이론에 관한 논문에서 두 수직선을 양옆에 그려 행렬식을 표기했으며, 이 표기법이 현재에도 많이 사용된다. 영국의 수학자 제임스 조지프 실베스터(James Joseph Sylvester)는 1882년과 1884년 사이에 집중적으로 행렬 이론을 연구해 행렬식 발전에 크게 공헌했다. 그는 1850년에 계수를 배열로 나타내 '행렬'이라고 불렀으며 실베스터 행렬식으로 유명해졌다.

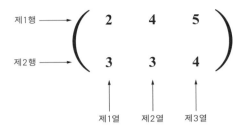

제1행 ⟶

제2행 ⟶

$$\begin{pmatrix} 2 & 4 & 5 \\ 3 & 3 & 4 \end{pmatrix}$$

제1열　제2열　제3열

6개의 원소를 갖는 2×3 행렬.

행렬은 일정한 법칙에 따라 배열된 수나 기호, 수식 등을 괄호로 묶어 나타낸 것이다. 행렬에서 가로로 배열한 줄을 행이라 하고, 세로로 배열한 줄을 열이라 한다.

실제 문제에서 선형 방정식의 수가 너무 많으면 해를 구하기가 몹시 어렵게 된다. 이러한 경우에 행렬 이론으로 더 쉽고 효율적으로 해결할 수 있다. 선형 방정식을 간단하게 표현할 뿐만 아니라 보다 쉽게 연산할 수 있기 때문이다. 게다가 최근 컴퓨터를 통해 효율적인 알고리듬으로 행렬을 빠르고 쉽게 연산할 수 있게 되었으며, 행렬 연산은 모델링 및 시뮬레이션을 위한 필수 도구가 되었다.

행렬의 덧셈과 뺄셈은 크기와 모양이 같은 경우 원소별로 더하거나 빼면 된다. 행렬의 곱 AB는 두 선형 변환(linear transformation)의 합성을 나타내며, 행렬 A의 열의 수와 행렬 B의 행의 수가 동일해야 행렬의 곱셈이 가능하다. 다음은 행렬 A와 B가 2×2 행렬인 경우에 행렬의 곱 AB를 나타낸 것이다.

$$A = \begin{pmatrix} a_{11} & a_{12} \\ a_{21} & a_{22} \end{pmatrix}$$

$$B = \begin{pmatrix} b_{11} & b_{12} \\ b_{21} & b_{22} \end{pmatrix}$$

$$AB = \begin{pmatrix} a_{11}b_{11} + a_{12}b_{21} & a_{11}b_{12} + a_{12}b_{22} \\ a_{21}b_{11} + a_{22}b_{21} & a_{21}b_{12} + a_{22}b_{22} \end{pmatrix}.$$

행렬은 연립 방정식을 풀 때 사용되며, 컴퓨터로 계산하면서 행렬을 사용하면 계산 속도가 상당히 빨라진다. 행렬 이론으로 방정식 해를 구하는 선형 대수학은 수학에서 중요한 위치를 차지하는 기초 학문으로 사회 과학, 자연 과학, 공학 등에서 요긴하게 쓰인다.

행렬로 구하는 항공 노선 숫자

행렬은 수학뿐만 아니라 실생활 문제의 해결에도 매우 유용한 개념이다. 다음 그림에서와 같이 임의의 항공 노선과 그 노선을 매일 운항하는 편수를 지도에 표시해 보자. 행렬을 이용해 도시와 도시 사이 항공 노선의 숫자를 간단하게 구할 수 있다.

인천에서 로스앤젤레스와 뉴욕에 가는 항공 노선의 운항 편수 3과 2를 나타낸 행렬을 A라 하고, 로스앤젤레스에서 휴스턴 행과 올란도 행 노선의 운항 편수 2와 3, 뉴욕에서 휴스턴 행과 올란도 행 노선의 운항 편수 4와 2를 나타낸 행렬을 B라고 한다.

항공 노선과 운항 편수.

행렬 A와 B의 곱 AB는 다음과 같이 구할 수 있다.

$$A = \begin{pmatrix} 3 & 2 \end{pmatrix}, \quad B = \begin{pmatrix} 2 & 3 \\ 4 & 2 \end{pmatrix}$$

$$AB = \begin{pmatrix} 14 & 13 \end{pmatrix}.$$

행렬의 곱 AB의 성분은 각각 인천에서 휴스턴과 올란도까지의 운항 편수 14와 13을 나타낸다. 이 행렬 계산에서는 도시의 숫자가 적어 간단하므로 각 경우의 수를 세어도 쉽게 계산할 수 있다. 그러나 실제 노선은 도시의 숫자가 많고 복잡해 그렇게 계산하기 곤란하다. 행렬 계산을 통해 특정 도시로 가는 항공 노선의 숫자를 쉽고 편리하게 계산할 수 있다.

행렬을 이용한 비행기 자세 제어

비행기가 3차원 공간상에서 한 축을 중심으로 변환하는 행렬을 이해하기 위해 비행기 기준 축과 이에 대한 운동을 생각해 보자. 피치, 요, 롤은 비행기의 조종을 설명하는 데 흔히 사용되는 용어로 다음 그림에 그 좌표축과 함께 나타냈다.

비행기의 좌표축은 무게 중심을 기준점으로 기준 축을 정한다. x 축(세로축)은 기체의 전후 축으로 비행기 대칭축의 기수 방향을 양(+)으로 잡으며 롤 축에 해당한다. y 축(가로축)은 날개의 좌우 끝을 연결하면서 x 축에 직각인 축으로, 피치 축에 해당된다. z 축(수직축)은 xy를 포함하는 면과 직각이며 밑으로 향하는 방향을 양(+)으로 잡으며 요 축에 해당한다. 이러한 좌표축은 비행기가 3축 운동을 하는 경우 좌표에 어떤 특수한 행렬을 곱해

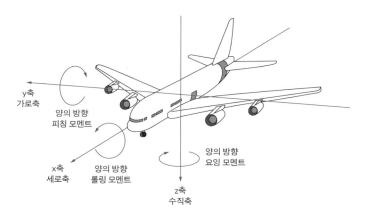

비행기의 좌표축과 운동.

변환될 수 있다.

비행기가 3차원 공간에서 한 축을 중심으로 회전하는 변환을 행렬로 나타내 보자. 만약 피칭, 요잉, 롤링이 동시에 발생해 복잡한 회전 변환을 하는 경우에는 각각 순차적으로 합성 변환을 한다. 즉 한 축을 고정하고 변환을 취하며, 또 다른 축을 고정해 회전 변환을 취해 행렬 곱을 사용한다.

먼저, 피치는 y 축을 중심으로 zx 평면에서 회전을 하는 경우로 좌표 (x, y, z)가 피치각 α 만큼 회전한 후에 좌표를 (X, Y, Z)라 하면 연립 방정식은 다음과 같은 행렬로 표현된다.

$$\begin{pmatrix} X \\ Y \\ Z \end{pmatrix} = \begin{pmatrix} \cos\alpha & 0 & -\sin\alpha \\ 0 & 1 & 0 \\ \sin\alpha & 0 & \cos\alpha \end{pmatrix} \begin{pmatrix} x \\ y \\ z \end{pmatrix}.$$

또 요는 z 축을 중심으로 xy 평면에서의 회전으로, 요각 β 만큼 회전한 후의 좌표를 (X, Y, Z)라 하면 다음과 같은 행렬로 표현된다.

$$\begin{pmatrix} X \\ Y \\ Z \end{pmatrix} = \begin{pmatrix} \cos\beta & \sin\beta & 0 \\ -\sin\beta & \cos\beta & 0 \\ 0 & 0 & 1 \end{pmatrix} \begin{pmatrix} x \\ y \\ z \end{pmatrix}.$$

이와 마찬가지로 롤은 x 축을 중심으로 yz 평면에서의 회전으로, 롤각 $\varPhi$ 만큼 회전하는 경우 다음과 같은 행렬로 표현된다.

$$\begin{pmatrix} X \\ Y \\ Z \end{pmatrix} = \begin{pmatrix} 1 & 0 & 0 \\ 0 & \cos\Phi & \sin\Phi \\ 0 & -\sin\Phi & \cos\Phi \end{pmatrix} \begin{pmatrix} x \\ y \\ z \end{pmatrix}.$$

예를 들어 여객기가 순항 비행 중 청천 난류를 만나 피치각 45도, 요각 30도가 틀어졌다고 하자. 이를 행렬을 이용해 계산하고 제어한다면 아주 편리하게 된다. 먼저 피치각에 대한 변환 행렬 P와 요각에 대한 변환 행렬 Q는 각각 다음과 같이 나타낼 수 있다.

$$P = \begin{pmatrix} \cos 45° & 0 & -\sin 45° \\ 0 & 1 & 0 \\ \sin 45° & 0 & \cos 45° \end{pmatrix}$$

$$Q = \begin{pmatrix} \cos 30° & \sin 30° & 0 \\ -\sin 30° & \cos 30° & 0 \\ 0 & 0 & 1 \end{pmatrix}.$$

만약 여객기가 z 축을 중심으로 요각 30도만큼 먼저 기울어진 다음 y 축을 중심으로 피치각 45도만큼 기울어졌다면 합성 변환 행렬 PQ는 다음과 같이 표현된다.

$$PQ = \begin{pmatrix} \cos 45° & 0 & -\sin 45° \\ 0 & 1 & 0 \\ \sin 45° & 0 & \cos 45° \end{pmatrix} \begin{pmatrix} \cos 30° & \sin 30° & 0 \\ -\sin 30° & \cos 30° & 0 \\ 0 & 0 & 1 \end{pmatrix}.$$

지금까지 여객기가 청천 난류를 만나 기울어진 상황을 합성 행렬로 나타냈으며 이제 여객기를 원래 상태로 되돌리기 위한 제어를 해야 한다. 그러기 위해서는 합성 행렬의 역행렬(inverse matrix)을 구해 비행기 제어 시스템에 적용하면 된다. 비행기를 자동으로 자세 제어하기 위해서 행렬을 이용하고 있으며 이는 탑재된 컴퓨터로 간단하고 편리하게 계산된다. 행렬은 복잡한 항공기의 운동 방정식을 간편하게 표현하고 컴퓨터로 계산해 해석하는 데 유용하다.

조종사의 조작이 필요 없는 자동 조종 장치

자동 조종 장치는 각종 센서나 컴퓨터의 발달로 가능해진, 비행기의 자세나 고도를 자동으로 유지하거나 바꿀 뿐만 아니라 목적지까지 자동으로 유도하며 자동 착륙도 하는 설비다. 자동 조종 장치의 구성은 기종에 따라 다양하지만, 보통 다음과 같은 시스템으로 구성된다. 대표적으로 ① 자동 비행 제어 시스템(automatic flight control system) ② 자동 출력 장치(auto throttle system) ③ 비행 관리 시스템 또는 성능 관리 시스템(performance management system, PMS) 등이 있으며, 고속 순항에 필요한 보조 장치로 ④ 요 댐퍼 시스템(yaw damper system) ⑤ 마하 트림 보상 장치(Mach trim compensator) 등이 있다.

자동 비행 제어 시스템은 비행 중에 교란으로 변화한 상태를 다시 설정 값에 맞추어 자동으로 조종해 주며, 자동 출력 장치는 정해진 속도를 맞추기 위해 엔진 출력을 조절한다. 비행 관리 시스템은 제공된 각종 데이터(위치, 속도, 방위, 자세, 풍향과 풍속, 연료량, 항공기 중량, 입력된 비행 계획이다.)로 자동 조종 장치와 자동 출력 장치에 유도 명령을 제공해 항공기가 입력된 계획대로 비행하도록 제어한다. 여기에 최적 경제 속도와 고도를 산출하는 기능이 추가되며 비행 관리 시스템이 성능 관리 시스템으로 발전했다.

요 댐퍼 시스템과 마하 트림 보상 장치는 각각 더치 롤(네덜란드식 스케이팅 폼과 비슷하게 롤링과 요잉을 주기적으로 반복하는 비행 운동이다.)을 감쇄시키는 역할과 음속 근처에서 공력 중심(7장 참조)이 앞으로 이동함에 따라 생기는 피칭 모멘트를 막기 위해 피치 트림을 제공한다.

자세를 자동으로 제어하기 위해서는 비행기 자체의 정확한 데이터와 시시각각 변하는 난기류, 연료 소모로 인한 무게 중심 변화 등을 고려해 최적의 수치를 산출해야 한다. 또 비행기가 3차원 공간에서 한 축을 중심으로 회전하는 변환을 알기 위해서는 우선 선형 변환에 대해 이해해야 한다.

선형 변환은 한 벡터 공간에서 다른 벡터 공간으로 가는 선형성을 갖는 함수로 연산 성질을 보존해 주는 변환이다. 이러한 선형 변환은 $Y = aX+b$ 형식의 1차 방정식으로 정의되며, 어떤 변수에 상수를 곱하거나 나누거나 더하거나 빼서 일정한 규칙에 따라 다른 값으로 변환하는 것이다. 어떤 점수를 선형 변환으로 새로운 점수로 변환했을 때 점수 범위, 평균 등이 달라지기는 하나, 변환된 점수의 분포는 원점수 분포 모양을 유지한다. 100점

만점 시험 점수에 2를 곱해 200점 만점 시험 점수로 변환하는 셈이다.

선형 변환은 확대, 축소, 회전, 대칭 등으로 응용될 수 있으며, 이 중에서 회전은 비행기 자동 제어 시스템에서 자세 제어를 위해 활용된다. 행렬의 곱도 주로 행렬의 선형 변환을 통해 합성할 수 있으므로 편리하다. 선형 변환은 컴퓨터 그래픽, 음향 신호, 애니메이션, 공학적 제어 이론 등에 응용되고 있으며, 선형성을 갖는 특수한 함수인 행렬로 표현할 수 있다.

자동 비행 제어 시스템은 교란으로 변화한 비행 상태를 설정한 값에 맞추기 위해 현재 상태를 측정하는 각종 센서를 갖고 있다. 이 센서는 각도, 가속도, 속도, 고도, 방위각 등 각종 피드백 신호를 산출한다. 수시로 변하는 피드백 신호는 아래 그림과 같이 설정값과 비교되어 비행기를 원하는 방향과 속도로 비행할 수 있도록 제어한다. 만약 비행기가 교란으로 자세가 변경되더라도

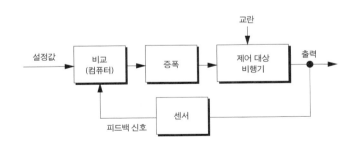

피드백 제어 시스템.

기준 설정값을 변경하지 않았다면 자동 비행 제어 시스템으로 인해 초기 설정값으로 돌아가게 된다.

소형 비행기는 현재의 상태를 측정하기 위해 각도나 속도를 측정하는 자이로, 속도계, 가속도계, 마하계, 방위계, 고도계, VOR/ILS 수신기, 자동 비행 장치 컴퓨터 등 다양한 센서와 장비를 보유하고 있다. 대형 비행기(여객기, 화물기, 군용 수송기 등)의 주요 센서는 소형기와 거의 유사하지만 정밀 센서가 추가되어 있으며, 비행 관리 컴퓨터를 비롯해 추력 조절 컴퓨터 등이 장착된다. 안전성 및 신뢰성을 확보하기 위해 중복으로 장착되므로 자동 조종 장치 일부가 고장이 나더라도 제어 불능 상태에 빠지지 않고 적절하게 작동한다. 대형기의 비행 관리 시스템은 위치, 속

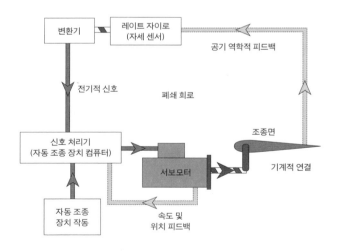

조종면 내부 루프 제어 시스템.

도, 방위, 자세, 바람 성분, 중량 및 연료량, 사전 입력된 비행 계획 등 각종 데이터를 받아 연산한 후 조종면 및 추력 조절 명령을 통해 대형기를 이륙 공항에서 목적 공항까지 자동으로 유도한다.

앞 쪽 그림은 조종면 제어 명령 과정을 통해 비행기의 자동 안정성을 제공하는 내부 루프 제어 시스템(inner loop control system)을 나타낸 것이다. 이는 레이트 자이로(rate gyro), 변환기(transducer), 신호 처리기(signal processor), 서보모터(servomotor), 조종면, 공기 역학적 피드백(aerodynamic feedback) 등으로 구성된다.

자세 센서인 레이트 자이로는 비행기가 직면한 교란을 감지하며, 변환기는 레이트 자이로의 기계적 움직임을 전기 신호로 변환한다. 자동 조종 장치 컴퓨터(신호 처리기)는 전기 신호를 입력 신호와 비교해 오류를 수정한 다음 서보모터로 신호를 전송한다. 이때 움직임에 따른 위치와 속도 수신과 비교로 오류를 검출하는 서보모터의 피드백 절차가 포함된다. 서보모터는 처리된 속도 및 방향에 비례해 조종면을 제어하며, 조종면은 유압, 공압 또는 전기식으로 제어된다. 자세를 제어한 후에는 레이트 자이로의 측정과 비교로 반복해서 안정된 상태로 되돌려 비행기가 맞닥뜨린 외부 교란을 제거한다.

비행기를 자동으로 제어하기 위해서는 센서로부터 획득한 많은 변수를 연산해야 하는데, 다양한 변수 및 수식을 하나의 행렬식으로 나타낼 수 있다. 또한 지표면상에 고정 좌표계를 설정하고 운동 방정식을 행렬로 나타낼 수 있다.

ICBM(intercontinental ballistic missile, 대륙 간 탄도 미사일)이나 장기 체공 무인기는 비행기와 달리 지구의 자전까지도 고려해야 한다.

비행기의 운동 방정식은 뉴턴의 운동 제2법칙(운동량 보존 법칙)으로 설명할 수 있으며, 병진 운동과 회전 운동에 대한 선형 운동량과 각운동량(angular momentum) 방정식을 비롯해 비행기 자세를 나타내는 방정식, 비행기 위치를 나타내는 방정식 등을 행렬로 유도할 수 있다. 그렇게 하나의 행렬식으로 표현하면 연립 방정식을 풀 때 편리하고 컴퓨터 계산 속도가 빨라 신속한 결과를 도출할 수 있다. 비행기는 컴퓨터를 통한 행렬 계산으로 시시각각 변하는 주변 환경에 즉각적으로 대응할 수 있는 것이다.

계기 착륙 장치와 자동 착륙

자동 조종 장치는 최신 비행기에 없어서는 안 될 중요한 요소이며, 비행기 기능 대부분을 제어하기 때문에 신뢰성이 무엇보다도 요구된다. 자동으로 자세나 고도를 제어하며, 계기 착륙 장치가 설치되어 정밀 접근이 가능하다면 자동 착륙도 가능하다.

비행기가 자동으로 착륙하기 위해서는 활주로의 계기 착륙 장치를 통해 지상에서 활주로 중심선, 활공각, 거리 정보 등을 제공받아야 한다. 계기 착륙 장치에는 활주로 진입 코스 수평 가이드를 제공하는 로컬라이저, 진입 코스 수평 정렬이 마무리 될 즈음 수직 가이드를 제공해 정밀 강하를 돕는 글라이드 슬로프, 활주로의 진입점이나 착륙점까지의 위치를 중간 점검해 볼 수 있는

독일 하노버 공항의 로컬라이저 발신기(왼쪽)와 글라이드 슬로프 발신기(오른쪽).

마커 비컨(marker beacon) 등이 있다. 이러한 활주로 접근 및 착륙 유도를 위한 국제 표준 시설은 1947년 국제 민간 항공 기구가 채택한 것이다.

비행기가 자동으로 착륙하기 위해서는 기본적으로 로컬라이저와 글라이드 슬로프로부터 오는 지향성 전파를 수신해야 한다. 이것은 비행기가 일정한 경로를 따라 바르게 진입해 정확한 접지 지점에 착륙하는 것을 가능하게 한다. 역대 착륙 사고 중에는 글라이드 슬로프와 같은 공항 활주로의 송신 장치 고장으로 비행기가 수동 또는 비정밀 접근으로 착륙하다가 발생한 경우도 있다. 여객기 부기장은 착륙 경험을 쌓을 기회가 주어지면 자동 대신 수동으로 착륙하기도 한다.

로컬라이저는 비행기가 활주로의 중심선상에 정확하게 진입하고 있는지를 알려 주는 장치를 말한다. 로컬라이저 발신기는 활주로의 맨 끝에서 약 1,000피트 떨어진 지점에 성냥개비를 일렬로 정렬해 놓은 모양으로 설치된다. 활주로 중심선의 한쪽 측

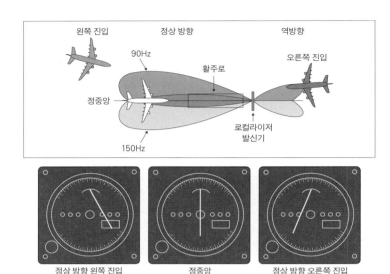

로컬라이저 발신기에서 발생하는 신호와 로컬라이저 지시기.

면에서 비행기가 활주로에서 18해리(33.3킬로미터) 떨어진 곳에서는 좌우 10도까지 수신되며, 10해리 떨어진 곳에서는 좌우 35도까지 감지가 가능하다.

계기 착륙 장치 수신기는 로컬라이저로부터 전파를 수신해 90헤르츠와 150헤르츠의 성분으로 분리하고 두 신호의 변조도를 비교한다. 로컬라이저 지시기는 비행기가 활주로 중심선으로 접근하는 경우 90헤르츠와 150헤르츠 성분의 크기가 동일하므로 정중앙을 지시한다. 활주로 오른쪽에서 진입하는 경우에는 150헤르츠 변조 성분이 강하고, 왼쪽에서 진입하는 경우에는 90헤르츠 변조 성분이 강하다. 이러한 두 변조도 차이를 비례적으로 로컬라이저 지시기에 표시하거나 자동 조종 장치로 보낸다. 예를 들어 비행기가 활주로 중심선에서 왼쪽으로 벗어나면 로컬라이저 지시기는 오른쪽으로 벗어난다. 일부 활주로에는 로컬라이저가 한쪽만 설치되어 있는데, 이런 경우 반대 방향에서 정밀도가 떨어지는 백 빔 로컬라이저를 사용할 수 있으며, 로컬라이저 지시기는 정상 방향과 반대로 작동한다.

글라이드 슬로프는 수평면에 대해 가장 안전한 착륙 각도인 3도의 진입 각도를 알려 주는 장치다. 글라이드 슬로프 발신기는 활주로 진입 말단으로부터 750~1,250피트(230~381미터) 후방에,

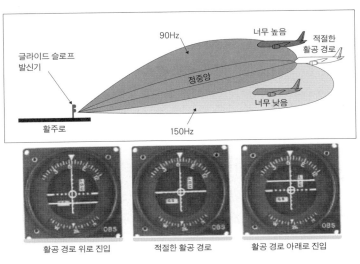

글라이드 슬로프 발신기에서 발생하는 신호와 글라이드 슬로프 지시기.

활주로 중심선에서 250~650피트(76~200미터) 옆에 설치된다. 로컬라이저와는 달리 한쪽으로만 전파를 내보내면서 접근하는 비행기의 활공 경로를 알려 준다.

글라이드 슬로프 지시기(glide slope indicator)가 중앙에 있지 않고 내려가 있을 때는 활공로보다 위에 있으므로 피치 자세를 약간 숙여 접근해야 한다. 반대로 지시기가 올라가 있을 때는 비행기가 정상 활공로보다 아래로 벗어나고 있으므로 피치 자세를 약간 들어 줘야 한다. 이렇게 지시기가 중앙에 위치하도록 하면 비행기는 적절한 진입 경로를 따라 활주로에 접근해 착륙한다.

활주로 연장선 위 세 지점에 설치된 마커 비컨은 지향성이 강한 전파를 활주로 진입로 위 특정한 위치 상공에 수직으로 발사하는 설비다. 약 3와트의 출력으로 역원추형의 VHF 전파를 발사해 비행기가 마커 비컨을 통과할 때의 위치 정보를 제공하는데, 이것을 수신하면 신호음과 램프의 점등으로 그 지점의 상공을 통과하는 비행기가 거리를 확인할 수 있다. 활주로 말단에서 4~7해리(7~13킬로미터)에 위치한 외측 마커 비컨은 조종사에게 활주로까지의 수평 거리를 파악할 수 있게 해 준다. 이때 조종석의 마커 비컨 지시기는 신호음과 파란색 불빛을 깜박거려 알려 준다. 중간 마커 비컨은 활주로 끝에서 약 3,500피트(1,067미터) 지점에 위치해 높이 60미터를 알려 주고, 마커 비컨 지시기는 신호음과 호박색 불빛을 깜박거린다. 내측 마커 비컨은 활주로 끝에서 250~500피트(76~152미터) 지점에 위치해 높이 30미터를 알

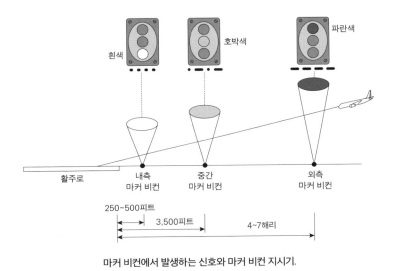

마커 비컨에서 발생하는 신호와 마커 비컨 지시기.

려 주고 마커 비컨 지시기는 신호음과 흰색 불빛으로 신호한다.

계기 착륙 시설을 통해 여객기는 정확한 진입 경로에서 어느 정도 거리에 떨어져서 상하 및 좌우로 얼마나 벗어났는지 실시간으로 알 수 있다. 자동 조종 장치는 계기 착륙 시설과 신호하며 강하율을 줄이고 부드럽게 착륙하기 위해 자동으로 당김 조작(플레어)을 하며, 스러스트 레버도 아이들 상태까지 자동으로 움직인다. 접지 후에는 활주로 중심선을 유지하면서 자동으로 감속 주행한다. 그러므로 비행기는 로컬라이저와 글라이드 슬로프, DME(distance measuring equipment, 거리 측정 장치), 마커 비컨 등과 같은 장비 덕분에 활주로 진입 경로에서 벗어나지 않고 자동으로 활주로에 착륙할 수 있다. 착륙하는 비행기 자세를 제어하는 메커니즘은 행렬이라는 수학적 해법으로 계산 가능하다.

방대한 정보를 한꺼번에 제공하는 주 비행 표시 계기

주 비행 표시 계기는 가장 기본적인 비행 정보를 알려 주는 장치다. 기존의 아날로그 방식 조종석은 비행 정보를 하나밖에 나타낼 수 없는 문제점이 있는데 이를 해결하기 위해 다양한 정보를 한꺼번에 나타낼 수 있는 주 비행 표시 계기가 출현했다. 주 비행 표시 계기는 조종할 때 가장 기본이 되는 속도와 방향, 자세계, 고도계, 수직 속도계가 표시되는 장치로 방대한 정보를 한눈에 제공해 필수 정보를 간과하는 오류를 줄이고 조종사가 좀 더 적극적이고 정밀하게 비행기를 조작할 수 있게 진화한 것이다.

다음 그림에서 주 비행 표시 계기는 보잉 737 여객기가 착륙하기 위해 접근하는 동안의 비행 정보를 나타낸다. 계기 중앙 사각형의 자세계는 가상 수평선을 기준으로 항공기의 피치와 롤 자세를 표시하며 그 아래에는 반원형으로 방향을 나타내는 방위 지시계가 있다. 현재 방위는 자침 323도(자북 방향은 0도 또는 360도)를 보여 준다. 비행 경로는 자북(magnetic north) 또는 진북(true north)을 기준으로 비행 방향을 정하고 있다. 방위 지시계 위에 'MAG'로 표시되어 있어 자북을 기준으로 비행하는 상태다. 만약 진북을 이용해 비행할 경우는 'TRU'로 표시된다. 주 비행 표시 계기 상단의 직사각형은 세 영역으로 구분되어 있는

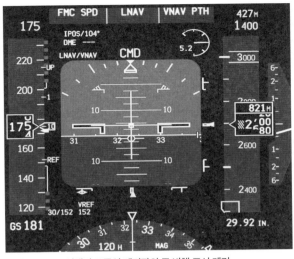

보잉 737-800 여객기 조종석 계기판의 주 비행 표시 계기.

데, 왼쪽은 속도 유지를 위한 추력 제어 상태를 나타낸다. 지금
은 자동 상태에서 비행기의 비행 컴퓨터가 속도를 조절함을 의
미한다. 세 영역의 중앙 및 오른쪽은 항법 컴퓨터에 입력되어 있
는 항로를 따라가는 모드를 나타내는 것으로 'LNAV'는 수평 항
법, 'VNAV PTH'는 수직 항법으로 비행하는 상태를 나타낸다.
조종사는 비행기의 조종을 위해 계기판 상단의 계기 조작판(main
control panel, MCP)에서 속도뿐 아니라 고도, 방향 등을 설정해
원하는 비행을 할 수 있다.

　계기 착륙 장치를 사용한 착륙을 위해서 지상의 전파를 수신
해 비행기의 위치를 파악하며 방향은 로컬라이저, 강하각은 글라

이드 슬로프 신호에 따라 착륙을 시도하게 된다. 앞 쪽의 주 비행 표시 계기는 아직 최종 경로의 상태로 계기 접근이 시작되기 전이라서 자세계 하단의 로컬라이저 심볼(다이아몬드)이 한쪽으로 치우쳐 있다. 이것은 로컬라이저 신호가 수신되고 있으나 계기 접근은 아직 개시 전으로 최종 경로에 접근하고 있는 상태를 나타낸다.

자세계 화면 중앙에 대칭으로 있는 기역자(ㄱ)는 비행기의 날개를 형상화한 심볼이며, 상승각과 강하각을 나타내는 피치각 지시계가 있다. 자세계 상단 부분에 경사각을 나타내는 눈금(bank index)이 있다. 계기 가운데 십자선으로 표시된 플라이트 디렉터 바(flight director bar)는 계기 착륙 시 최종 경로상의 수평과 수직의 정밀 가이드를 제공한다. 플라이트 디렉터 정보는 고도에 따른 강하율, 비행 방향, 비행기 속도, 바람 등을 고려한 통합 데이터를 바탕으로 하므로 조종사가 수동으로 조작을 하는 경우 십자(+) 표시 가운데 있는 사각형 내에 정렬하기만 하면 공중에서 지시된 방향과 고도를 유지하거나 계기 착륙 장치 전파에 따른 고도와 방향이 정확히 일치하는 상태로 비행기를 착륙시킬 수 있다.

자세계의 왼쪽과 오른쪽에 있는 수직 막대는 각각 속도 175노트(시속 324킬로미터)와 고도 2,690피트(820미터)를 나타낸다. 또한 고도를 나타내는 고도계 우측의 수직 속도계는 고도가 변하는 속도를 표시한다. 이러한 주 비행 표시 계기가 예비 조종사에게는 매우 복잡하다고 느껴질 수 있지만, 숙달된 조종사에게는 한눈에 아주 많은 비행 운항 정보를 집약해서 제공해 준다.

비행 운항 정보 이외에도 주 비행 표시 계기에는 계기 착륙 장치인 로컬라이저 지시기, 글라이드 슬로프 지시기, 항법 마커 정보 등이 있다. 로컬라이저 지시기는 중앙에 있는 자세계의 아래에, 글라이드 슬로프 지시기는 자세계의 우측에 다이아몬드 모양으로 나타난다. 이것들은 VOR/LOC(B-737) 버튼을 선택하는 경우 스케일과 함께 심볼이 나타난다. 앞 쪽의 그림은 계기 접근을 선택하기 이전으로서 로컬라이저와 글라이드 슬로프 신호가 활성화되어 있지 않다. 마커 비컨 램프는 보통 글라이드 슬로프 지시기 밑에 있으며, 외측, 중간, 내측 마커 비컨을 통과할 때 각각 파란색, 호박색, 흰색을 나타낸다.

자동 착륙 시 기종에 따라 차이는 있지만, 일반적으로 20~40 피트부터 착륙을 위한 자세 변화를 시작하는 플레어(FLARE)모드가 작동된다. 착륙 후에 일정 속도가 되면 항공기의 자동 제동 장치가 작동을 시작해 속도를 줄인다.

선형 대수가 포함된 자동 조종 장치

자연과 사회에서 나타나는 현상 중 많은 것을 모든 변수가 1차 항으로만 표현된 선형 방정식으로 표현할 수 있다. 12장에서는 비행기의 자동 비행 제어 시스템에 선형 대수가 어떻게 응용되는 지 행렬을 유도해 조사하면서, 비행기 자세를 유지하거나 변경하기 위해 만든 선형 방정식을 행렬과 벡터 공간 이론을 통해 편리하게 계산할 수 있음을 밝혔다. 비행기의 움직임에는 행렬과 벡터 공간 이론을 포함한 선형 대수라는 수학이 숨어 있다. 비행기가 자동으로 하늘을 날고, 다시 땅에 착륙하는 일도 선형 대수가 없었다면 불가능했을 것이다.

1. 암호 이론(theory of cryptography)은 정수론, 조합 수학, 대수학, 정보 이론 등 고급 수학 이론에 기반을 둔다. 암호화를 하는 데 있어서 행렬이나 함수를 이용하고 복호화에는 역행렬과 역함수 성질을 이용한다.

영국의 수학자 앨런 튜링(Alan Turing)은 제2차 세계 대전 당시 독일군이 에니그마(enigma, 제2차 세계 대전 중 독일이 군사 기밀을 회전자로 암호화한 기계)로 만든 암호를 해독해 전쟁을 빨리 끝내는 데 지대한 공헌을 했다.

암호화 및 복원 과정을 조금 더 쉽게 이해하기 위해서 행렬을 이용한 문제를 풀어 보자. 알파벳을 숫자와 대응하는 암호화 과정은 다음과 같다.

A	B	C	D	E	F	G	H	I	J	K	L	M	N
1	2	3	4	5	6	7	8	9	10	11	12	13	14

O	P	Q	R	S	T	U	V	W	X	Y	Z	
15	16	17	18	19	20	21	22	23	24	25	26	27

암호화 과정을 따라, 'I LIKE HIM'라는 문장을 숫자로 대응해 보면 아래와 같은 번호를 얻을 수 있다.

	I		L	I	K	E		H	I	M
A =	9	27	12	9	11	5	27	8	9	13

암호 키인 행렬 $P = \begin{pmatrix} 3 & 1 \\ 1 & 2 \end{pmatrix}$를 이용해 암호화하고 복호화해 보자. A를 2×5 행렬 Q로 나타내면 다음과 같다.

$$Q = \begin{pmatrix} 9 & 27 & 12 & 9 & 11 \\ 5 & 27 & 8 & 9 & 13 \end{pmatrix}.$$

이것을 암호화하기 위해 행렬 P를 곱하면

$$PQ = \begin{pmatrix} 3 & 1 \\ 1 & 2 \end{pmatrix}\begin{pmatrix} 9 & 27 & 12 & 9 & 11 \\ 5 & 27 & 8 & 9 & 13 \end{pmatrix}$$

$$= \begin{pmatrix} 32 & 108 & 44 & 36 & 46 \\ 19 & 81 & 28 & 27 & 37 \end{pmatrix}$$

이 된다.

이것을 다시 풀기 위해 P의 역행렬을 구하면

$$P^{-1} = \begin{pmatrix} \dfrac{2}{5} & -\dfrac{1}{5} \\ -\dfrac{1}{5} & \dfrac{3}{5} \end{pmatrix}$$ 이므로 행렬 Q는 다음과 같다.

$$Q = \begin{pmatrix} \dfrac{2}{5} & -\dfrac{1}{5} \\ -\dfrac{1}{5} & \dfrac{3}{5} \end{pmatrix} \begin{pmatrix} 32 & 108 & 44 & 36 & 46 \\ 19 & 81 & 28 & 27 & 37 \end{pmatrix}.$$

행렬 Q를 구해 암호를 풀어라.

2. 종전의 조종석 계기판은 바늘로 나타내는 기계식 아날로그
(analogue) 계기판이었지만, 현재는 컴퓨터로 제어되는 디지털(digital)
방식으로 간단하고 명료한 정보를 제공해 준다. 아날로그는 어떤 수
치를 연속된 물리량으로 나타내는 것이며, 디지털 방식은 연속된 정
보를 불연속적인 정보로 나타낸다는 의미의 '양자화(digitalization)'
에서 비롯되었다. 즉 연속적인 데이터를 한 자리씩 끊어서 취급하는
방식이라고 말할 수 있다.

디지털 계기 표시 장치는 정밀도가 높고 애매모호한 점이 없다는
특징이 있어 비행기 조종석 계기판에 응용되었다. 현재의 조종석은
디지털 화면으로 단순화된 글라스 콕핏으로 조종사가 많은 계기를
일일이 확인하지 않고 몇 개의 주요 화면만 집중할 수 있도록 해 조종
사의 업무 부담을 줄여 주고 있다.

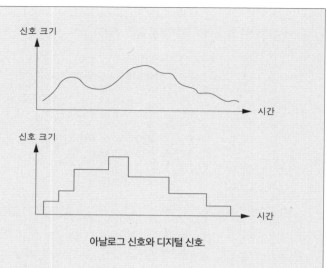

아날로그 신호와 디지털 신호.

글라스 콕핏에 사용되는 컴퓨터는 디지털 정보에 대한 각종 연산을 수행하는 장치이며, '양자화'된 정보를 0과 1의 두 가지 상태의 전기적 신호로 간단하게 표현한다.

KC-100 나라온의 글라스 콕핏.

휴대폰에서 전달하는 정보도 거의 모든 전자 기기와 마찬가지로 디지털 정보다. 전기 회로가 동작하는 상태를 0과 1로 표시하면 간편하므로 디지털을 활용하게 되었다. 즉 디지털 방식의 전기 회로는 전기가 통하지 않으면 0, 전기가 통하면 1로 표시하는 것이다. 이처럼 컴퓨터에 널리 쓰이고 있어 디지털 시대에 막강한 위력을 과시하는 수 체계를 설명하라.

13장

관성 기준
시스템과
미적분

관성 기준 시스템(inertial reference system, IRS)은 개량된 관성 항법 시스템(inertial navigation system, INS, 관성 센서로 자세, 방위, 거리 등을 측정하는 자립 항법 시스템이다.)으로 거의 모든 여객기에 위성 항법 시스템과 함께 장착돼 있다. 위성 항법 시스템으로 비행기의 자세까지는 알아낼 수 없기 때문이다. 목적지에 도달하기 위해서는 비행기의 자세뿐만 아니라 가속도를 산출하고, 비행기 자체의 속도 및 고도, 수평 위치를 계산해 알고 있어야 한다. 그러기 위해서는 관성 기준 시스템과 위성 항법 시스템을 통해 비행기의 위치를 확인할 뿐만 아니라 움직임을 계속 추적해야 한다. 이때 필요한 개념이 미분과 적분이다.

비행기에서 표현하는 속력의 정의에는 극한과 미분의 개념이 숨어 있다. "현재 이 비행기의 속력은 시속 900킬로미터."라는 말은 $\frac{\triangle x}{\triangle t}$ 에서 $\triangle t$ 가 무한히 작아지는 극한값인 순간 속력을 의미한다. 어떤 함수나 운동의 순간 변화율을 나타내는 미분과, 잘게 나눈 것을 쌓는 것을 의미하는 적분은 서로 상대되는 개념이다. 비행기에는 거리를 직접 측정할 수 있는 센서는 없지만, 가속도를 측정할 수 있는 센서는 장착되어 있다. 가속도 측정 센서는 1초에 수십 번 이상 비행기의 가속도를 측정하고, 측정한 가속도를 컴퓨터로 연산한다. 여기서 핵심은 적분이며, 가속도를 적분해 속도를 구하고, 속도를 적분해 변위를 구한다. 또 적분은 비행기의 면적과 체적 계산에 유용하며 특히 비행기 동체 전후 방향에서의 단면적은 비행기 항력 성능을 결정하는 데 중요한 형상 정보다.

함수의 극한

아이작 뉴턴과 고트프리트 빌헬름 라이프니츠는 각자 독자적으로 무한소를 이용한 계산법(미적분)을 발견했다. 뉴턴이 발견한 유율법(fluxion)은 기하학을 바탕으로 순간적인 변화량을 구하는 방법이다. 한편 라이프니츠가 창시한 무한소 미적분은 함수 $f(x)$에서 x가 무한히 작은 미분의 변화량을 가질 때 함수 $f(x)$의 변화량을 구하는 방법을 말한다. 그는 미분 기호 d와 적분 기호 $\int$의 창안자이기도 하다.

두 사람은 서로 미분의 업적 소유권 문제로 장기간 논쟁했지만, 지금은 서로 독자적인 방법으로 미분을 발견했다고 평가된다. 당시 미적분은 논리가 미흡했기 때문에 주위로부터 많은 비판을 받았다. 그래서 미흡한 미적분의 논리적 토대를 마련하기 위해 수열의 극한이 정의되었고 이어 함수의 극한도 정의되었다. 극한은 접근을 바탕으로 한 수학적 개념으로, 미적분학의 기초가 된다. 예를 들어 유체 역학에서 표현하는 밀도에 대해 알아보자. 점은 위치만 있고 크기가 없으므로 점에서의 밀도를 언급하는 것

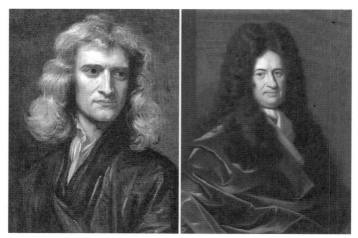

아이작 뉴턴(왼쪽)과 고트프리트 빌헬름 라이프니츠(오른쪽).

은 말이 안 된다고 생각할 수 있다. 그러나 연속체 역학에서 밀도
는 그 위치에서의 극한값으로 아주 작은 체적에 아주 작은 양이
있다고 생각할 수 있다. 그러므로 임의의 어떤 점에서 밀도가 얼
마인가를 얘기할 때 극한의 개념이 들어가 있는 것이다.

수열의 극한은 무한수열 $\{a_n\}$에서 n이 무한대로 커짐에 따라
a_n이 일정한 값 α에 무한히 접근하는 것을 말한다. 수열의 극한
값 또는 극한 α는 다음과 같이 나타낸다.

$$\lim_{n \to \infty} a_n = \alpha.$$

그렇지만 변수 x가 한없이 어떤 값 a에 가까워질 때 x는 a에

수렴한다고 하며, $x \to a$로 나타낸다. 함수의 극한은 함수 $f(x)$에서 x가 어떤 값 a에 무한히 접근함에 따라 함수 $f(x)$도 어떤 값 b에 한없이 접근하는 것을 말한다. 함수의 극한은 x가 특정점에 가더라도 성립하는데 이것이 바로 수열의 극한과 다른 점이다. 변수 $x \to a$일 때 함수 $f(x)$가 b에 수렴한다고 하고, b를 함수 $f(x)$의 극한값 또는 극한이라 한다. 이것은 보통 다음과 같은 기호로 나타낸다.

$$\lim_{x \to a} f(x) = b.$$

연구실에서 실험 재료를 반복해 섞을 때 실제로 무한히 반복

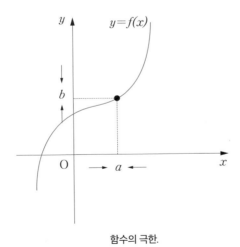

함수의 극한.

할 수는 없지만, 극한의 개념을 응용해 무한히 반복한 결과를 얻을 수 있다. 그러므로 여기에 실험을 무한히 반복하지 않고도 결과를 예측할 수 있는 수학의 기법이 숨어 있는 것이다.

함수의 도함수를 구하는 미분

뉴턴은 유율법을 만들어 미적분에 이용했다. 유율의 비는 무한히 작은 시간 간격 사이에 발생하는 두 증분량의 비를 의미한다. 라이프니츠 또한 무한소 문제를 풀려고 미적분을 발명해 곡선의 접선, 곡률 반지름, 무게 중심 등을 구할 때 사용했다. 한편 방사성 붕괴에 대한 미분 방정식의 해는 방사성 동위 원소의 양에 비례하는 지수적 감쇠(exponential decay)로 나타나 이를 이용해 화석이나 암석의 나이를 측정할 수 있다. 이렇게 유용하게 사용되는 미분에 대해 좀 더 알아보자.

시간에 따른 위치 그래프에서 평균 속력 $\overline{v}$ 는 두 점을 맺는 직선의 기울기로 평균 변화율 $\overline{v} = \dfrac{\triangle x}{\triangle t}$ 로 나타낼 수 있다. 변화 구간이 주어지지 않은 어느 순간에서의 속력은 어떻게 구할 수 있을까? 시각이 t 일 때의 순간 속력으로 구한다.

순간 속력은 함수 $x = f(t)$ 에서 $\triangle t$ 가 한없이 0에 가까워질 때의 평균 변화율의 극한으로 표현할 수 있다.

$$v = \lim_{\triangle t \to 0} \frac{\triangle x}{\triangle t}$$

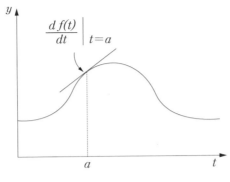

함수 $f(t)$의 미분.

$$= \lim_{\triangle t \to 0} \frac{f(t + \triangle t) - f(t)}{\triangle t}$$

$$= \frac{dx}{dt}.$$

이러한 극한은 t에 대한 x의 도함수라 하며 미분 기호 $\dfrac{dx}{dt}$로 나타낸다. 함수 $x = f(t)$의 도함수는 함수 $f(t)$의 그래프에서 t의 좌표가 t인 점에서의 접선 기울기를 나타낸다. 그러므로 함수 $f(t)$의 도함수는 특정 점에서 접선 기울기를 임의의 점에서 접선 기울기로 바꿔 나타낸 것으로 상수를 변수로 바꾸어 놓은 것과 같다.

일반적으로 함수 $f(x)$의 도함수 $f'(x)$는 $f(x)$의 임의의 점에서의 접선 기울기를 의미하며, 도함수를 구하는 것을 함수 $f(x)$를 x에 대해 미분한다고 한다. 한편 함수가 $x = f(t)$로 표현될 때 시각 t에서의 순간 가속도의 크기 a는 다음과 같이 표현된다.

$$a = \lim_{\triangle t \to 0} \frac{\triangle v}{\triangle t}$$
$$= \frac{dv}{dt}.$$

예를 들어 위치 함수 x가 t^2으로 표현될 때 시간이 t에서 $t + \triangle t$까지 변할 때 속력은 $v = \dfrac{\text{이동 거리}}{\text{시간 변화}}$이므로 평균 속력은 다음과 같다.

$$v = \frac{(t + \triangle t)^2 - t^2}{(t + \triangle t) - t}$$
$$= 2t + \triangle t.$$

시간 변화를 나타내는 $\triangle t$가 무한히 0에 접근한다고 하면 평균 속력이 순간 속력이 되며 순간 속력은 $\dfrac{\triangle x}{\triangle t}$의 극한값인 $2t$가 된다. 순간 속력은 위치 함수 t^2을 시간에 대해 미분한 값인 $2t$이며, 시각 t에서의 순간 속력 v의 도함수인 2는 시각 t에서의 순간 가속도의 크기에 해당한다. 미분은 어떤 함수나 운동의 순간적인 변화율을 서술하는 방법을 말한다. 그러므로 미분은 산의 경사도, 함수의 기울기, 속도 등을 표현하는 데 유용하다.

항공기 안정성 판별식에 유용한 편미분

수학에서는 미분 이외에 편미분(partial derivative)이란 용어도 사용한다. 이 둘의 차이점은 무엇일까? 편미분은 하나의 변수에 대한 미분이 아니라, 둘 이상의 변수에 종속된 다변수 함수 $g(x, y)$에 대한 순간 변화율 $\dfrac{\partial g}{\partial x}$, $\dfrac{\partial g}{\partial y}$를 의미한다. 다변수 함수 $g(x, y)$에서 y를 일정하게 유지할 때 x에 따른 함수 $g(x, y)$의 순간 변화율은 다음과 같이 정의된다.

$$\frac{\partial g}{\partial x} = \lim_{\Delta x \to 0} \frac{g(x + \Delta x, y) - g(x, y)}{\Delta x}.$$

이와 같은 $\dfrac{\partial g}{\partial x}$는 x에 대한 함수 $g(x, y)$의 편미분이며, 유사한 방법으로 x를 일정하게 유지할 때 y에 따른 $g(x, y)$의 순간 변화율, 즉 편미분 $\dfrac{\partial g}{\partial y}$를 구할 수 있다.

예를 들어 다변수 함수가 $g(x, y) = x^3 + y^3$일 때 y에 대한 편미분 $\dfrac{\partial g}{\partial y}$는 다음과 같이 구할 수 있다.

$$\begin{aligned}
\frac{\partial g}{\partial y} &= \frac{\partial \left(x^3 + y^3 \right)}{\partial y} \\
&= \frac{\partial x^3}{\partial y} + \frac{\partial y^3}{\partial y} \\
&= 0 + 3y^2 \\
&= 3y^2.
\end{aligned}$$

이러한 편미분은 항공기의 안정성을 판별하는 방정식이나 우주선의 궤도 방정식(orbit equation) 등을 전개할 때 유용하게 사용된다. 또한 세로 정안정성을 판별하는 피칭 모멘트 계수의 기울기를 구할 때도 편미분을 사용한다. 피칭 모멘트 계수가 받음각뿐만 아니라 다른 변수에도 종속되기 때문이다.

잘게 나눈 것을 쌓는 적분

항공 분야에서 비행기의 면적 및 체적을 계산하는 데 유용하게 활용되는 적분 기호 $\int$ 는 Sum의 첫 글자인 S를 길게 늘어뜨린 것이다. 뉴턴과 라이프니츠가 17세기에 미분법을 고안한 것에 비해 적분법은 훨씬 역사가 깊다.

적분의 선구자로는 고대 그리스의 대표적인 과학자인 아르키메데스(Archimedes)가 꼽힌다. 그가 기원전 3세기에 도형의 면적이나 부피를 계산할 때 현대의 적분과 유사한 방법을 사용함으로써 적분의 아이디어를 처음으로 생각해 냈기 때문이다. 그는 포물선(parabola)으로 둘러싸인 면적을 구하기 위해 면적을 삼각형과 사다리꼴로 나눠 무한히 많은 도형으로 만들어 계산했다. 도형의 개수가 증가할수록 포물선에 둘러싸인 면적에 접근하므로 적분과 유사한 방법인 것이다. 삼각형과 사다리꼴로 표현한다면 쉽게 면적을 계산할 수 있는 방법을 사용한 것이다. 또 그는 구의 부피는 같은 높이의 원기둥의 부피에 대해 3분의 2라는 것을 밝혀냈다.

구에 외접하는 원기둥은 아르키메데스의 구에 관한 업적을 잘 나타내며, 그의 묘비에도 새겨져 있다. 구에 외접하는 원기둥

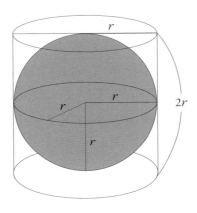

구에 외접하는 원기둥.

의 밑면은 반지름이 r인 원이고, 높이는 $2r$이므로 원기둥의 부피는 다음과 같다.

$$V_{\text{cylinder}} = \pi r^2 \times 2r$$
$$= 2\pi r^3.$$

그리고 반지름 r인 구의 부피는 외접하는 원기둥 부피의 3분의 2이므로 다음과 같다.

$$V_{\text{sphere}} = \frac{4}{3}\pi r^3.$$

아르키메데스는 저서인 『에라토스테네스에게 보내는 공학적 정리의 방법론(*Archimedes to Eratosthenes: Method for Mechanical Theorems*)』에서 구를 비롯해 다양한 도형을 무한소 양으로 쪼갠 다음 전체 양을 더하는 방식으로 도형의 면적, 부피 등을 구했다. 적분은 아르키메데스 이후 상당히 오랫동안 진전이 없다가 르네상스 시기에 이르러 이탈리아 수학자인 보나벤투라 카발리에리(Bonaventura Cavalieri)가 '카발리에리의 원리'를 발견하면서 크게 발전했다. 근대 미적분학이 정립되기 전이었기 때문에 이 원리는 매우 획기적이었으며, 각종 입체의 부피를 구할 수 있게 했다. 카발리에리는 부피를 잘게 쪼개어 적분하는 방법을 최초로 사용했고 적분학 발전에 크게 기여했다.

프랑스의 철학자인 르네 데카르트(René Descartes)는 해석 기하학의 창시자로 처음으로 좌표 개념을 도입했다. 이를 통해 그동안 따로 다뤘던 대수론과 기하학을 융합할 수 있었다. 이러한 업적은 이후 뉴턴과 라이프니츠가 제안하고 발전시킨 미적분학의 근간이 되었다. 1675년에 라이프니츠는 무수히 많은 도형을 그려 면적을 구한 아이디어에 착안해 $y = f(x)$ 곡선 아래의 면적을 계산하는 적분 계산법을 도입했다.

19세기에 이르러 프랑스의 수학자 오귀스탱루이 코시는 극한 및 연속성(continuity)에 관한 정의 등으로 미적분에 대한 개념을 정립했다. 독일의 수학자인 게오르크 프리드리히 베른하르트 리만(Georg Friedrich Bernhard Riemann)은 연속 함수 $f(x)$의 적분이 해당 구간에서 리만 합의 극한과 같다는 것을 증명했다. 그는 이와 함께 함수의 그래프와 해당 구간 사이에 놓여 있는 영역의 면적을 구하는 '리만 적분'이라는 수학 용어를 남겼다. 일반적으로 리만 적분은 극한으로 표현된 정적분(definite integral)을 의미하며 종전의 구분 구적법을 향상시킨 방법이다.

프랑스 수학자 앙리 레옹 르베그(Henri Léon Lebesgue)는 1902년 낭시 대학교 박사 학위 논문에서 새로운 적분 이론을 발표했다. 그것이 바로 종전의 리만 적분을 n차원의 일반적인 함수에 대해 확장한 르베그 적분이다. 리만 적분은 적분 영역을 세로로 나누지만, 르베그 적분은 가로로 나누어 계산한다. 르베그 적분은 리만 적분보다 많은 함수를 적분할 수 있고 극한 개념과 잘 어울리므로 확률론이나 해석학 분야에 많이 사용된다.

부정적분(원시 함수)은 어떤 함수 $f(x)$가 주어졌을 때, $F'(x) = f(x)$인 함수 $F(x)$를 말한다. 그러므로 $f(x)$의 부정적분은 $\int f(x)dx$로 나타낼 수 있으며 부정적분에는 적분 상수 C가 붙는다. 함수의 적분을 미분하면 원래의 함수로 돌아가고, 함수를 미분하고 적분하면 원래의 함수에 적분 상수 C가 붙게 된다. 예를 들어 함수 x^5을 미분하면 $5x^4$이며, $5x^4$의 부정적분은 $x^5 + C$가 된다. 부정적분은 미분의 역연산으로 다음과 같이 표현된다.

$$\int 5x^4 dx = x^5 + C.$$

함수 $f(x)$가 폐구간 $[a, b]$에서 연속일 때 $\lim_{n \to \infty} \sum_{k=1}^{n} f(x_k) \triangle x$

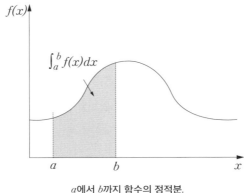

a에서 b까지 함수의 정적분.

를 $f(x)$의 a에서 b까지의 정적분이라 하며 $\int_a^b f(x)dx$로 나타낸다. 따라서 정적분은 구간을 무한히 작게 분할한 길이와 무한히 작은 각 구간에서의 함수의 대푯값을 곱해 합한 값을 말한다.

정적분은 정해진 구간이 있지만, 부정적분은 정해진 구간이 없다. 부정적분 $\int f(x)dx$를 알면 정적분 $\int_a^b f(x)dx$를 간단히 구할 수 있다.

미적분은 수학 자체로서도 의미가 있지만, 비행 속도와 비행 거리를 구하는 데에도 활용된다. 또 실생활에서 일어나는 사회 현상의 예측에도 광범위하게 쓰인다. 따라서 미적분학을 대학 입시만을 위해 배우는 것은 아니다.

미적분의 응용

미적분은 다양한 물리 현상을 설명하고 문제를 푸는 데 필요하다. 속력은 스칼라로, 이동 거리 S를 이동하는 데 걸린 시간으로 나눈 값을 말한다.

$$V_{avg} = \frac{S}{t}.$$

평균 속력은 순간순간에 대한 상세한 정보를 제공하지는 않는다. 순간 속력은 어느 특정한 시각 t에서의 속력을 말한다. 비행기가 날아갈 때 순간 속력은 다음과 같이 미분으로 표현할 수 있다.

$$v = \frac{dx}{dt}.$$

특정 순간에 얼마나 빨리 움직이는지는 미분의 정의가 나온 1600년대 후반이 되어서야 알 수 있었다. 일반적으로 속력이라는 단어는 순간 속력을 의미하며 미분이 응용된다.

미분은 항공 분야에서 광범위하게 활용되고 있지만, 특히 두 곡선 사이의 연속성을 판별할 때에도 활용된다. 날개, 동체 등을 비롯해 비행기 외형의 표면은 매끄럽게 연결되어 있지 않으면 표면 마찰 항력이 증가해 연료를 많이 소모하게 된다. 이를 방지하기 위해 미분을 활용하면 연속성을 만족하는지를 판단해 비행기 표면을 매끈하게 제작할 수 있다.

또 컴퓨터로 그린 그림이나 촬영한 사진을 휴대 전화에서 손

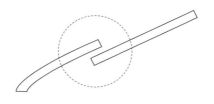

비행기 외형에 응용되는 미분.

으로 확대하거나 줄여도 깨지지 않는 것을 자주 경험한다. 이것은 그림을 수식으로 변환하고 확대할 때 수식을 미분함으로써 끊어지는 부분을 어떻게 연결해야 하는지 예측하기 때문이다. 변화량의 예측에 미분이라는 수학이 숨어 있다.

어떤 함수의 미분이란 앞에서 언급했듯이 그 함수의 도함수를 도출해 내는 것을 말한다. 도함수는 함수 $y = f(x)$를 미분해 얻은 함수 $f'(x)$를 의미한다. 미분 공식을 이용하면 다항 함수, 로그 함수, 지수 함수, 삼각 함수 등 다양한 함수들의 도함수를 비교적 쉽게 구할 수 있다. 자연과 사회 등에서 발생하는 현상은 1차 또는 2차 도함수 등으로 이루어진 미분 방정식으로 주로 표현되며, 미분 방정식을 적분해 실제적으로 어떤 값을 갖는지 예측 가능하다.

다음 쪽 그림은 초음속 고등 훈련기 T-50의 구성품별 단면적을 전후 길이에 따라 적분을 통해 나타낸 것이다. 적분은 다양한 분야에서 면적과 체적을 계산하는 데 유용하게 활용된다. 면적은 면적 요소를 더한 후 세분해 극한으로 표현된 정적분으로

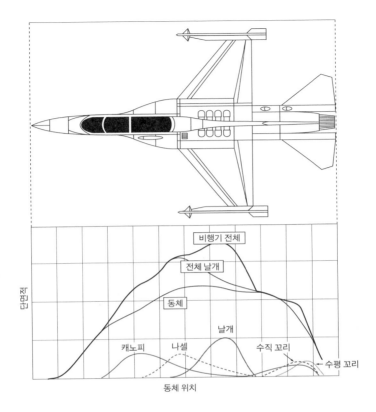

T-50 골든 이글의 구성품별 단면적 및 전체 단면적.

나타낼 수 있다. 체적도 면적과 마찬가지로 체적 요소를 더한 후 세분해 극한으로 표현된 정적분으로 표현할 수 있다.

위 그림과 같은 비행기 동체 위치에 따른 단면적은 항력 성능 결정에 아주 중요하다. 왜냐하면 비행기는 항력을 줄이기 위해 정면 면적(frontal area)을 가능한 줄인 유선형으로 제작해야 하기 때문이다. 만약 정면 면적을 줄이지 못하면 단면적 변화가 가능한 완만하도록 제작해 항력을 감소시켜야 한다. 그래서 적분을 통한 T-50의 구성품별 단면적으로 공기 역학적 성능을 향상시킬 수 있으며, 그래프를 봤을 때 급격한 단면적 변화를 찾아볼 수 없다.

이외에도 이미 4장에서 설명한 바와 같이 비행기의 항속 거리와 항속 시간을 나타내는 공식에 적분을 적용할 수 있으며, 적분으로 이동한 거리나 시간을 일일이 더할 필요 없이 비교적 간단히 계산할 수 있다.

항법 장치의 원리

국제 민간 항공 기구에서 기술 기준을 마련하고 전 세계 각국에서 구축하고 있는 항행 지원 시스템인 CNS/ATM(communication·navigation·surveillance/air traffic management, 통신·항법·감시/항공 교통 관리)은 각 구성 요소를 통합함으로써 글로벌화, 디지털화, 자동화를 이뤄 항공 운항의 안전성과 경제성을 제고하고 있다. 그중에서 항법 분야는 관성 항법 장치를 대폭 개선한 관성 기준 시스템과 위성 항법 장치를 기반으로 발전하고 있다. 지상 항행 안전시설보다 항공기에 장착된 위성 기반 항법 장비를 주로 운용하는 것을 성능 기반 항법(performance based navigation)이라 한다. 각종 항법 장치들은 삼각 함수, 미적분 등과 깊은 관련이 있는데

이에 대해 알아보자.

비행기나 선박과 같이 이동하는 물체가 목적지까지 정확하고 안전하게 이동하기 위해서는 자신의 현재 위치를 연속적으로 측정하면서 목적지까지의 방향, 거리, 소요 시간 등을 알아야 한다. 항법은 비행기를 정확하고 안전하게 목적지까지 도달시키기 위해 현재의 위치, 거리, 방향, 소요 시간 등과 같은 진로에 대한 정보를 제공하는 기술을 말한다. 공중 항법에서 가장 중요한 3가지 항목은 비행기 자신의 현재 위치를 파악하고, 목적지를 향하기 위한 비행 방향을 결정하며, 도착 예정 시간을 산출하는 것이라 할 수 있다.

그중에서 전자 항법(electronic navigation)은 지상 무선국이나 위성에서 송신하는 전파, 또는 비행기에 탑재된 전자 시스템을 이용해 현재의 위치, 방위, 거리 등을 파악해 운항하는 방식을 말한다. 전자 항법에는 전파 항법(무선 항법 시스템), 자립 항법 시스템, 위성 항법 시스템, 계기 착륙 장치 등이 있다.

1950년대 처음으로 도입된 VOR은 가시 거리 직진성을 이용한 단거리 항법 시설로 '초단파 전 방향 무선 표식'이라 하며, 항공기의 방향을 알아내는 장비다. VOR과 함께 설치되는 DME는 초고주파(ultra high frequency, UHF)의 직진성을 이용해 거리를 측정하는 항법 장비다. 이것은 비행기의 질문기와 지상국의 응답기 사이에서 신호가 왕복하는 시간을 계산해 거리를 측정한다.

비행기가 자북 방향을 360도(또는 0도)로 표시하는 VOR로

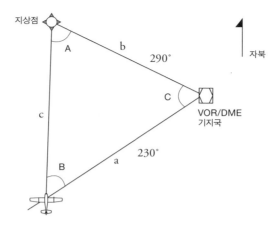

비행기 방향과 직선 거리 계산.

방향을 알고 DME를 통해 경사 거리(slant distance)를 파악하고 이를 통해 직선 거리를 알고 있다면 비행기의 위치를 알 수 있다. 여기서 비행기가 지상점까지 갈 방향과 직선 거리는 삼각 함수를 통해 구한다.

항법 장치의 원리인 삼각 함수는 이미 11장에서 다뤘다. 삼각법은 삼각형의 변과 각 사이의 양적인 관계에 따른 여러 가지 기하학적 도형을 연구하는 분야다. 삼각법의 하나인 사인 법칙은 삼각형에서 각과 변의 관계를 나타내는 법칙으로 다음과 같이 표현된다.

$$\frac{a}{\sin A} = \frac{b}{\sin B} = \frac{c}{\sin C}.$$

앞 쪽의 그림에서 각도 C는 60도이고, 현재 비행기와 VOR/DME 지상국 사이의 직선 거리 a를 알고 있으며, 지상점과 VOR/DME 지상국의 좌표로부터 두 지점 사이의 직선 거리 b도 알 수 있다. 그리고 각도 $A = 180° - B - C$ 이므로 미지수인 각도 B와 거리 c를 사인 법칙 방정식 2개로 계산할 수 있다. 그러므로 비행기가 지상점 또는 목적지까지 가기 위한 방향 B와 직선 거리 c를 알 수 있게 된다. 이것이 바로 삼각 함수를 이용한 항법 장치의 원리다.

비행기의 필수 장치, 자립 항법 시스템

자립 항법 시스템은 위성이나 레이다 등과 같은 외부 지원 시설의 도움 없이 비행기에 탑재된 자체 장비만으로 항법 정보를 얻는 설비다. 비행기를 비롯해 미사일, 우주선, 선박, 자동차, 무인기는 물론이고 정밀 측량, 해저 탐사, 위성 발사체 등에도 적용할 수 있다.

자립 항법 시스템에는 도플러 항법 시스템과 관성 기준 시스템이 있으며, 지금은 도플러 항법 시스템은 사용하지 않는다. 거의 모든 비행기는 관성 기준 시스템을 인공 위성의 전파를 활용한 위성 항법 장치와 함께 사용하고 있다.

비행기가 원하는 목적지에 도달하기 위해서는 비행기의 자세, 속도 또는 가속도를 산출하고, 비행기 자체의 고도, 수평 위치를 계산해 알고 있어야 한다. 비행기의 자동 조종 장치는 자세,

속도, 고도 등과 같은 정보를 센서가 감지해 항법 컴퓨터로 원하는 목적지를 향해 날개와 꼬리의 조종면을 조종하는 신호를 보낸다. 이를 위해 비행기의 항법 컴퓨터에는 계속 데이터가 공급돼야 하므로 출발 위치의 좌표를 기준으로 프로그램화된 관성 기준 시스템과 위성 항법 시스템을 통해 비행기의 위치와 움직임을 계속 추적한다.

관성 기준 시스템은 초기에 장거리 미사일에 탑재될 관성 항법 시스템으로 개발되었다. 자이로의 성질을 이용한 관성 항법 시스템은 처음으로 제2차 세계 대전 당시 독일의 V-2 로켓에 사용됐다. 더욱 개량된 관성 항법 시스템이 개발되고 유용성이 입증되어 1969년 보잉 747 점보 여객기에 도입된 후, 10년 이상 장거리 여객기에 기본 장비로 사용되었다. 1980년대까지도 비행기를 비롯해 아폴로 우주선과 미사일 등 장거리용 항법 시스템에는 거의 관성 항법 시스템이 사용되었다. 지금은 레이저 기반 스트랩다운(strapdown, 관성 센서를 짐벌을 사용하지 않고 비행기에 직접 부착한 상태다.) 방식의 관성 기준 시스템이 개발되어 가격도 저렴해지고 정확도도 더욱 향상되었다.

관성 항법 시스템은 비행기에 탑재된 관성 측정 장치(inertial measurement unit, IMU)를 바탕으로 비행기 진행 방향을 탐지할 뿐만 아니라 가속도를 검출해 이동한 거리를 구함으로써 비행 궤적을 추적, 기록해 자신의 항법 정보를 도출한다. 여기서 관성 측정 장치는 비행기의 자세 및 움직임을 측정하는 장치로 각속도를 측정하는 3차원 자이로와 가속도를 측정하기 위한 3축 가속도계로 구성된다. 기존의 관성 항법 시스템은 자이로 안정 플랫폼, 전자 컴퓨터 및 제어/디스플레이 패널 등 3가지로 구성된다. 자이로 플랫폼에서 서로 수직인 3축을 따라 측정된 가속도는 출발 조건과 관련된 속도 및 변위 데이터를 얻기 위해 컴퓨터에서 처리된다. 플랫폼은 일반적으로 이륙하기 전에 안정화되며, 비행기가 유도로로 이동하기 전 위치 및 속도 0이 출발 데이터다.

이러한 관성 항법 시스템은 날씨, 지형, 시계, 해면 상태, 전파 방해 등 외부 조건의 영향을 받지 않지만, 자이로의 특성상 고위도 지역을 비행할 때 국지 수평 유지가 어렵고, 장거리 비행 중에는 오차가 누적되는 단점이 있다. 또 극지방을 비행할 때 경도 값을 계산하지 못하는 문제점도 있다.

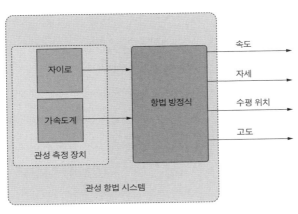

속도, 위치, 자세 등 항법 정보를 계산하는 관성 항법 시스템 개략도.

관성 항법 시스템을 나타낸 앞 쪽의 개략도를 살펴보면 관성 측정 장치, 센서 구동 및 신호 처리 회로, 항법 컴퓨터로 구성된다. 항법 방정식을 통해 관성 측정 장치에서 측정된 각속도와 가속도로 속도, 자세, 수평 위치, 고도 등을 나타낼 수 있다. 자이로는 시간당 몇 도 회전했는지 각속도를 연속적으로 측정하지만 적분 계산 과정, 지구 자전 등으로 오차가 발생한다. 계속 적분이 반복되기 때문에 약간의 오차만 있어도 오차가 커진다. 가속도계는 불연속적으로 가속도를 측정하지만, 자이로에 비해 빠르게 반응하기 때문에 정확하다.

관성 항법 시스템은 자이로의 기계적 특성 때문에 시간이 지남에 따라 오차가 누적되며 이를 편류 오차(drift error)라 한다. 아래 그림에서 지상점에 표시된 원(실제로는 구로 표시해야 한다.)은 고도 z축 오차를 무시하고 x축과 y축 오차만을 표시한 것이다. 반

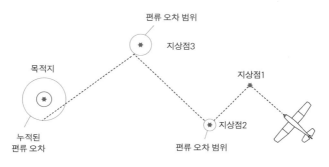

목적지까지 지상점이 3개인 경우 축적된 관성 항법 시스템 오차.

지름은 오차의 값으로 주어지는데 대개 1시간에 약 1해리(1.852킬로미터) 정도로, 2시간 비행한 후에는 누적된 편류 오차가 약 2해리(3.704킬로미터) 발생한다.

편류 오차를 줄이기 위해서는 특정 시간마다 오차를 보정해야 한다. 조종사는 비행 계획을 작성할 때 하나 이상의 지상점을 관성 항법 시스템 재조정 체크 포인트로 설정한다. 보정은 경도와 위도 고도를 아는 지정학적 지점을 날아가면서 수행되어야 한다. 그래서 특정한 산이나 언덕, 2개의 강이 합쳐진 곳 등 쉽게 인식해 정확하게 지나칠 수 있는 지형지물을 랜드마크로 설정한다. 조종사는 그 지상점을 정확히 지나가는 순간에 관성 항법 시스템에서 편류 오차를 0으로 재조정해 보정한다. TACAN(tactical air navigation system) 또는 VOR 기지국과 같은 항행 안전 시설도 체크 포인트로 사용할 수 있다. 관성 항법 시스템 재조정 횟수는 예상 비행 시간과 관성 항법 시스템 편류 속도(drift rate)에 따라 결정된다. 편류 속도가 시간당 1해리를 갖는 경우 대개 1~2시간에 1번 재조정한다.

가속도계의 원리

종래에 사용되던 기계식 가속도계는 스프링으로 연결된 질량과 직선 이동 측정 장치가 있으며 비행기 본체의 고정 구조물에 고정되어 있다. 다음 그림은 가속도계의 원리를 설명하기 위해 플랫폼 기계식 관성 항법 시스템의 개략도를 나타낸 것이다.

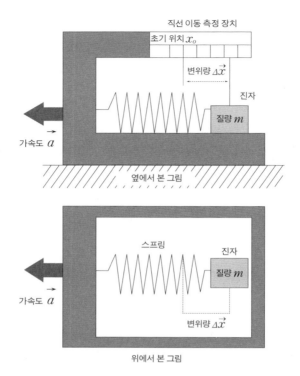

직선 이동 측정 장치

초기 위치 x_o

변위량 $\Delta \vec{x}$

진자

질량 m

가속도 $\vec{a}$

옆에서 본 그림

스프링

진자

질량 m

가속도 $\vec{a}$

변위량 $\Delta \vec{x}$

위에서 본 그림

가속도계의 원리.

　비행기의 속도와 고도에 변화가 생기면 관성으로 인해 움직임에 변화가 생기고, 이 힘으로 생긴 스프링의 변위량을 연속적으로 측정하면 가해진 힘의 크기를 측정할 수 있다. 뉴턴의 운동 제1법칙인 관성의 법칙과 제2법칙인 가속도의 법칙을 통해 가속도는 힘과 비례 관계($\vec{F} = m\vec{a}$)에 있으므로 측정한 힘으로부터 가속도를 구할 수 있다. 관성 항법 시스템의 명칭은 물체가 지닌 관성이라는 성질을 이용한다고 해 붙여진 것이다. 비행기 안의 세 방향(x, y, z)의 가속도계는 3차원 공간에서 가해지는 변화를 감지하므로 비행기의 모든 움직임을 알 수 있다. 이러한 가속도를 기반으로 현재의 위도, 고도, 경도 등을 계산해 비행기 자동 조종에 필요한 데이터를 제공한다. 관성 측정 장치의 가속도계는 뉴턴의 운동 제2법칙으로 설명되는 장치로 가속될 때 스프링(스프링 상수 k)으로 연결된 질량에 작용하는 힘 $\vec{F} = -k\Delta\vec{x}$를 계측해 가속도를 측정한다.

$$\vec{a} = -\frac{k}{m}\Delta\vec{x}.$$

3차원에서 비행기의 위치를 구하기 위해서는 서로 직교하는 세 방향(x, y, z)의 가속도를 모두 측정해야 한다. 수평면(x, y) 위의 가속도를 적분해 속도를 구하고, 다시 속도를 적분해 얻어지는 위치 벡터의 합으로 출발점부터의 수평면상의 위치를 구하며, 이와 별도로 상하 방향(z)의 가속도를 2회 적분해서 고도를 얻는다. 가속도계는 1초에 수십 번 이상 비행기의 가속도를 측정하고, 측정된 가속도를 컴퓨터로 연산한다. 이러한 연산의 핵심은 가속도를 검출한 후 적분해 속도를 구하고, 다시 속도를 적분해 변위를 구하는 것이다.

이러한 플랫폼 방식의 기계식 관성 항법 시스템은 크고 무거우며 구조가 복잡하므로 오늘날에는 거의 사용하지 않는다. 현재 거의 모든 비행기는 더 작고 가벼우며 정확한 관성 기준 시스템을 장착하고 있다.

관성 기준 시스템과 위성 항법 시스템

관성 기준 시스템은 관성 항법 시스템을 기본으로 개발된 장비다. 이는 피치, 요, 롤 축에 대한 각속도를 감지하기 위해 기존의 기계식 속도 자이로 대신 링 레이저 자이로(ring laser gyro)를 사용한다. 관성 센서(자이로 및 가속도계)는 짐벌(gimbal, 회전하는 원형 링으로 만들어진 지지 장치다.)을 사용하지 않고 기체에 직접 부착되어 있어 움직임이 없다. 이를 스트랩다운(strapdown) 방식의 관성 기준 시스템이라 하며 비행기의 직선 운동 및 회전 운동을 감지한다.

링 레이저 자이로는 2개의 레이저 광선이 서로 반대 방향으로 삼각형 또는 사각형 회로에 전송된다. 비행기의 회전 방향에 따라 두 광선이 도달하는 시간에 차이가 나는 원리를 이용해 각가속도를 구한다. 이러한 자이로는 세차 운동 및 기타 기계 자이로의 결점을 제거하며, 고체 가속도계를 각 운동 평면에 하나씩 총 3개를 사용하면 정확도가 향상된다. 자이로와 가속도계를 통해 획득한 관성 항법 데이터와 관성 비행 제어 데이터는 비행기의 자세와 위치를 지속적으로 계산할 수 있도록 여러 시스템에 입력된다.

관성 기준 시스템은 관성 항법 시스템과 마찬가지로 육상 항법 시설이나 송신기에서 입력되는 무선 신호가 필요 없는 자체 내장 시스템이다. 여기에 사용되는 자이로는 구조가 복잡하고 생산 가격이 높은 기계식 자이로에서 회전 시 빛의 성질을 이용하는 광섬유 자이로(fiber optic gyro)와 링 레이저 자이로로 발전했다. 최근에는 이에 더해 저성능 마이크로 자이로인 MEMS (microelectromechanical system) 자이로가 개발되었다. (MEMS 자이로는 휴대기기에도 사용되고 있다.) 이러한 MEMS 자이로와 가속도계는 이동하는 비행기의 회전 자세와 병진 위치(일반적으로 위도, 경도, 고도다.) 변화를 결정하는 관성 센서다. 관성 기준 장치(inertial reference unit, IRU)에는 스트랩다운 방식으로 비행기의 3축에 따라 장착된 3개의 레이저 자이로와 3개의 가속도계가 사용된다. 이들은 비행기의 피치, 요, 롤 축에 대한 각속도와 선형 가속도를 감지하고 계산한다. 이러한 6개의 센서로 자세, 가속도, 각속도, 속도, 진방향 및 자기 방향(true and magnetic heading), 위치 데이터, 절대 고도, 바람 데이터 신호를 제공한다. 이들 신호는 비행 관리 시스템, 디지털 비행 제어 시스템, 전자 비행 계기 시스템, 자동 스로틀, VHF 항행 시스템, 조종사 계기 등에 제공된다.

작고 새로운 스트랩다운 방식의 관성 기준 시스템은 고체 센서와 첨단 실시간 컴퓨터 알고리듬을 사용해 성능이 크게 향상되어 널리 사용된다. 극히 일부지만 오래되고 큰 짐벌 시스템이 사용되기도 한다.

다음 쪽 그림은 스트랩다운 방식 관성 기준 시스템의 순서도

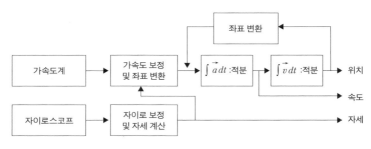

가속도계 → 가속도 보정 및 좌표 변환 → $\int \vec{a}\,dt$:적분 → $\int \vec{v}\,dt$:적분 → 위치

좌표 변환

자이로스코프 → 자이로 보정 및 자세 계산

속도

자세

스트랩다운 방식의 관성 기준 시스템.

를 나타낸다. 관성 기준 시스템은 비행기의 직선 운동 및 회전 운동을 검출하는 관성 센서를 직접 기체에 부착한다. 이 장치는 기축에 따라 검출되는 가속도를 분해하고 이동체 좌표로 변환하기 위해 자이로의 각속도 정보를 이용하며, 항법 컴퓨터를 통해 속도와 위치, 자세 계산을 수행한다. 관성 센서로 얻은 정보를 항법 데이터로 처리해 조종사에게 필요한 비행기의 현재 위치뿐만 아니라 비행 진로, 대지 속도, 편류 수정각, 풍향과 풍속, 경로점의 위치, 목적지까지의 거리, 도착 시각 등과 같은 정보를 구할 수 있다.

센서가 비행기 속도를 측정하는 데 드는 미소 시간 ($\triangle t = t_2 - t_1$) 동안 이동한 변위 $\vec{L}$ 은 다음과 같은 적분식으로 나타낼 수 있다.

$$\vec{L} = \int_{t_1}^{t_2} \vec{v}\,dt.$$

미소 시간에 대한 변위 $\vec{L}$ 의 크기인 이동 거리 L을 구하고 총 비행 시간 동안 구한 L값을 모두 더해 비행기의 총 비행 거리를 계산할 수 있다. 또 순간마다 구한 변위의 벡터 합성을 통해 최종 위치까지 구할 수 있다.

기존의 VOR/DME와 같이 무선 전파를 항법에 사용하는 전파 항법 시스템은 태평양이나 대서양 등에 지상국을 설치하기 어렵고, 종래의 관성 항법 시스템은 누적된 편류 오차를 지상국을 통해 보정해야 하는 문제점이 있다. 관성 기준 시스템도 적분이 계속 반복되기 때문에 시간이 지남에 따라 오차 범위가 증가하게 된다. 이를 보완하기 위해 혁신적인 범지구 위성 항법 시스템(global navigation satellite system, GNSS)이 비행기에 사용되기 시작했다. 이러한 항법 시스템은 사용자 수에 제한이 없을 뿐만 아니라 정확한 3차원 항법 정보를 연속적으로 제공받을 수 있는 장점이 있다. 범지구 위성 항법 시스템에는 미국 주도로 1973년에 개발하기 시작한 GPS를 비롯해 러시아의 글로나스(global orbiting navigation satellite system, GLONASS), 유럽 연합의 최초 민간용 위성 항법 시스템 갈릴레오(GALILEO), 중국의 독자적인 위성 항법 시스템 북두(Beidou) 등이 있다.

1990년대에 본격적으로 도입된 미국의 GPS는 지구 궤도상에 배치된 인공 위성에서 쏘는 신호를 받아 현재 위치를 알아내는 장치다. 이것은 기존의 오차 범위를 수 미터로 크게 감소시켰으며, 항법 시스템에 일대 혁신을 일으켜 비행기를 비롯해 자동

차에도 사용되고 있다. GPS는 크게 위성, 지상 통제소와 사용자의 수신기 등으로 구분된다. GPS 위성은 지구 경도 위에 60도 간격으로 6개 궤도마다 4개씩 불규칙적으로 총 24개가 배치되는데 2021년 현재는 31개의 인공 위성이 지구 상공에 있다. 이들 위성은 지표 상공 2만 200킬로미터 고도에서 11시간 58분 주기로 지구 둘레를 회전하며, 수명은 7.5년 정도다. 이제는 여객기뿐만 아니라 전투기 등도 기본 항법 시스템으로 관성 기준 시스템 대신 GPS를 사용하고 있다.

관성 기준 시스템은 시간이 지남에 따라 오차가 누적되지 않는 다른 항법 시스템과 같이 사용하는 하이브리드 방식을 택한다. 일반적으로 장거리 비행기의 관성 기준 시스템은 위성 GPS와 결합해 장착된다. 관성 기준 시스템이 GPS와 결합하면 서로의 결점을 완벽히 보완할 수 있기 때문이다. 초기 위치는 GPS로부터 자동으로 획득되고, 비행 중 관성 기준 시스템 위치는 수동으로 수정할 필요 없이 항상 GPS로 업데이트된다. 그래서 관성 기준 시스템은 편류 오차를 줄여 모든 비행 단계에서 필수 항행 성능(required navigation performance, RNP)에 부합되도록 유지한다. 관성 기준 시스템을 초기화하거나 오류 수정에 쓸 수 있도록 GPS가 관성 기준 시스템에 데이터를 제공하기 때문이다. IRS/GPS 탑재 비행기가 재밍(jamming, 전파 교란) 등으로 GPS를 사용할 수 없는 경우 조종사는 GPS 업데이트 기능을 OFF해 관성 기준 시스템이 VOR/DME로 업데이트될 수 있도록 한다. IRS/

GPS는 거의 수동 업데이트를 하지 않지만, 특별한 상황에서는 수동 업데이트도 가능하다. 또 보잉 777, 737, 에어버스 A320 등에 장착된 ADIRU(air data inertial reference unit)는 다른 정보를 제공하는 대기 데이터 시스템과 통합되어 보다 정밀한 대기 데이터 및 관성 정보를 제공한다.

관성 기준 시스템은 GPS의 서비스 중단 및 부정확한 고도 문제를 해결할 수 있다. 왜냐하면 관성 기준 시스템은 지속적으로 작동하며 외부 장치가 없어도 가동하는 자립 항법 시스템이기 때문이다. GPS와의 결합으로 관성 기준 시스템은 더 정확한 오차 보정이 가능하며, 항공 차트 데이터베이스와 함께 조종사가 한눈에 볼 수 있게 화면에 표시되므로 조종사가 원하는 목적지에 정확하고 안전하게 도달할 수 있다.

더 큰 수학의 세계로 날아가다

미분과 적분은 이미 우리 실생활 속에 파고들어 광범위하게 적용되고 있다. 인구 변화는 미분을 활용한 미분 방정식으로 예측할 수 있다. 컴퓨터에 사진을 저장할 때 JPG로 압축한 파일은 BMP로 압축한 파일보다 그 크기가 작은데 이는 미분을 활용해 급격하게 변하는 부분을 버리기 때문이다. 포탄을 공중으로 발사했을 때 어느 높이까지 올라가서 어느 곳에 떨어지는지도 미분과 적분으로 계산할 수 있다. 적분은 가속도로부터 비행 속도 및 변위 계산 외에도 비행기의 표면적이나 체적 계산에도 활용된다.

항공 우주 부품을 제작하는 데 각광을 받는 3D 프린터(3차원 도면을 바탕으로 3차원 공간에 인쇄하며 입체 형상을 만드는 기계)에도 미분과 적분이 활용된다. 입체 형상을 미분을 통해 아주 얇은 층으로 분석해 데이터로 저장하고, 다시 적분을 활용해 2차원 얇은 층으로 차곡차곡 쌓아 원래의 입체 형상을 만든다. 다양한 미적분의 응용 분야를 이해하고 수학이 비행기에서 어떻게 적용되는지 살펴보면서 더 넓은 수학의 세계를 탐구하기를 바란다.

연습 문제:

1. '현재 이 비행기의 속력은 시속 900킬로미터'라는 말은 $\frac{\triangle x}{\triangle t}$ 에서 $\triangle t$ 가 무한히 작아진 순간 속력이 시속 900킬로미터라는 것을 의미한다. 비행기 속력에는 극한과 미분의 개념이 숨어 있다. 미분은 어떤 함수나 운동의 순간적인 변화율을 서술하는 방법을 말하므로 순간 속력, 산의 경사도, 함수의 기울기 등을 표현하는 데 유용하다.

만약 위치 함수 x가 t^2으로 표현될 때 시간이 t에서 $t + \triangle t$ 까지 변할 때 평균 속력은 다음과 같다.

$$v = \frac{(t + \triangle t)^2 - t^2}{(t + \triangle t) - t}$$
$$= 2t + \triangle t.$$

시각 t에서의 순간 속력과 순간 가속도의 크기를 구하라.

2. 로그 함수에서의 무리수 e를 사용한 지수 함수 $f(x) = e^x$를 x에 대해 미분하면 e^x으로 바로 자기 자신이 된다. 이것을 증명하고 e^x의 x에 대한 적분도 구하라.

3. 종합 병원에 가서 검진을 받을 때 촬영하는 CT(computerized tomography, 컴퓨터 단층 촬영)에도 간단한 수학 원리가 적용된다. CT는 엑스선과 컴퓨터를 결합해 신체 내의 가로 절단면 단층 영상을 얻을 수 있어 엑스선 촬영으로 관찰 불가능한 신체 내의 조직을 판별할

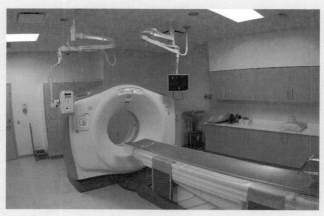

CT 스캐너.

수 있는 진단 장비다.

CT에서 한 방향으로 투사한 엑스선의 감쇠율은 그 방향에서 밀도 함수의 적분에 해당하며, 모든 방향의 밀도 함수 적분 값을 알 때 그 함수를 다시 복원할 수 있다. 어떤 방향의 적분 값은 입체를 평면으로 잘랐을 때 생기는 단면의 넓이(밀도 함수의 적분 값이다.)가 된다.

오스트리아의 수학자 요한 라돈(Johann Radon)은 평면으로 자른 단면의 넓이로부터 구체적인 입체의 모양을 복원하는 공식을 발표했다. 그는 측도론(measure theory)을 연구해 1917년에 특정 부분 집합에 대해 '크기'를 부여하고 그 크기를 쪼개어 계산할 수 있게 하는 함수를 발표했다. 라돈은 '두 변수 함수 $f(x, y)$를 평면의 모든 직선에서의 적분 값으로부터 재구성할 수 있다.'라고 했다. 그러나 라돈이 복원 공식을 발견한 당시에는 이를 구현할 여건이 마련되지 못했다.

미국 물리학자 앨런 매클라우드 코맥(Allan MacLeod Cormack)은 라돈의 공식을 확장해 '세 변수 함수 $f(x, y, z)$를 3차원 공간에서 모든 평면 위의 적분 값으로부터 재구성할 수 있다.'라고 했다. CT 탄생의 이론적인 근거를 마련한 셈이다. 코맥은 원형 대칭인 경우에 선적분을 풀어 CT 스캐닝의 이론적 기반을 다졌으며, 이론적인 계산 결과들을 1963년과 1964년에 《응용 물리학 저널(*Journal of Applied Physics*)》에 게재했다.

한편 영국 전기 공학자 고드프리 하운스필드(Godfrey Hounsfield)는 이론적 계산 결과를 실제에 응용해 CT 스캐너를 개발했으며, CT 스캐너는 1971년 영국 런던의 한 병원에서 처음으로 환자 진료에 사용됐다. 코맥과 하운스필드는 CT를 개발했다는 이유로 1979년 공동으로 노벨 생리·의학상을 받았으며, 노벨 생리·의학상 수상자 가운데 물리학과 전자 공학을 전공한 유일한 공학자로서 각자의 연구를 통해 CT 개발이라는 커다란 업적을 남겼다.

지금은 보편화된 첨단 의료 장비 중 하나인 CT는 엑스선을 촬영하고자 하는 인체 부위 둘레로 투과시킨 후 투과된 엑스선의 양으로 특정 부위 단면 영상을 나타낸다. 컴퓨터로 측정 신호를 영상 처리해 뇌, 췌장, 신장 등을 촬영하므로 인체 내부 질환을 조기에 발견할 수 있다.

즉 엑스선의 방향을 바꾸며 이런 일을 되풀이해, 각 단면이 엑스선을 흡수하는 정도를 명암 값으로 대치해 단층 촬영 사진을 얻는 원리다. 현대의 첨단 기기 설계에는 밀도 함수의 적분 방정식이라는 좀 더 정밀하고 어려운 수학이 사용된다. 그러나 그 근본 원리는 이미 앞에서 설명한 바와 같이 연립 방정식으로 계산해 내부를 영상화한 것이다. 구하고자 하는 내부의 정량적 데이터는 방정식의 계수에 포함되어 있으므로 이를 풀어 계수를 찾으면 되는 것이다.

이러한 CT 기술도 수학 원리 위에 세워진 것이며 여기에 기본이 되는 수학은 연립 1차 방정식이다. 검진 환자 신체의 한 단면(A, B, C, D)에 아래 그림에서와 같이 CT 장비를 배치하고 각 방향에서 엑스선을 쏘면 이 단면을 통과한 엑스선은 원래보다 에너지가 줄어든다. 예를 들어 밀도가 높은 뼈를 통과할 때 엑스선이 많이 감쇠하고, 밀도가 낮은 근육을 통과할 때 적게 감쇠한다. 감쇠한 전체 에너지는 엑스선이 통과한 면에 들어 있는 신체 내부 장기가 흡수한 에너지의 합이 될 것이다.

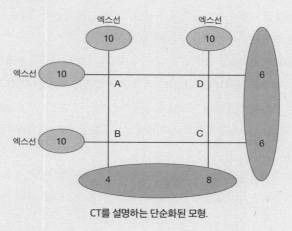

CT를 설명하는 단순화된 모형.

단순화된 CT 모형에서 그림과 같이 투사한 엑스선의 양을 10이라 하고, 이 때 신체를 투과되어 나온 감쇠된 엑스선의 양을 측정한다. 이 측정된 양은 장기의 밀도에 따라 다르며, 각 신체(A, B, C, D)의 위치에서 흡수한 엑스선의 양을 알 수 있다. 즉 A와 D는 6, B와 C는 6, A와 B는 4, D와 C는 8만큼 엑스선을 흡수했다면, 아래와 같이 연립 방정식을 수립할 수 있다.

$$A + D = 6$$
$$B + C = 6$$
$$A + B = 4$$
$$D + C = 8.$$

이러한 A, B, C, D를 풀어 신체 각 부위에서 흡수한 엑스선의 양을 구하라.

14장

항공기 투발
핵무기와 확률

핵폭탄이라면 흔히 1921년 노벨 물리학상을 받은 알베르트 아인슈타인(Albert Einstein)을 떠올리곤 한다. 하지만 핵폭탄은 여객기와 마찬가지로 한 개인이 만들 수 있는 것이 아니다. 굳이 한 사람을 지목해야 한다면 맨해튼 프로젝트(Manhattan Project)를 기획하고 과학자들을 진두지휘한 줄리어스 로버트 오펜하이머(Julius Robert Oppenheimer)라고 할 수 있다. 핵폭탄 개발 역시 비행기 개발처럼 복잡한 이론과 설비가 필요한 거대 프로젝트다. 또 핵폭탄 개발을 위한 시뮬레이션을 수행하기 위해서는 확률이라는 수학적 지식이 필요하다. 실제로 맨해튼 프로젝트에서 몬테카를로 방법(Monte Carlo method, 임의의 수를 발생시켜 함수의 값을 확률적으로 계산하는 알고리듬이다.)이 핵폭탄의 확률 계산에 사용되었다. 핵폭탄을 일본 히로시마와 나가사키에 투하해 제2차 세계 대전을 일찍 종료시킬 수 있었지만, 여전히 원폭 투하는 세계에 큰 비극의 기억으로 남아 있다.

핵폭탄을 투발하는 수단으로는 비행기나 미사일이 있다. 북한은 핵폭탄 투발 가능 비행기로 구형 폭격기인 일류신(Ilyushin) IL-28과 일류신 IL-76 등을 보유하고 있다. 또 로켓 엔진을 장착한 미사일로는 노동 미사일을 비롯해 초대형 방사포, 중거리 탄도 미사일인 무수단, SLBM(submarine-launched ballistic missile, 잠수함 발사 탄도 미사일)인 북극성, ICBM인 대포동 등을 보유하고 있다. 이외에도 핵탄두는 장착하기 힘들지만, 장거리 사격이 가능한 장사정포(long range artillery)로 170밀리미터 자주포와 240밀리미터 방사포 등을 보유하고 있다. 자주포로 쏜 포탄은 초기 속도와 중력만으로 수학을 이용해 그 궤적을 간단하게 계산할 수 있다. 그러나 로켓 엔진을 장착한 초대형 방사포와 탄도 미사일 등은 추력을 소진했을 때의 속도뿐만 아니라 공기력 및 중력 등도 고려해야 궤적을 계산할 수 있다.

확률의 개념

확률이란 일정한 조건 아래에서 어떤 사건이 발생할 가능성을 수로 나타낸 것을 말한다. 수학의 확률 이론은 17세기 중엽 프랑스 수학자 블레즈 파스칼(Blaise Pascal)이 역시 프랑스 수학자였던 피에르 드 페르마와 서신으로 도박 상금 문제를 풀면서 다루기 시작했다. 현재에도 확률은 다양한 분야에서 아주 긴요하게 쓰이고 있다.

원자 폭탄을 개발하기 위해 시뮬레이션을 수행하려면 확률이라는 수학적 지식을 필요로 한다. 예를 들어 앞뒤가 대칭인 동전이나 눈금이 6개인 주사위를 던졌을 때 특정한 면이나 특정한 수가 나올 가능성은 각각 2분의 1과 6분의 1이다. 또 주사위를 던졌을 때 짝수가 나올 확률은 $P(A) = \frac{3}{6} = \frac{1}{2}$ 이다. 따라서 사건

A가 발생할 수학적 확률 $P(A)$는 다음과 같이 표현된다.

$$P(A) = \frac{\text{사건 } A\text{가 일어나는 경우의 수}}{\text{일어날 수 있는 모든 경우의 수}}.$$

$P(A)$가 1이면 사건 A가 반드시 일어나며, $P(A)$가 0이면 사건 A는 반드시 일어나지 않는다는 것을 의미한다. 따라서 일반적으로 확률 $P(A)$의 값은 $0 \leq P(A) \leq 1$로 표현된다. $P(A)$는 1에 가까울수록 사건 A가 발생할 가능성이 크지만, 0에 가까울수록 A가 발생할 가능성이 적다는 뜻이다. 이러한 수학적 확률은 실제 경험에 앞서서 계산될 수 있다.

동전이나 주사위를 많은 횟수 던져 봄으로써 얻어지는 통계적 확률은 수학적 확률에 근접한다. 관찰하는 횟수를 거듭하면 할수록 확률이 일정한 값 P에 한없이 가까워진다는 큰 수의 법칙(law of great number, 경험적 확률과 수학적 확률이 점점 가까워진다는 법칙이다.)을 따르기 때문이다.

확률에 관한 초보적인 성질로는 덧셈 정리, 곱셈 정리 등을 들 수 있다. 확률의 덧셈 정리는 어떤 두 사건 A, B에 대해 다음과 같이 표현된다.

$$P(A \cup B) = P(A) + P(B) - P(A \cap B).$$

두 사건 A 또는 B가 나올 확률은 한쪽이 일어날 확률 $P(A)$와 $P(B)$를 더하고 동시에 A와 B가 일어날 확률을 빼면 된다. 예를 들어 1개의 주사위를 던졌을 때 주사위에 홀수가 나오는 사건을 A라 하고 3의 배수가 나오는 사건을 B라 하면 확률은 $P(A)$ = $\frac{3}{6}$, $P(B)$ = $\frac{2}{6}$, $P(A \cap B)$ = $\frac{1}{6}$이므로 확률의 덧셈 정리를 이용하면 $P(A \cup B)$는 다음과 같다.

$$P(A \cup B) = P(A) + P(B) - P(A \cap B)$$
$$= \frac{3}{6} + \frac{2}{6} - \frac{1}{6} = \frac{2}{3}.$$

확률의 곱셈 정리로 어떤 두 사건 A, B가 서로 무관하게 나타나는 독립 사건인 경우 A와 B가 동시에 일어날 확률 $P(A \cap B)$는 다음과 같이 표현할 수 있다.

$$P(A \cap B) = P(A) \times P(B).$$

예를 들어 주머니 속에 빨간 당구공 3개와 파란 당구공 2개가 들어 있을 때 1개씩 두 번 꺼내는 경우에 2개가 모두 빨간 당구공일 확률을 생각해 보자. 이때 첫 번째 꺼낸 공을 주머니에 다시 넣는 경우와 아예 넣지 않는 경우가 두 번째 꺼낸 빨간 공의 확률에 영향을 주므로 나눠서 생각해야 한다.

첫 번째 꺼낸 공을 주머니에 다시 넣지 않는 경우에는 사건이 종속되어 있으며 첫 번째 빨간 당구공이 나올 확률과 두 번째 빨간 당구공이 나올 확률이 다르므로 다음과 같이 계산할 수 있다.

$$P(A \cap B) = P(A) \times P(B) = \frac{3}{5} \times \frac{2}{4}$$
$$= \frac{3}{10}.$$

첫 번째 꺼낸 공을 주머니에 다시 넣는 경우에는 공을 꺼내는 두 사건이 독립된 사건이며 첫 번째 빨간 당구공이 나올 확률과 두 번째 빨간 당구공이 나올 확률이 동일하므로 아래와 같이 계산할 수 있다.

$$P(A \cap B) = P(A) \times P(B) = \frac{3}{5} \times \frac{3}{5}$$
$$= \frac{9}{25}.$$

독립된 사건의 경우에는 첫 번째 일어난 사건이 두 번째 사건에 전혀 영향을 주지 않는다. 예를 들어 동전을 던져 우연히 앞면이 연속해 10번 나왔다고, 다음에 던졌을 때 뒷면이 나올 확률이 높아지는 것은 아니다. 전쟁 중에 폭탄이 떨어져 생긴 웅덩이에 숨는다고 거기에 폭탄이 다시 떨어질 확률이 줄어 생존 확률이 높아지지 않는 것과 마찬가지다. 독립된 사건이 동시에 발생할 확률은 각각 발생한 사건들의 확률을 곱해서 작용한다. 예를 들어 숫자 0과 1이 번갈아 나오는 회전 기계에 5자리 전부 숫자

1이 나올 확률을 계산해 보자. 숫자 1이 나올 확률이 50퍼센트이므로 1이 5자리 연속으로 나올 확률은 3.1퍼센트로 아주 낮아진다.

$$P(A) = \left(\frac{1}{2}\right)^5$$
$$= 0.031.$$

확률은 직렬 또는 병렬로 연결된 항공기 시스템의 고장 확률을 계산해 항공기 안전성을 평가하는 데 사용된다. 예를 들어 병렬로 연결된 2개의 항공기 시스템인 경우에는 2개가 동시에 고장 나는 독립 사건을 확률 공식으로 계산해 치명적인 사고 가능성을 따져 안전성을 평가한다.

또 에너지를 다루는 열역학에서 많이 사용되는 엔트로피의 정의도 확률로 나타낼 수 있다. 엔트로피는 물질의 열적 상태를 표현하는 물리량의 하나로, 에너지 흐름뿐만 아니라 자연 현상을 이해하고 판단하는 데 중요한 지침 역할을 하고 있다. 또 왕복 엔진이나 제트 엔진의 사이클, 로켓 노즐, 비행기 날개 주위 흐름 등의 해석에 자주 활용된다.

일반적으로 엔트로피($dS = \dfrac{dQ}{T}$)는 고전 열역학적인 측면에서 거시적인 열역학적 물리량(온도, 부피, 압력)으로 다루지만 분자 운동의 통계적 분석으로 미시적인 관점에서 표현될 수 있다. 수많은 입자로 구성된 계(system)를 다루는 열역학을 통계적으로 취급해야 한다고 처음 생각한 사람은 제임스 맥스웰(James

Maxwell)이다. 맥스웰의 기체에 대한 동역학 이론을 통계적으로 처리해 더욱 발전시킨 사람은 오스트리아의 물리학자 루트비히 볼츠만이다.

수많은 입자로 구성된 계는 여러 가지 거시적인 열역학적 물리량(온도, 부피, 압력)을 지니고 있다. 입자가 미시적인 상태에 있을 확률이 서로 동등하다고 가정하면, 거시적인 물리량에 대한 확률은 다음과 같이 기체 분자들이 어떤 부피에 위치할 방법의 숫자를 나타내는 미시적인 상태의 수에 비례한다고 볼 수 있다.

확률(probability) $\propto$ 미시적인 상태의 수(number of state).

1877년 볼츠만은 논문에서 엔트로피를 미시적인 상태의 수 W에 로그를 취해 다음과 같이 표현했다. (유도 과정은 9장 연습 문제에 있다.)

$$S = k \log W.$$

여기서 k는 볼츠만 상수를 나타내고, W는 계가 가질 수 있는 미시적인 상태의 수(열역학적 확률)를 나타낸다. 엔트로피는 미시적인 상태의 수, 즉 분자 배열 방법 수의 로그에 비례하므로 엔트로피는 확률의 로그에 비례한다고 할 수 있다. 로그를 취하면 곱셈으로 나타내야 하는 확률을 덧셈으로 바꿔 줄 수 있어 전체 엔트로피를 각 계의 엔트로피를 더한 값으로 단순하게 계산할 수 있는 장점이 있다.

핵폭탄과 확률

북한은 2016년 9월 함경북도 길주군 풍계리 시험장에서 5차 핵 실험을 실시하고 히로시마 원폭 수준(약 16킬로톤)에 근접한 규모라고 발표했다. 2017년 9월 3일 강행한 6차 핵 실험은 북한의 역대 핵 실험 중 가장 큰 위력을 보였으며, 이때 북한은 수소 폭탄(원자 폭탄에 수소 핵융합 반응을 결합해 폭발력을 높인 무기다.) 시험을 성공적으로 수행했다고 발표했다. 북한은 이미 5차 핵 실험을 수행할 당시 성명에서 "각종 핵탄두를 마음먹은 대로 생산할 수 있게 됐다."라고 주장한 바 있다. 핵탄두의 크기와 무게를 줄여 미사일 탑재가 가능하다고 언급한 것이다.

최근 인도 우주 연구 기구(Indian Space Research Organization, ISRO) 연구팀은 북한 6차 핵 실험의 위력이 245~271킬로톤으로 1945년 히로시마 원자 폭탄 위력(16킬로톤)의 17배에 해당한다는 분석을 내놓았다. 2020년 1월 《국제 지구 물리학 저널(Geophysical Journal International)》 220호에 실린, 원격 탐사와 측지학에서 사용하는 레이다 기술인 InSAR(interferometric synthetic aperture radar) 측정 및 모델링으로 지하 핵 실험의 특성을 파악해 발표한 내용이다. 북한 지역에는 지진 관측소가 없어 핵폭탄의 매장 위치, 깊이, 폭발력 등을 알 수 없다. 그러나 연구

팀은 위성 데이터와 InSAR 기술로 상세한 풍계리 만탑산 지표면 변형도를 제시했다. 또 지하 542미터에서 핵 실험이 이뤄졌다고 위치까지도 정확히 추정했다. 그들은 자신들이 추정한 모델링 결과는 기존의 지진 측정 방법에 비해 정확도가 많이 떨어진다고 언급하기도 했다. 그러나 학문적으로 지진 관측소 없이 위성 데이터를 활용해 북한 핵 실험 강도를 추정하는 일에는 상당한 가치가 있다고 생각된다.

원자 폭탄 개발은 제2차 세계 대전 때 미국이 수행한 맨해튼 프로젝트에서 시작되었다고 볼 수 있다. 맨해튼 프로젝트는 독일의 원자 폭탄 개발을 우려한 미국 물리학자 레오 실라르드(Leo Szilard)가 1939년 8월 아인슈타인의 서명을 받아 프랭클린 델러노 루스벨트(Franklin Delano Roosevelt) 대통령에게 전달한 아인슈타인-실라르드 편지를 계기로 시작되었다. 1939년 예산 6,000 달러로 출발했지만 1942년부터 미국의 국운을 걸고 본격적으로 추진되었으며, 1945년에는 13만 명, 예산 2억 달러의 초대형 프로젝트가 되었다. 비용 대부분은 핵분열 연료 구입과 공장 건설에 사용되었다.

맨해튼 프로젝트에서 주도적 역할을 맡은 오펜하이머는 미국의 이론 물리학자로 '원자 폭탄의 아버지'로 인정받은 이 중 한 사람이다. 그는 하버드 대학교를 졸업한 후 영국 케임브리지 대학교와 독일 괴팅겐 대학교에 유학을 다녀온 뒤 캘리포니아 대학교 버클리 캠퍼스 물리학 교수로 재직했다.

줄리어스 로버트 오펜하이머.

프랭클린 델러노 루스벨트 대통령은 제2차 세계 대전에 참전하기 2개월 전인 1941년 10월에 원자 폭탄을 개발하는 프로그램을 승인했다. 임무를 맡은 미국 육군 소장인 레슬리 리처드 그로브스 주니어(Leslie Richard Groves Jr.)는 오펜하이머를 로스앨러모스 국립 연구소 (Los Alamos Laboratory)의

책임자로 강력하게 추천했으며, 두 사람은 뉴멕시코 주의 로스앨러모스 고등학교가 있던 자리를 맨해튼 계획을 수행할 연구소 위치로 선정했다. 오펜하이머는 로스앨러모스 국립 연구소 소장으로 1943년 3월부터 1945년 10월까지 있으면서 다양한 분야의 학자와 협력해 원자 폭탄을 만들었다. 로스앨러모스 연구소의 인원은 1943년에 수백 명에 불과했지만, 1945년에는 6,000명 이상으로 대폭 증가했다.

로스앨러모스 과학자들이 개발한 첫 원자 폭탄에는 암호명으로 트리니티(Trinity)가 부여됐다. 때문에 세계 최초의 핵 실험은 1945년 7월 뉴멕시코 주의 앨라모고도(Alamogordo) 사막 근처에서 수행된 트리니티 실험이다. 트리니티는 일본 나가사키에 투하된 팻 맨(Fat Man)과 동일한 종류인 플루토늄(plutonium) 원자 폭탄으로 실험은 성공적으로 마쳤다.

원자 폭탄 개발의 시뮬레이션 수행에는 확률이라는 수학적 지식이 반영되어 있다. 실제로는 몬테카를로 방법이 원자 폭탄의 확률을 계산하는 데 사용되었다. 이는 임의의 수를 발생시켜 함수 값을 확률 계산하는 알고리듬을 의미하는 용어로, 중성자들이 무작위로 충돌하고 분열하는 현상이 도박과 유사했기 때문에 도박의 대명사였던 모나코 북부 도시 몬테카를로의 이름이 붙은 것으로 추정된다.

핵을 이용해 큰 에너지를 얻기 위해서는 먼저 연쇄 핵분열 반응을 일으키고, 많은 물질을 확보해 연쇄 반응이 계속될 수 있어야 한다. 초기에는 중성자로 어떤 원소의 원자핵을 쉽게 분열시킬 수 있는지 몰랐다. 미국과 독일 등에서 베릴륨, 인듐 등 다양한 원소로 연쇄 핵분열을 일으키는 원소를 찾아내려고 노력했다. 드디어 1941년 독일에서 중성자로 인해 우라늄(uranium) 원자핵이 분열한다는 것을 알아냈다. 자연 상태에서 스스로 질량을 잃으며 에너지를 방출하는 우라늄은 중성자로 인해 원자핵이 2개 이상으로 쪼개지면서 중성자와 에너지를 방출하는 성질을 갖고 있기 때문이다. 1930년대 말 독일은 외국에 우라늄 수출을 금지시켰는데, 이 때문에 독일 과학자들이 핵분열 연구를 통해 원자 폭탄을 개발한다는 소문이 무성했다. 미국은 독일의 원자 폭탄 개발을 막는 한편 독일보다 먼저 핵무기를 만들어야겠다고 생각했다. 원자 폭탄은 중성자들이 서로 충돌하고 분열함으로써 많은 중성자를 방출하고, 이러한 현상을 반복함으로써 거대한 폭발을 유도한다.

포신형(gun type) 핵폭탄을 제작하는 데 사용된 물질이 우라늄이다. 우라늄을 2개로 분리해 하나를 다른 하나에 대고 총처럼 쏘아, 서로 합쳐 임계 질량(핵 연쇄 반응 과정에서 스스로 폭발할 수 있는 최소한의 질량이다.)을 초과하도록 해 거대한 폭발을 유도하는 것이다. 이러한 우라늄(핵폭탄이 지름 17센티미터인 경우 임계 질량은 52킬로그램이다.)을 이용한 핵무기로 포신형 핵폭탄인 리틀 보이(Little Boy)가 개발되었다.

내폭형(implosion type) 핵폭탄 제작에 사용된 물질은 스스로 분열해 연쇄 반응을 유지할 수 없는 플루토늄이다. 플루토늄(핵폭탄이 직경 10센티미터인 경우 임계 질량은 10킬로그램이다.)은 자체 핵분열 확률이 높고 많은 중성자가 나오기 때문에 스스로 분열해 연쇄 반응을 유지할 수 없어 불발될 수도 있었다. 1944년 로스앨러모스 과학자들은 공 모양의 플루토늄 주위를 폭약으로 둘러싼 후 강력하게 안쪽으로 폭발시켜 순간적으로 압력을 가해 임계 질량에 도달하게 만들어 거대한 폭발을 유도하는 방식을 고안했다. 중성자들이 충돌했을 때 분열이 발생하는 것은 일정한 확률로 생기는 현상이다. 따라서 원폭이 가능한 충분한 분열과 확산을 위해 확률 계산을 해야 했다.

헝가리 태생의 수학자 요한 폰 노이만(Johann von Neumann)

과 1938년 노벨 물리학상 수상자인 엔리코 페르미(Enrico Fermi) 등은 시뮬레이션을 통한 통계적인 방법만이 우라늄 분열 확률을 계산할 수 있다고 생각했다. 1940년대 초였던 당시는 컴퓨터가 제대로 개발되지 않았던 시기였기 때문에 그들은 확률 계산 시뮬레이션을 위해 전기·기계적인 컴퓨터를 스스로 개발해 사용했다. 그들이 만든 기계는 미국 뉴저지 주 프린스턴 대학교의 고등 연구소에 있었는데, 설계자의 이름을 붙여 폰 노이만 기계(von Neumann machine)라 부르기도 한다. 이 기계는 원자 폭탄의 핵폭발 연쇄 반응에 연관된 확률 계산과 양자 역학 계산을 수행했다. 그 결과 강력한 폭발물을 폭발시켜 핵폭탄을 터트리는 방법이 가능하다는 계산에 성공했다. 실제로 몬테카를로 방법은 페르미가 중성자 특성을 연구하기 위해 사용한 방법으로 원자 폭탄을 시뮬레이션하는 데 핵심 역할을 담당했다.

포신형 핵폭탄의 원료인 우라늄-235의 농축은 대부분 테네시 주 오크리지(Oak Ridge)에 있는 공장에서 이루어졌다. 포신형보다 복잡한 내폭형 핵폭탄의 원료였던 플로토늄은 주로 워싱턴 주 핸포드 사이트(Handford Site)에 있는 반응로에서 제작되었다. 우라늄-235와 플로토늄은 뉴멕시코 주 로스앨러모스 국립 연구소로 이송되어 핵폭탄으로 제작됐다. 포신형 방식으로 만들어진 리틀 보이는 별도의 실험을 하지 않았지만, 정확히 작동하리라고 예측되었다. 그러나 플루토늄을 탄두로 한 핵폭탄은 불발될 위험성이 있어 실제 폭발 실험을 수행해야 했다.

1945년 7월 미국은 트리니티 실험에 성공한 후 포신형과 내폭형이라는 두 종류의 핵폭탄을 모두 확보할 수 있었다. 이어서 미국은 8월에 포신형 핵폭탄(코드명 리틀 보이)은 히로시마에, 내폭형 핵폭탄(코드명 팻 맨)은 나가사키에 투발했다. 이러한 핵폭탄 투발뿐만 아니라 (구)소련의 만주 전략 공세 작전으로 제2차 세계 대전을 끝낼 수 있었다. 그러나 핵폭탄에 피폭된 나라는 인류 역사상 일본 한 나라로 충분하며, 더는 이런 일이 발생해서는 절대로 안 된다.

핵폭탄 투발 수단: 비행기

인류 역사상 두 번 사용된 핵폭탄은 모두 비행기로 투발되었다. 첫 번째는 1945년 8월 6일 폴 티베츠(Paul Tibbets) 대령이 B-29 폭격기에 리틀 보이를 탑재하고 출격해 히로시마에 투발한 것이다. 이어 1945년 8월 9일 찰스 스위니(Charles Sweeney) 소령이 B-29 폭격기에 팻 맨을 탑재하고 출격해 나가사키에 투발했다. 실제 핵폭탄을 투발하는 수단으로 B-29 폭격기가 사용된 과정뿐만 아니라 그 당시 펼쳐진 작전에 대해 알아보자.

① 첫 번째 투발: 히로시마

제2차 세계 대전 종결 직전인 1945년 7월, 포츠담 회담에서 해리 S. 트루먼(Harry S. Truman) 대통령은 자세한 내용을 밝히지 않은 채 트리니티 실험이 성공해 강력한 신무기를 보유한 것을 밝했다. 이 회의에서 연합국은 일본의 무조건 항복을 요구했으나 일본이 이를 거부하자 일본에 대한 핵폭탄 투하는 기정사실화되었다. 미국 국방부는 일본 히로시마와 고쿠라(제2목표는 나가사키였다.)에 핵폭탄을 투하하기로 결정했다.

우선 미국 본토에서 제작한 원자 폭탄을 사이판 남쪽으로 5킬로미터 거리에 있는 티니안 섬으로 운반해야 했다. 티니안 섬에 있는 활주로에서 미국 육군 항공대 소속의 B-29 폭격기가 히로시마에 원자 폭탄을 투하하기 위해 출격하기로 했기 때문이다. 1945년 7월 16일, 중순양함 인디애나폴리스의 함장 찰스 맥베이 3세(Charles B. McVay III) 해군 대령은 원자 폭탄을 탑재하고 샌프란시스코에서 출발해 열흘 만인 7월 26일에 티니안 섬에 도착, 원자 폭탄을 성공적으로 전달했다. 그 당시 미국 해군은 원폭 이송 임무를 극비로 취급했으며, 인디애나폴리스는 일본 해군이 눈치 채지 못하게 구축함 등 대잠 호위함 없이 단독으로 이동했다.

인디애나폴리스는 임무 완료 후 괌으로 이동했으며, 다음 작전을 위해 7월 28일 괌에서 필리핀 중부 레이테 섬을 향해 출항했다. 이때 출발할 때와 마찬가지로 상부에서 호위함을 붙여 주지 않아 단독으로 항해했다. 이렇게 괌을 출발한 지 이틀 후, 인디애나폴리스는 7월 30일 새벽 00시 15분에 하시모토 모치쓰라(橋本以行) 중좌가 이끄는 일본군 잠수함 I-58의 어뢰 2발을 맞고 필리핀 해에서 격침되었다. 역사에 가정은 없다지만, 원자 폭탄을 탑재했을 때 격침되었다면 제2차 세계 대전의 향방은 어떻게

히로시마 임무 수행 후의 에놀라 게이.

되었을까?

　1945년 8월 6일에 핵폭탄을 투발한 최초의 항공기는 4발 프로펠러 엔진의 보잉 B-29 슈퍼포트리스 폭격기인 에놀라 게이 (Enola Gay)다. 기장인 폴 티베츠의 어머니인 에놀라 게이 티베츠 (Enola Gay Tibbets)의 이름을 딴 것이었다. 이 폭격기는 두 번째 원자 폭탄 공격인 나가사키 투하에도 기상 측정을 위한 비행기로 참여했다.

　에놀라 게이는 1945년 6월 14일 B-29의 훈련 기지였던 미본토 유타 주의 웬도버(Wendover) 기지를 출발해 괌에 도착, 폭탄창을 개조한 다음 7월 6일에 티니안 섬의 노스 필드(North Field)에 도착했다. 에놀라 게이는 7월 한 달 동안에 8차례의 훈련 비행을 수행했으며, 24일과 26일에 날씨와 대공 방어 태세를 파악하기 위해 일본 고베와 나고야의 산업 기지에 실험용 폭탄 (pumpkin bomb, 모양과 크기는 원자 폭탄과 거의 동일하지만 핵을 탑재하지 않은 폭탄이다.)을 투하하는 임무를 수행했다. 에놀라 게이는 7월 31일에 실제 임무를 수행하기 위해 티니안 섬 인근에 모의 원자 폭탄을 투하하는 리허설 비행까지 수행했다.

1945년 8월 6일 히로시마는 첫 핵폭탄 임무의 주목표 지점 이었고, 고쿠라(지금의 기타큐슈)와 나가사키는 대체 목표 지점이 었다. 티베츠 중령이 조종한 에놀라 게이는 2대의 B-29를 동반 하고 티니안 섬의 노스 필드를 이륙한 후 히로시마까지 2,530킬 로미터를 날아가기 위해 약 6시간을 비행해야 했다.

히로시마와 나가사키 원폭 투하 비행 경로.

하늘의 과학

앞 쪽의 지도에서 1945년 8월 6일의 히로시마 원폭 투하를 비롯해 8월 9일의 주목표였던 규슈 섬 북부의 공업 지대인 고쿠라와 2차 목표였던 나가사키를 통과하는 당시의 비행 임무를 파악할 수 있다. 에놀라 게이는 이오지마를 통과해 히로시마를 향해 직선으로 비행하고 같은 경로로 귀환했다. 한편 나가사키에 원폭을 투하한 복스카(Bockscar)는 야쿠시마 섬을 지나 고쿠라, 나가사키까지 비행했으며, 티니안 섬으로 귀환하기 전에 연료 부족으로 오키나와에 비상 착륙했다.

히로시마 원폭 투하에 투입된 B-29는 6일 새벽 2시 45분 티니안 섬의 노스 필드 비행장을 이륙한 후 오전 6시에 일본 남쪽 해상에 있는 이오지마까지 각자 비행한 다음 9,300피트(2,835미터) 고도에서 랑데부해 일본 히로시마로 향했다. 일본은 티니안 섬을 1920년부터 정식으로 통치하기 시작했으며, 1930년대 말부터 섬 북쪽 끝에 1,450미터 길이의 하고이 비행장(Hagoi field)을 건설했다. 이 비행장은 1944년 7월에 미국 해병대가 티니안 전투를 통해 점령한 이후 미국 공군 기지로 활용되었다. 미국은 하고이 비행장을 B-29 폭격기가 이착륙이 가능하도록 2,440미터 길이로 확장했다. 아이러니하게도 일본에 원폭을 투하한 B-29가 일본이 건설한 비행장에서 출격한 셈이다.

에놀라 게이는 히로시마 상공에 도착해 3만 2333피트(9,855미터) 고도에서 시야를 확보했으며, 오전 9시 15분(히로시마 시각으로 오전 8시 15분)에 계획대로 3만 1060피트(9,467미터) 고도에서 포신형 우라늄 핵폭탄인 리틀 보이를 투하했다. 에놀라 게이는 폭발로 인한 충격파를 피하기 위해 60도로 급선회하고 속도를 증가시켜 투하 장소에서 18.5킬로미터 떨어진 곳까지 피했다. 리틀 보이는 530미터에 달하는 구름 기둥을 솟아올리며 TNT 15킬로톤에 해당하는 폭발을 일으켰다. 반경 약 1.6킬로미터가 초토화되었으며, 12제곱킬로미터(363만 평, 여의도 면적의 약 1.5배)가 파괴되었다. 도시 인구의 30퍼센트인 7만~8만 명이 폭발과 폭풍으로 사망하고 또 7만 명이 부상을 입었다.

에놀라 게이는 새벽에 이륙한 지 12시간 13분 만인 오후 2시 58분 티니안 기지로 안전하게 귀환했다. 언론인과 사진 기자를 비롯한 수백 명의 사람이 에놀라 게이의 착륙을 보기 위해 모여들었다. 기장인 티베츠는 제일 먼저 비행기에서 내렸고 그 자리에서 수훈 십자가(Distinguished Service Cross) 훈장을 받았다.

전쟁이 끝나고 에놀라 게이는 미국 뉴멕시코 주 로스웰 육군 비행장(Roswell Army Air Field) 등 여러 장소에 오랫동안 방치되다가 1946년 8월 육군 항공대에서 제적되고 스미스소니언 박물관 명의가 되었다. 1961년 메릴랜드 주 슈틀랜드(Suitland)에 있는 스미스소니언의 저장 시설에 해체 보관되었다. 2003년에는 복원된 B-29가 워싱턴 D.C.의 덜레스 국제 공항에 있는 스티븐 F. 우드바 헤이지 센터(Steven F. Udvar-Hazy Center) 국립 항공 우주 박물관에 영구 전시되었다.

② 두 번째 투발: 나가사키

히로시마에 원자 폭탄을 투발한 이후에도 일본이 별 반응을 보이지 않자, 미국은 히로시마 임무에 이어 또 하나의 원자 폭탄 공격을 속행하기로 결정했다. 이 공격은 원래 8월 11일로 예정되었으나, 악천후가 예상됨에 따라 8월 9일로 앞당겨졌다. 이번에는 스위니 소령이 조종하는 B-29 복스카가 내폭형 플루토늄 핵폭탄인 팻 맨을 투발하는 임무를 맡았다.

보잉 사에서 제작한 복스카는 1945년 3월에 미국 육군 항공대에 인도되었으며, 조종은 원래 프레더릭 복(Frederick C. Bock)이 담당했다. 이 폭격기는 그의 성에서 따와 복스카로 불렸다. 복스카는 1945년 6월 16일 티니안 섬에 도착해 13번의 훈련 임무와 일본 니하마와 무사시노의 산업 기지에 실험용 폭탄을 투하하는 임무를 수행했다. 훈련 임무를 마친 복스카는 히로시마 임무때 정찰 비행 임무를 수행하고, 나가사키 임무 때 직접 원폭을 투하해 핵 관련 임무를 두 번 수행했다. 복스카는 작전 계획대로 티니안 섬에서 고쿠라까지 왕복 비행에는 큰 문제가 없었지만, 작전에 차질이 생기는 경우 연료가 부족해 귀환하지 못할 수도 있었다.

복스카를 비롯한 B-29들은 새벽 3시 47분경 티니안 섬 노스필드 활주로에서 대략 2,590미터 거리를 활주해 힘차게 이륙했다. 야쿠시마 섬 상공 랑데부 포인트까지 개별적으로 비행하기로 했으며, 복스카는 랑데부하기 30분 전에 3만 피트의 폭격 고도까지 상승했다. 정찰 임무를 맡은 에놀라 게이는 고쿠라 상공에 아침 안개가 있지만, 곧 맑아질 것으로 보고했다. 그러나 복스카가 오전 10시 44분 고쿠라 상공에 도착했을 때는 짙은 연기가 도시를 뒤덮고 있었다. 야하타 제철소(八幡製鐵所) 직원들이 공습을 피하기 위해 석탄 타르를 태웠기 때문이다. 고쿠라는 군수 공장과 제철소 때문에 일본에서 가장 중무장한 도시 중 하나였고, 공습을 피하기 위한 방어 작전이 펼쳐지고 있었다.

복스카는 11시 32분에 연기로 하늘을 가린 고쿠라 투발 임무를 포기하고 제2의 목표인 나가사키를 향해 남쪽으로 선회를 했다. 95마일(150킬로미터) 떨어진 나가사키에 도달하기 위해 최단 경로로 비행했으나 귀환할 만큼 충분한 연료를 보유하지 못해 오키나와 섬까지도 비행하기 곤란할 정도였다. 그럼에도 불구하고 복스카가 11시 56분 나가사키에 도착해 보니 나가사키 역시 기상 보고와 달리 구름이 전체 하늘을 $\frac{2}{10}$ 정도 가리고 있었다. 복스카 승무원들은 구름 중에 구멍이 있어 목표물을 식별할 수 있자 폭탄창 문을 열고 원자 폭탄 팻 맨을 투하했다. 1945년 8월 9일 12시 2분(나가사키 시각으로 11시 2분) 팻 맨이 나가사키 상공 1,650피트(503미터)에서 폭발했다. 팻 맨은 계획된 목표 투하 지점에서 북서쪽으로 약 2.4킬로미터 떨어진 곳에서 TNT 21킬로톤의 위력을 나타냈다. 나가사키 도시의 44퍼센트가 파괴되었으며, 약 3만 5000명이 사망했고 6만 명이 부상당했다.

임무를 마친 복스카는 미군 점령 지역인 오키나와에서 735킬로미터 떨어져 있었고 3만 피트 높이에서 최소한의 연료 소비로 거의 활공에 가까울 정도로 내려가기 시작했다. 이 덕분에 복스카는 오후 1시에 오키나와 요미탄(読谷) 비행장에 간신히 착륙할 수 있었다. 활주로에 접지할 때 시속 225킬로미터로 정상 속도보다 시속 48킬로미터 정도 빨라 공중으로 7.6미터를 부양했지만, 다행히도 안전하게 착륙했다. 나가사키 원폭 투하에 투입된 B-29 폭격기 3대는 오후 5시 30분에 오키나와를 이륙해 오후 10시 30분에 티니안 섬에 도착했다.

나가사키 임무는 승무원들이 임무 수행 중에 많은 어려움을 겪으면서도 결국 목표를 달성했지만, 히로시마 임무와는 달리 잘못 계획되어 실패한 임무로 묘사되었다. 미국은 추가 팻 맨의 조립을 완료하고 8월 19일에 제3의 원자 폭탄을 투하하기로 계획했으나 일본이 1945년 8월 15일 무조건 항복함에 따라 제3의 원자 폭탄 투하는 이루어지지 않았다.

전쟁이 끝난 후 복스카는 1945년 11월 미 본토 뉴멕시코 주 로스웰 육군 비행장에 돌아왔다. 1946년 8월에는 애리조나 주 투손에 있는 데이비스 몬탄 육군 비행장(Davis-Monthan Army Air Field)에 전시되었다. 그해 9월 복스카는 오하이오 주 라이트패

미국 공군 국립 박물관.

2017년 오시코시 에어쇼 비행장 상공을 비행 중인 B-29 DOC.

터슨(Wright-Patterson) 공군 기지의 공군 국립 박물관에 기증되었다. 애리조나 주 사막에 오랫동안 보관됐다가 1961년 9월에 공군 국립 박물관이 있는 오하이오 주 데이턴으로 날아갔다. 현재 복스카는 공군 국립 박물관에 팻 맨의 복제품과 함께 영구 전시되어 있다.

제2차 세계 대전 당시 1945년 8월 일본 히로시마와 나가사키에 원자 폭탄을 투하할 때 사용되었던 B-29와 동일한 기종이 위 사진에서와 같이 지금도 미국 상공을 날아다니고 있다. 이 B-29는 1944년 보잉 사에서 제작해 활약하다가 1956년 미국 공군에서 은퇴했는데, 비영리 단체인 닥스 프렌드(Doc's Friends)가 2013년 구입한 B-29 DOC 중폭격기다. 원래 앤티크 폭격기로 비행할 수 없는 상태였지만 다시 복원해 2016년 7월 처음으로 미국 상공을 날았다. 제작된 지 70여 년 된 폭격기가 아직도 비행하고 있다니 대단한 일이 아닐 수 없다.

북한의 핵폭탄 투발 수단

핵폭탄을 사용하기 위해서는 핵탄두뿐만 아니라 이를 목표 지점까지 투발할 수단이 필요하다. 북한의 핵폭탄 투발 수단으로는 전략 폭격기, 초대형 방사포, 노동 미사일, ICBM, SLBM 등이 있다. 핵폭탄 보유를 천명한 북한 공군은 2012년에 공군 사령부를 항공 및 반항공 사령부로 명칭을 변경했으며, 사령부 예하 5개 비행 사단을 비롯해 1개 전술 수송 여단, 2개 공군 저격 여단, 방공 부대 등으로 구성했다. 북한 공군이 보유한 비행기와 미사일 중에서 어떤 무기가 핵폭탄 투발 수단으로 사용될 수 있는지 살펴보고자 한다.

① 비행기

2018년 12월에 발표된 국방부의 『2018 국방 백서』에 따르면 북한 공군은 810여 대의 전투 임무기, 30여 대의 감시 통제기, 340여 대의 공중 기동기(AN-2 포함), 170여 대의 훈련기, 290여 대의 헬리콥터 등 총 1,640여 대의 작전 항공기를 보유하고 있다고 한다.

폭격기는 공대지 공격 임무를 수행하는 군사용 항공기로, 제2차 세계 대전 당시에는 폭격 임무만을 수행하도록 만들어졌다. 왕복 엔진에서부터 제트 엔진 초기까지 엔진 출력이 부족하던 시기에는 폭탄을 대량으로 탑재하기 위해 엔진을 다수 장착한 대형 기체가 필요했기 때문이다. 전문 폭격기는 제2차 세계 대전 종전을 거치며 그 수가 점차 줄어들고 미국, 러시아, 중국 등과 같이 소수의 국가만이 운용해 왔다.

요즘 최신 폭격기는 제2차 세계 대전 당시처럼 폭격 임무만을 수행하지 않고, 기총을 발사하거나 공중 발사 크루즈 미사일을 전개해 지상 및 해상 목표를 공격하는 역할을 함께 수행한다. 폭격 임무뿐만 아니라 추가로 전투 임무를 동시에 수행할 수 있는 전폭기가 등장한 것이다. 이제 폭격기라는 용어는 공중 급유 없이도 장거리 폭격을 수행할 수 있는 전략 폭격기를 한정해서 뜻한다.

북한은 폭탄 투발 임무를 수행하는 기종으로 구형 폭격기인 일류신 IL-28을 비롯해 일류신 IL-76, 안토노프 An-2 등 340여 대의 공중 기동기를 보유하고 있다. 사실 북한은 제공권이 빈약해 핵폭탄 투발 수단으로 비행기를 이용할 가능성은 높지 않더라도 만반의 준비 태세를 갖춰야 한다.

일류신 IL-28은 1948년 7월 첫 비행한 쌍발 엔진의 제트 폭격기다. 원래 (구)소련 공군을 위해 총 6,635대를 생산했지만, 50여 년 동안 이집트를 비롯해 여러 국가에서 운용했다. 이 폭격기는 동체가 전폭 21.5미터, 전장 17.7미터, 전고 6.7미터이며, 상승률은 분당 900미터다. 순항 속도와 최대 속도는 각각 시속 770킬로미터와 시속 902킬로미터이며, 항속 거리와 상승 한계 고도는 각각

2,180킬로미터와 12.3킬로미터로 최대 이륙 중량이 21.2톤에 달하며 폭탄실에 약 3톤의 폭탄을 적재할 수 있다. 북한 공군은 지금도 유일하게 1960년대에 제공된 중국 버전의 IL-28을 약 80대 운용하고 있는 것으로 알려져 있다. IL-28은 현대의 대공 미사일과 요격기에 취약하지만, 주변 국가를 전략적으로 폭격할 수 있는 수단으로 가치가 있다. 만약 북한이 핵폭탄 투발 수단으로 비행기를 택할 경우 이 폭격기를 사용할 가능성이 높을 것으로 보인다.

일류신 IL-76은 1971년 3월 첫 비행을 한 4발 터보팬 전략 수송기로 (구)소련의 일류신 설계국이 개발했다. 이 대형 수송기는 초기 안토노프 An-12를 대체해 상업용 화물기로 계획되었으며, 1974년에 러시아 공군에 처음 배치되었다. IL-76은 무거운 기계류를 시베리아 지역에 전달하기 위해 비포장 활주로 및 짧은 활주로에서도 이착륙할 수 있도록 제작됐다. 이 다용도 수송기는 동체가 전폭 50.5미터, 전장 46.6미터, 전고 14.8미터이며, 상승률은 분당 900미터다. 순항 속도와 최대 속도는 각각 시속 759킬로미터와 시속 850킬로미터이며, 항속 거리와 상승 한계 고도는 각각 4,400킬로미터와 13킬로미터다. 최대 이륙 중량이 195톤에 달하며 약 50톤의 화물을 적재할 수 있다. IL-76의 군사용 기체는 공중 급유기 또는 지휘 센터, 수송기 등으로 유럽, 아시아 및 아프리카에서 널리 사용되었다. 무장은 자체 방어용으로 동체 꼬리 부분의 포탑에 23밀리미터 기관포 2문을 장착했다. 이외에도

일류신 IL-76.

공중 소방 및 무중력 훈련을 위한 특수 모델도 생산되었다. 북한
은 1980년대 후반 도입해 고려항공이 민간용 화물기 IL-76MD
를 3대 운용하고 있으며, 이를 전략적 항공기로 전환할 가능성이
전혀 없다고 생각해서는 안 된다.

　　안토노프 An-2는 1947년 8월 첫 비행한 단발 엔진 소형 수
송기로 다용도 수송기와 농업용 항공기로 대량 생산되었다. 동체
가 전폭 18.2미터, 전장 12.4미터, 전고 4.1미터이며, 단거리 이착
륙 및 저속 성능을 위해 복엽기로 제작되었다. 순항 속도와 최대
속도는 각각 시속 190킬로미터와 시속 253킬로미터이며, 항속 거
리와 상승 한계 고도는 각각 1,390킬로미터와 4.4킬로미터다. 최
대 이륙 중량이 5.5톤에 달해 연료 1,200리터를 탑재하고 1톤의
화물 혹은 12명의 병력을 수송할 수 있다. An-2의 이륙 거리는
플랩을 30도 내린 상태에서는 180~200미터이며, 착륙 거리는 플

안토노프 An-2.

랩을 39.5도 내린 상태에서 225미터 정도다.

An-2는 2001년까지 생산되었으며, 전 세계에서 군수 및 민간용으로 사용되고 있다. 기본 기체는 다방면에 적용이 가능하므로 여러 파생형이 개발되었다. 산불을 진압하기 위한 소방용 항공기, 공수 낙하를 위한 경수송기, 부유식 수상 비행기 등이 있다. An-2는 특수 도료로 처리된 캔버스(직물) 날개와 세미모노코크(semi-monocoque) 구조의 경량 합금 기체다. 북한은 An-2를 300여 대나 보유하고 있으며, 일부는 기체 바닥을 폭탄 투하용으로 개조해 운용하고 있다. An-2는 1톤이 넘는 폭탄을 탑재할 수 있어 안보를 심각하게 위협하는 존재임에 틀림없다. 북한이 핵폭탄 투발 수단으로 An-2를 사용할 가능성은 아주 낮지만, 상식의 허를 찌를 방법이 될 수 있다.

② 미사일

앞에서 핵 공격 수단으로 비행기에 대해 언급했지만, 제공권이 빈약한 북한이 핵폭탄 투발 수단으로 비행기를 이용할 가능성은 낮다. 그러므로 북한은 핵무기 운반 수단으로 각종 미사일을 선택할 가능성이 높을 수밖에 없다.

탄도 미사일은 고체 또는 액체 연료의 로켓 엔진이 장착되어 있어 로켓의 추진력으로 인해 발사 및 가속된 뒤에 관성 유도로 비행하다가 최종 단계에서 자유 낙하하는 미사일을 말한다. 한마디로 로켓의 추진력으로 탄도를 그리면서 날아가는 미사일이다. 탄도 미사일의 비행 단계는 상승(추진) 단계, 중간(자유 비행) 단계, 종말(대기권 진입. 우주 왕복선처럼 대기권을 나갔다 들어오는 경우가 아니면 '재진입'보다는 '진입'이라는 용어가 올바르다.) 단계 등으로 구분된다.

북한은 2012년부터 2018년까지 탄도 미사일을 55번 발사했으며, 특히 2016년에는 23번, 2017년에는 17번이나 발사했지만 2018년에는 한 번도 발사하지 않았다. 그러다 2019년에는 10여 차례 미사일 발사 실험을 강도 높게 실시했으며, 특히 10월 2일에는 아주 위협적인 북극성 계열의 SLBM을 발사했다.

북한은 2014년 전략 로켓 사령부를 전략군으로 확대 개편해 각종 탄도 미사일을 운용하고 있다. 전략적 핵 공격 능력을 갖추기 위해 핵탄두를 장착할 수 있는 탄도 미사일을 지속적으로 개발하는 것이다. 이러한 탄도 미사일의 궤적은 추력이 없어질 때의 속도, 공기력 및 중력 등을 고려해 계산해야 하므로 수학적으

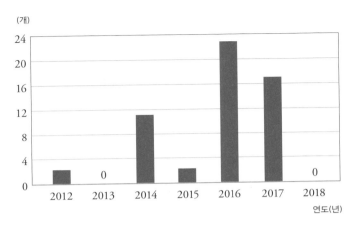

(개)

북한의 탄도 미사일 발사 횟수.

로 복잡하지만, 로켓 엔진이 없는 장사정포로 쏜 포탄의 운동은 초기 속도와 중력만으로 간단하게 계산할 수 있다.

북한은 1956년 북소 원자력 협정과 1959년 북중 원자력 협정을 잇달아 체결해 원자력 개발을 시작했으며, 1963년 (구)소련으로부터 연구용 원자로를 제공받아 평북 영변 지역에 1965년부터 대규모 원자력 단지를 조성, 핵 개발의 기초를 마련했다. 1974년에 국제 원자력 기구(International Atomic Energy Agency, IAEA)에 가입한 후 평화적 핵 이용이라는 명분하에 산업용 원자력 개발에 집중, 1980년대 이후부터는 군사 우선 핵 정책을 통해 원자로와 우라늄 정련 및 변환 시설, 핵연료 가공 공장, 대형 재처리 시설 등을 건설하며 핵 개발을 본격적으로 추진했다. 1989년 프랑스의 상업 위성으로 핵 시설이 노출되어 핵 사찰도 이루어지면서 한때 중단됐지만, 비밀리에 핵 물질인 플루토늄과 고농축 우라늄 생산을 재개했다. 북한은 2006년 10월에 제1차 핵 실험을 시작해 2017년 9월까지 총 6차에 걸쳐 핵 실험을 실시함과 동시에 원자 폭탄과 수소 핵융합 반응을 결합해 원자 폭탄보다 훨씬 강력한 수소 폭탄을 개발했다고 주장했다.

북한이 보유한 핵탄두 탑재 가능 탄도 미사일은 대포동을 비롯해 중거리 미사일인 무수단, 탐지하기 어려운 잠수함에서 발사할 수 있는 준중거리 미사일인 북극성, 노동 미사일, 스커드(Scud) 미사일 등이 있다. 2016년에는 백두산이라는 신형 고출력 미사일 엔진을 개발하는 등 탄도 미사일 개발에 박차를 가하고 있다. 미사일 탄두에 핵무기(원자 폭탄, 수소 폭탄)를 장착하는 능력도 상당한 수준까지 확보한 것으로 보인다.

노동 미사일은 1990년 후반에 배치되어 남한에 위협적인 무기가 되었다. 노동은 북한의 미사일 기지가 있는 지명(함경남도 함주군 로동리)으로, 미국 국방성이 붙인 명칭이다. 북한에서는 스커드 미사일 개량형을 화성이라고 부르며, 화성 5호는 북한의 스커드-B 단거리 미사일이고 화성 6호는 북한의 스커드-C 단거리 지대지 미사일을 말한다. 북한이 2016년 7월 발사한 화성 7호(노동 미사일)는 사정 거리가 1,300~1,500킬로미터에 이른다.

북한은 1976년부터 1978년까지 1,000킬로그램의 탑재량과 600킬로미터의 사정 거리를 갖는 중국의 DF-61 프로그램에 관여했으나 중국 정부가 반대해 시행하지 못하고 1979년부터 독자적인 탄도 미사일 개발 계획에 착수했다. 또한, (구)소련의 스커드-B 미사일을 입수해 1984년 복제품을 제작했다. 탄체 중량을 줄이기 위해 탄두 중량을 줄였으며, 탄체의 지름은 바꾸지 않고 그대로 둔 채 연료와 산화제 탱크 부분을 1미터 연장해 용량을 증대시켰다. 같은 해 9월 시험 발사에 성공한 뒤 1986년부터 양산하기 시작했다. 또 북한은 1989년 스커드-C를 초도 생산하고 1991년 실전 배치했다. 1984년 첫 비행 시험한 스커드-A, 1985년에 첫 비행 시험한 스커드-B, 1990년 첫 비행 시험한 스커드-C를 개발해 사정 거리를 300킬로미터에서 340킬로미터, 500킬로미터로 연장해 나갔다.

1990년대 초 러시아로부터 초청한 미사일 기술자들과 중국의 기술 지원으로 북한의 미사일 개발은 급진전을 이룬다. 결국 1993년 5월에 1단계 이동식 액체 추진 중거리 탄도 미사일인 노동 1호를 동해 쪽으로 시험 발사해 성공했다. 노동 1호는 지름 1.3미터, 전체 길이 15.5미터로 탑재량 1,000킬로그램에 사정 거리 1,000킬로미터로 알려져 있다. 노동 1호는 사정 거리 면에서 북한에서 발사하면 남한 전체를 포함해 일본 본토 주둔 미군 기지 등 주요 전략 목표를 공격할 수 있는 아주 위협적인 무기다. 노동 1호(북한에서는 화성 7호)의 기술은 비밀리에 이란과 파키스탄 등지로 상호 기술 교환을 기반으로 수출되어 왔다.

2016년 9월, 북한이 황해북도 황주 일대에서 동해상으로 발

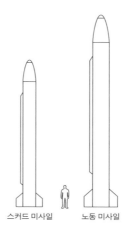

스커드 미사일   노동 미사일

미사일 크기 비교.

사한 3기의 탄도 미사일은 1,000킬로미터 내외로 날아갔으며 1993년 처음으로 성공적으로 발사된 노동 1호가 작전에 투입할 수 있는 성숙한 미사일로 거듭나는 계기가 됐다. 일본은 1993년 부터 일찍이 북한이 핵무기를 완성했을 것이라 추정하고 자체적인 미사일 방어 체제(missile defense, MD)를 구축하기 시작했다.

노동 미사일은 NK 스커드 Mod-B 엔진 하나만 장착한 스커드 미사일과는 달리 4대의 엔진을 사용하고 있다. 북한이 노동 미사일에 강력한 엔진 1대를 사용하지 않는 이유는 우선 강력한 새 엔진 개발에는 많은 시간과 비용이 소요되어 이미 시험을 끝내고 생산할 수 있는 엔진을 기반으로 미사일을 개발하는 편이 유리하기 때문이다. 또한 기술적으로 대형 엔진은 소형 엔진보다 테스트가 훨씬 어렵고 비용이 많이 든다. 4대의 클러스터링 엔진은 각각의 진동이 서로 간섭하기 때문에 전체 기계적 진동을 크게 감소시켜 단일 대형 엔진보다 부스터의 응력과 구조적 요구 사항을 낮출 수 있는 장점이 있다. 노동 미사일은 스커드-B보다 4배 많은 연료(대략 12.4세제곱미터의 연료 탱크)를 보유하며, 대기권 진입 전에 탄두를 몸체에서 분리하도록 설계되었을 것으로 추측된다. 진입할 때 탄두의 가열을 고려해 탄두를 몸체에서 떼어내는 과정이 미사일의 정확성을 떨어뜨릴 수 있기 때문이다.

북한은 2016년 4월 함경남도 신포 동북부 해상에서 북극성-1형 SLBM을 발사하고, 이어서 7월과 8월에도 동종의 탄도 미사일을 시험 발사했다. 2019년 10월에는 북극성-3형 SLBM을 발사해 고도 910여 킬로미터까지 상승해 450킬로미터를 날아갔다. 이러한 SLBM은 잠수함 발사라는 특성상 고도로 은밀해 탐지하기 어렵고 우회로 깊숙이 침투해 남해 쪽에서도 공격이 가능하다. 그러므로 불특정 방향에서 공격하는 SLBM은 방어하기 상당히 어렵다.

초대형 방사포, 노동 미사일 등도 위협적이지만, SLBM은 거의 방어가 불가능할 정도로 위협적이다. 한국은 북한의 핵탄두를 장착한 미사일 위협을 효과적으로 대처하기 위해 한국형 미사일 방어 체계를 지속적으로 구축하고 있다. 한국으로 공격하는 미사일을 2차례 이상 요격하는 다층 방어 체계로 탄도탄 조기 경보 레이다, 이지스함, 패트리어트 미사일 등을 전력화했다. 또한

SLBM 위협에 대응하기 위해 대잠 작전 능력과 해상 요격 체계를 강화하고 기존의 킬 체인을 차원이 다른 수중 킬 체인으로 보강한다.

자주포로 쏜 포탄의 사정 거리 계산

장사정포는 북한이 보유하고 있는 자주포로 장거리 사격이 가능한 화포류를 말한다. 이는 핵탄두를 장착하기 곤란해 크게 위협적이지는 않지만, 최근 보강된 초대형 방사포는 아주 위협적이다.

자주포로 쏜 포탄은 포물선 경로를 따라 움직이며, 초기 속도와 중력만으로 간단하게 수학적으로 사정 거리를 계산할 수 있다. 북한은 수도권을 위협하는 장사정포로 170밀리미터 자주포와 240밀리미터 방사포를 보유하고 있다. 170밀리미터 자주포는 궤도 차량화되어 스스로 이동할 수 있는 포로 사정 거리는 자료에 따라 54~60킬로미터다. 240밀리미터 방사포(M-1985는 12발사관, M-1991은 22발사관이다.)는 발사관을 여러 개 묶은 다연장 로켓포로 사정 거리는 최대 60~64킬로미터라고 한다.

북한은 수도권에 위협이 되는 장사정포를 총 300여 문 보유한 것으로 알려져 있다. 북한의 장사정포는 일정 고도 이상 고각도로 발사하기 어려우므로 북한산이나 관악산 등 비교적 높은 산의 남쪽 기슭 아래를 타격하기는 힘들 것이다. 170밀리미터 자주포는 서울을 비롯한 수도권 남쪽 외곽 지역까지도 타격할 수 있다고 한다. 240밀리미터 방사포는 서울 전 지역은 물론 한미 핵심 전략 기지가 위치하고 있는 오산, 평택까지도 타격이 가능하다고 한다. 이러한 장사정포는 기술상 핵탄두를 탑재할 수 없겠지만, 2020년 발사한 초대형 방사포는 핵탄두를 장착할 수도 있다고 판단된다.

로켓 엔진이 없는 장사정포로 쏜 포탄의 운동은 포물선 경로를 따르는 포물체 운동(projectile motion, 지상의 대기 중에 던져진 물체의 운동이다.)을 하며, 공기 저항, 지구 자전, 중력 가속도의 변화 등을 무시하고 중력만을 고려해 수학적으로 계산된다. 포탄을 공중으로 초기 속력 v_0와 초기 각도 θ_0로 쏘았을 때 어느 고도까지 상승해서 어느 장소에 떨어지는지 함수와 벡터, 미적분을 통해 예측해 보자. 다음 그림은 포탄의 경로와 여러 점에서의 속도

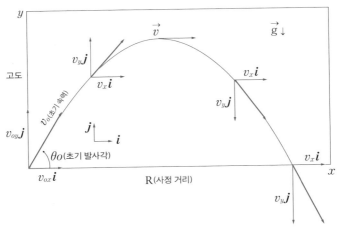

포탄의 경로.

벡터들을 표시한 것이며, 이동한 전체 수평 거리는 사정 거리를 나타낸다.

장사정포가 포탄을 초기 속력 v_0 와 초기 각도 θ_0 로 쏘았을 때 공기 저항을 무시하고 중력 가속도 $\vec{g}$ 만을 고려해 사정 거리 R을 구할 수 있다.

포탄은 지구 중심 방향으로 제곱초당 9.8미터 크기의 일정한 중력 가속도 $\vec{g}$ 를 갖는다고 하자. 이때 포탄의 포물체 운동은 수평 방향으로 가속도가 없고 수직 방향으로만 중력 가속도 $\vec{g}$ 가 작용하는 운동이다. 원점을 포탄의 초기 위치로 잡으면 속도 벡터 성분들은 $v_x = v_{0x}$, $v_y = v_{0y} - gt = 0$ 에서 최고점에 도달하며 수직 방향 속도가 없다. 따라서 최고점 도달 시간은 $t = \dfrac{v_{0y}}{g}$ 를 얻는다. 공기 저항을 고려하지 않은 사정 거리 R은 포탄이 최고점에 도달한 시간 동안에 수평 방향으로 이동한 거리의 2배가 된다. 따라서 사정 거리는 수평 방향 속도 성분에 포탄이 공중에 머문 시간을 곱해 주면 $R = 2v_{0x}\left(\dfrac{v_{0y}}{g}\right)$ 와 같다. 여기에 초기 속력 v_0 와 초기 각도 θ_0 로 사정 거리를 나타내기 위해 초기 속력 $v_{0x} = v_0\cos\theta_0$, $v_{0y} = v_0\sin\theta_0$ 를 대입하고 삼각 함수 공식을 적용하면 다음과 같이 구할 수 있다.

$$R = \frac{v_0^2}{g}\sin 2\theta_0 .$$

여기서 사인은 최댓값이 90도에서 1이므로 θ_0 가 45도일 때 최대

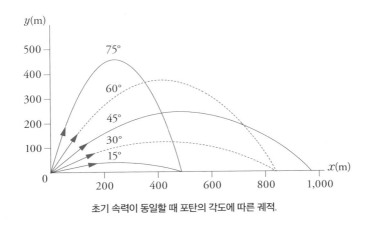

초기 속력이 동일할 때 포탄의 각도에 따른 궤적.

사정 거리 $\dfrac{v_0^2}{g}$ 이 된다. 따라서 발사각 45도에서 최대 사정 거리는 초기 속력을 제곱한 후 중력 가속도의 크기로 나눠 주면 된다. 동일한 초기 속력에서 초기 각도 θ_0를 변화시켜 쏘아 올린 포탄의 궤적을 나타내는 다음 그림을 보자. 45도에서 최대 사정 거리이고 60도와 30도, 75도와 15도의 경우 각각 사정 거리가 동일하다는 것을 알 수 있다. 사정 거리가 동일하면 45도를 제외하고 가능한 예각 θ_0는 2개이지만, 두 각도에 대해 포탄이 날아간 시간과 최대 고도는 다르다. 실제로 공기 저항 영향을 받으므로 최대 사정 거리는 줄어들며, 45도보다는 조금 낮게 쏘아 올려야 최대 사정 거리를 얻는다.

170밀리미터 자주포는 로켓이 없고 장약이 폭발하는 힘으로 발사되는 전통적인 '포'이므로 초기 속도와 초기 발사각을 알면 사정 거리를 쉽게 계산할 수 있다. 그러나 노동 미사일을 비롯해 초대형 방사포, 대포동, 북극성, 미상의 신형 미사일 등과 같은 탄도 미사일은 자체 추진력을 가진 일종의 로켓이므로 초기 속력만으로 간단히 사정 거리를 계산할 수는 없다.

확률이 포함된 핵폭탄과 투발 수단

2019년 2월 하노이 정상 회담은 북한의 비핵화에 전 세계가 주목했지만, 아쉽게도 큰 성과 없이 결렬되었다. 1945년 핵폭탄의 탄생은 제2차 세계 대전을 빨리 끝내는 데 큰 역할을 했다. 그러나 지금은 전 세계를 골치 아프게 하고 있다. 핵폭탄을 개발하는 데에도 함수의 값을 확률적으로 계산하는 알고리듬을 이용하므로 여기에는 확률이라는 상당한 수준의 수학이 필요하다. 또 로켓 엔진이 없는 포탄을 공중으로 쏘았을 때 어느 고도까지 올라가서 어디로 떨어지는지도 함수와 벡터, 미적분을 통해 비교적 간단하게 계산할 수 있다. 로켓 엔진을 장착한 탄도 미사일의 궤적도 추력이 없어질 때의 속도, 공기력 및 중력 등을 고려해 예측할 수 있다. 포탄과 탄도 미사일이 어떤 궤적으로 날아가는지 알 수 있을 정도로 수학의 응용 분야는 무궁무진하다.

연습 문제:

1. 페르미 문제(Fermi problem)는 이탈리아계 미국인 물리학자 엔리코 페르미의 이름을 딴 추정 문제로 기초 지식과 논리적 추론만으로 근사치를 추정하는 방법을 말한다.

엔리코 페르미.

페르미는 1945년 7월 새벽에 세계 최초의 원자 폭탄 시험 현장을 참관하기 위해 뉴멕시코 주 앨라모고도 사막의 베이스캠프에 있었다. 원자 폭탄의 폭발 40초 후 충격파는 북서쪽으로 100킬로미터 떨어진 베이스캠프에 도달했으며, 참관한 과학자들은 역사적인 광경에 감동하며 서 있었다. 페르미는 원자 폭탄이 터지기 전에 노트 한 장을 아주 작게 여러 조각으로 찢었다. 그런 다음 원자 폭탄의 충격파가 다가올 때 머리 위로 종잇조각을 던지자 대략 2.3미터(2.5야드) 정도 뒤에 떨어졌다. 그는 간단하게 머릿속으로 계산한 후 원자 폭탄의 에너지가 TNT 1만 톤과 동일하다고 얘기했다. 원자 폭탄 시험 팀은 페르미의 즉흥적인 계산에 깊은 감동을 받았다고 한다.

이처럼 페르미 문제는 처음 들었을 때 답을 전혀 모르거나 빈약한 정보라 할지라도 과학적으로 추정해 답을 찾아내는 것을 말한다. 페르미가 시카고 대학교에서 강의 시간에 질문한 문제는 '시카고에는 피아노 조율사가 몇 명 있겠는가?'다.

이 페르미 문제를 풀기 위해 시카고의 인구가 300만 명이고, 평균 가족은 4명으로 구성되며, 모든 가족의 3분의 1은 피아노를 소유하고 있다고 추정한다. 그리고 피아노를 10년마다 조율하면 매년 2만 5천 건을 조율해야 한다. 그리고 조율사가 연간 250일 동안 일하고 하루에 4개의 피아노를 조율할 수 있다고 하자. 이런 경우 시카고에는 몇 명의 조율사가 근무해야 하는가?

2. 용접공이 아크 용접(arc welding)할 때 발생하는 불꽃은 포물체 운동을 한다. 이러한 포물체 운동은 공기 저항을 무시하고 중력 가속도만을 고려한다면 비교적 쉽게 분석을 할 수 있다.

포물체 운동을 하는 아크 용접 불꽃.

포물체를 초기 속력 v_0와 초기 각도 θ_0(15도, 30도, 45도, 60도, 75도)로 쏘았을 때 공기 저항을 무시하고 중력 가속도만을 고려해 계산한 사정 거리 R는 발사각이 45도일 때가 최대다. 또한 포물체의 초기 각도가 30도와 60도일 때는 서로 여각으로 사정 거리 R는 동일하지만 비행 경로와 비행 시간은 다르다. 15도, 30도, 45도, 60도, 75도의 초기 각도 θ_0로 포물체를 쏘았을 때 비행 시간이 가장 짧은 발사각과 가장 긴 발사각은 몇 도인가?

5부

항공 과학,
하늘을 넘어
우주로

15장

우주 개발과
로켓 추진 원리

공기가 없는 우주 공간에서는 일반적인 항공기 엔진으로는 비행할 수 없고 액체 산소를 탑재한 로켓으로만 비행할 수 있다. 인공위성과 우주선에도 비행기와 같이 수학으로 표현된 물리 법칙이 적용된다. 우주 발사체는 로켓 엔진 뒤쪽에서 빠른 속도의 기체를 내뿜는 추력의 반작용으로 수직 상승한다. 즉 로켓 내에 있던 연료와 산화제의 연소로 발생하는 운동량이 로켓을 기체 분출의 반대 방향으로 나아가게 한다. 이것은 뉴턴의 운동 법칙으로 설명된다.

우주 공간에서는 어떻게 추력을 발생시킬까?

우주 발사체는 인공 위성이나 우주인, 우주 정거장 모듈, 우주 망원경(space telescope) 등과 같은 탑재물을 싣고 지표면에서 쏘아 탑재물을 우주 공간의 정해진 위치에 갖다 놓는 우주 로켓을 말한다. 로켓에는 인공 위성이나 우주선을 우주 공간의 원하는 곳에 운송하는 우주 발사체뿐만 아니라 핵폭탄이나 화학 무기 등을 탑재해 원하는 곳을 파괴하는 로켓인 미사일이 있다.

　로켓의 기본 원리는 뉴턴의 운동 제3법칙인 작용-반작용의 법칙이다. 예를 들어 스케이트를 탄 궁수가 수평하게 화살을 쏘는 경우 화살이 앞으로 날아갈 것이다. 궁수를 자세히 관찰하면 화살만 앞으로 나가는 것이 아니라 스케이트를 타고 화살을 쏜 궁수도 마찰이 거의 없는 빙판에 서 있기 때문에 화살을 쏜 반대 방향으로 밀려 나간다. 그러나 화살의 속도보다는 느리고 거리도 짧게 움직인다. 화살을 더 강하게 쏘면 궁수는 전보다 길게 이동 하게 된다. 만약 우주 공간과 같은 진공 중에서 동일한 실험을 한 다면 화살을 쏜 궁수는 공기 저항이 없기 때문에 공기 중에서보 다도 더 멀리 뒤로 이동할 것이다. 실제로 로켓 엔진은 공기가 존 재하는 지상보다 진공 상태인 우주에서 10~15퍼센트 큰 추력을 낸다.

로켓이 앞으로 비행할 수 있는 것은 제트 엔진과 마찬가지로 뒤쪽으로 빠른 속도의 기체를 내뿜기 때문이다. 다시 말하면 로 켓 내에 있던 연료와 산화제의 연소 반응으로 발생한 운동량이 로켓에서 기체 입자가 분출되는 방향의 반대 방향 운동량을 만 들어 준다. 로켓 엔진에서 운동량이 보존되어야 하므로 분사되는 운동량과 그 반대 방향으로 발생하는 운동량의 합은 0이어야 한 다. 그러므로 뉴턴의 운동 제3법칙인 작용-반작용의 법칙을 내 포하고 있는 뉴턴의 운동 제2법칙이 가장 근간이 되는 원리다. 뉴턴의 운동 제2법칙은 물체가 힘을 통해 운동량을 교환한다는 근본적인 의미가 포함되어 있기 때문이다.

우주 발사체의 추진 원리는 다음과 같은 뉴턴의 운동 제2법 칙을 적용해 설명할 수 있다.

$$\vec{F} = \frac{d(M\vec{V})}{dt}.$$

여기서 $\vec{F}$ 는 발사체에 작용하는 외력, M은 질량, $\vec{V}$ 는 발사체의 속도를 나타낸다. 이 식을 우주 발사체에 적용하면 운동량의 시간에 대한 변화율은 간략하게 다음과 같이 표현된다.

$$M\frac{d\vec{V}}{dt} = \vec{V_e}\frac{dM}{dt} + \vec{F}.$$

이 식 우변의 첫 번째 항은 엔진 추력으로, 발사체는 $\vec{V_e}$ (로켓 노즐 밖으로 분출하는 연소 기체의 분사 속도다.)를 크게 해 발사체 속도를 얻을 수 있다. 쉽게 설명하면 엔진은 연소를 통해 기체 온도를 상승시키고 폭발한 기체를 노즐을 통해 고속으로 분출해 추력을 얻는다. 두 번째 항인 외력 $\vec{F}$ 에는 중력이 포함되며 이외에도 낮은 대기권을 비행할 때 발생하는 공기력 등이 있다.

로켓은 고속으로 비행하기 때문에 축소 확대 노즐을 사용한다. 위 식을 적용하면 엔진의 추력 τ 는 모멘텀 추력 또는 속도 추력으로 불리는 $V_e\frac{dM}{dt}$ (연소 기체 분사 속력×질량 유동률)뿐만 아니라, 노즐 출구 단면적 A_e 에서 연소 기체의 압력과 외부 대기압의 차이 $P_e - P_a$로 생기는 추력의 합으로 나타난다.

$$\tau = V_e\frac{dM}{dt} + (P_e - P_a)A_e.$$

하늘의 과학

그러나 로켓은 대기압이 낮은 우주 공간에서 운용하고 노즐 출구에서의 압력도 아주 낮도록 설계하므로 압력을 나타내는 항은 무시할 수 있다. 따라서 추력은 다음과 같이 간단하게 표현된다.

$$\tau = V_e \frac{dM}{dt}.$$

만약 지상 발사장에서 수직으로 발사하는 발사체의 경우 이륙 초기에는 속도가 느려 공기 저항을 무시할 수 있고 외력은 총중량 $\vec{W}$ 만 작용하므로 다음과 같이 표현된다.

$$M\frac{d\vec{V}}{dt} = M\vec{a}$$
$$= \vec{\tau} - \vec{W}$$
$$\vec{a} = g\left(\frac{\vec{\tau} - \vec{W}}{W}\right).$$

발사체의 가속도 $\vec{a}$ 는 추력 대 중량비 $\frac{\vec{\tau}}{W}$ 가 $\frac{\vec{W}}{W}$ 보다 커야 수직으로 이륙할 수 있다는 것을 보여 준다. 보통 발사체의 추력 대 중량비는 1.5~2 정도의 범위를 갖는다.

로켓 엔진의 화학 추진 시스템은 추진제의 물리적 상태에 따라 액체 추진제(liquid propellant), 고체 추진제(solid propellant), 하이브리드 추진제(hybrid propellant) 등으로 구분된다. 인공 위성 발사체에 주로 사용되는 액체 추진 시스템은 섭씨 −183도 액체

2018년 11월 한국 항공 우주 연구원의 누리호 시험 발사체 발사 장면.

산소와 같은 산화제, 케로신이나 RP-1(정제 석유), 섭씨 -253도 액체 수소와 같은 연료를 사용하는데 액체 상태라서 추력 조절 및 재시동이 가능하다. 그러나 장시간 동안 극저온을 유지하기 곤란하므로 발사 직전에 추진제를 주입해야 한다. 고체 추진 시스템은 비교적 제작 비용이 저렴하고 간단한데 연료와 산화제의 고체 화합 혼합물을 연소시키는 로켓 엔진이다. 고체 추진제의 단점을 보강한 하이브리드(혼합) 추진제는 일반적으로 고체 연료에 액체 산화제를 분사해 연소시키는 방식(반대의 경우는 효율이 떨어진다.)을 말한다. 고체 추진제와 달리 연소를 중단하거나 재시동도 걸 수 있지만, 큰 추력 엔진에는 적합하지 않으므로 아직 활성화 단계에 이르지 못했다.

우주 개발의 첫걸음

지구 표면 대기권에는 공기가 존재하는데, 고도가 약 160킬로미터 이상이 되면 공기가 거의 존재하지 않는다. 이 고도부터를 보통 '우주'라 정의한다. 국제 항공 연맹(Federation Aeronautique Internationale, FAI)은 인공 위성 궤도의 최저 근지점인 100킬로미터를 우주 경계로 인정하지만, 미국은 80킬로미터 이상의 고도에서 비행할 때 우주 비행으로 인정하고 있다. 지표면에서 가장 가까운 우주 공간에 인공 위성이나 우주선을 띄우려면 로켓을 사용해야 하며, 이를 발사체라 부른다. 우주 공간의 지정된 장소나 궤도로 운송하는 데 필요한 발사체는 공기가 없기 때문에 연료와 산화제를 탑재한 로켓을 사용한다. 로켓을 처음에 누가 발명했는지 알 수는 없지만, 기록상으로 세계 최초 로켓은 1232년 중국의 비화창(불화살)으로 고체 연료를 점화해 추진한 것이다.

1903년 (구)소련 로켓 과학자 콘스탄틴 치올콥스키(Konstantin Tsiolkovsky)는 로켓 비행체는 작용과 반작용에 따라 공기가 없는 상태에서도 비행할 수 있다고 했다. 그의 업적은 세르게이 코롤료프(Sergey Korolyov), 보리스 페트로프(Boris Petrov) 등 (구)소련의 로켓 엔지니어에게 영향을 끼쳐 우주 프로그램을 조기에 성공시키는 데 공헌을 했다.

오늘날 로켓 엔진의 핵심은 1890년 스웨덴의 발명가 구스타프 데 라발(Gustaf de Laval)이 더 효율적인 증기 엔진을 만들기 위해 개발한 축소 확대 노즐(convergent-divergent nozzle 또는 de

Laval nozzle)이다. 미국의 로버트 고더드(Robert Goddard)는 1926년에 액체 산소와 가솔린을 추진체로 사용하는 액체 추진 3단식 로켓을 발사해 2.5초 동안 56미터를 날려 보냈다. 액체 로켓은 고체 로켓과 달리 연소 도중에 연소를 차단할 수 있으며, 추진력을 얻기 위해 다시 점화할 수 있다.

독일의 베른헤르 폰 브라운(Wernher von Braun) 박사는 1932년 당시 고체 연료 로켓 연구 개발을 책임지고 있었던 발터 도른베르거(Walter Dornberger)의 도움으로 고체 연료 로켓 연구를 시작할 수 있었다. 1936년 독일은 독일 북동쪽 발트 해 연안 페네 강어귀 우제돔(Usedom) 섬의 북서단에 있는 페네뮌데(Peenemünde)에 세계 최초의 우주 센터를 건설했다. 이곳은 원래 1930년대 중반에 독일 육군과 공군이 개설한 장거리 병기 실험장이었다. 페네뮌데

베른헤르 폰 브라운.

를 선택한 이유는 해상을 향해 장거리 미사일 발사 실험이 가능했으며, 본토와 떨어져 정보 관리가 용이하고 비밀 보장성이 높기 때문이었다. 이곳에서 도른베르거와 폰 브라운 팀은 액체 연료 로켓 엔진 개발에 착수해 1942년 10월 최초의 장거리 로켓 A-4를 성공적으로 발

페네뮌데 역사 기술 박물관.

사했다. 이후 V-2로 이름을 바꾼 이 로켓은 액체 산소를 이용한 현대식 액체 추진 로켓의 시초라 할 수 있다.

　제2차 세계 대전 당시 영국은 비밀 무기를 개발하고 있는 페네뮌데를 공습했으나 결정적인 타격을 입히지 못했다. 이후에 페네뮌데에서는 1톤 탄두를 320킬로미터까지 운송할 수 있는 V-2 로켓이 생산되었으며, 1944년 9월 영국 런던 시내와 주변을 향해 발사되었다.

　1945년 4월에 (구)소련군이 페네뮌데를 점령하고 1945년 5월에 독일이 연합국에 무조건 항복하자 미국과 (구)소련은 서로 연구 자료와 과학자를 쟁취하려 노력했다. 미국과 (구)소련은 각자 독일 과학자에게 액체 로켓과 초음속 비행체 제어 기술을 받아 우주 연구에 박차를 가했다. 폰 브라운 박사와 일행은 1945년 10월 공식적으로 미국으로 이주해 미국의 우주 개발에 동참한다.

1957년 10월 (구)소련은 인류 최초의 인공 위성 스푸트니크 (Sputnik) 1호를 카자흐스탄 바이코누르(Baikonur) 우주 기지에서 발사했다. 100킬로그램도 안 되는 작은 위성이 원지점 950킬로미터, 근지점 223킬로미터인 타원 궤도에 올라간 것이다. 한 달 후 개를 태운 스푸트니크 2호가 발사되었으며, 1958년 5월, 1톤 무게의 계기를 탑재한 스푸트니크 3호가 발사되었다. (구)소련의 연이은 발사는 미국의 자존심을 짓밟았다. 이것은 미국의 교육 과정 개혁을 유발하고 동서 냉전 시대에 우주 개발 경쟁을 촉발하는 계기가 되었다.

미국의 머큐리, 제미니, 아폴로 계획

1958년 7월 미국의 아이젠하워 대통령은 스푸트니크 호 발사에 따른 국민 여론의 압력으로 폰 브라운 박사를 비롯한 탄도 미사일 연구팀을 근간으로 NACA(국립 항공 자문 위원회)를 확대 개편해 NASA를 창설했다. NASA의 과학자들은 머큐리 계획 (Project Mercury)을 위해 V-2 로켓의 개량형인 레드스톤 로켓과 공군의 아틀러스 로켓을 활용해 우주선을 개발하기 시작했다. 미국은 1958년 1월 극소형 인공 위성 익스플로러 1호(Explorer 1)를 플로리다 케이프커내버럴 기지에서 발사했다. 이는 미국 최초의 인공 위성으로, 원지점 2,550킬로미터, 근지점 358킬로미터인 타원 궤도에 올라갔다.

미국은 1958년부터 1963년까지 인간을 지구 궤도로 보내는 1인승 우주 비행 계획인 머큐리 계획을 발표했으며, 이에 의거해 7인의 우주 비행사를 선발했다. 드디어 1962년 2월 우주 비행사 존 글렌(John Glenn)은 강력한 아틀러스 로켓으로 발사되는 프렌드십 7호에 탑승하고 지구 궤도를 4시간 56분 비행해 미국 최초의 지구 궤도 비행에 성공했다. 그러나 이 비행은 (구)소련에 비해 10개월이나 늦은 것이었다.

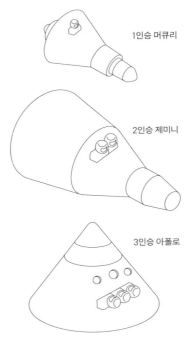

머큐리, 제미니, 아폴로 계획의 우주선.

아이젠하워의 뒤를 이어 미국 대통령에 취임한 존 F. 케네디(John F. Kennedy) 대통령은 프리덤 7호의 앨런 셰퍼드(Alan Shepard)가 탄도 비행에 성공하자 1961년 5월 "1960년대 안에 인간을 달에 착륙시키고 다시 귀환시키겠다."라고 발표했다. 따라서 NASA의 목표는 모두 여기에 맞춰져 미국은 1961~1966년 사이 2인승 우주 비행의 제미니 계획(Project Gemini)과 3인승 달 착륙 유인 비행의 아폴로 계획(Project Apollo)을 수립했다.

제미니 계획에서 제미니는 '쌍둥이'라는 뜻으로, 우주선을 머큐리 우주선보다 중량도, 크기도 2배 이상 크게 제작해 2명의 우주 비행사가 옆 좌석에 나란히 앉을 수 있도록 했다. 미국은 제미니 계획을 통해 달 왕복 비행에 필요한 항목들을 점검했다. 제미니 계획에 사용된 발사체는 타이탄 로켓이었고 1964년부터 1966년까지 총 12번 발사했다. NASA는 제미니 계획을 통해 유인 비행 횟수는 (구)소련의 2배, 비행 시간은 3.5배를 기록해 (구)소련보다 한 걸음 앞섰다. 원래 머큐리 계획으로 (구)소련의 유인 우주 비행보다 앞서려고 했으나 실패하고, 제미니 계획 후반부터 아폴로 계획에 이르러서 (구)소련을 앞서게 된 것이다.

케네디 대통령의 공약에 따라 수립된 아폴로 계획은 1961년부터 1972년까지 수행된 3인승 달 착륙 유인 비행 계획이다. 아폴로 1호부터 17호까지 총 17대의 우주 발사체가 발사되었으며 그중 아폴로 1호와 13호 2대가 임무 수행에 실패했다. 1969년 7월 16일(24일 귀환) 오전 9시 32분 케이프커내버럴 발사장에서 아폴로 11호가 선장 닐 암스트롱(Neil Armstrong), 사령선 조종사 마이클 콜린스(Michael Collins), 달 착륙선 조종사 에드윈 유진 올드린 주니어(Edwin Eugene Aldrin, Jr.) 등을 태우고 거대한 새턴 로켓으로 발사되었다. 드디어 1969년 7월 20일 오후 10시 56분(한국 시각 7월 21일 오전 11시 56분) 암스트롱은 달 착륙선에서 나와 첫 발자국을 내딛는 역사적인 순간을 보여 주고, 무사 귀환까지 성공하는 쾌거를 이루었다. 1972년 12월의 아폴로 17호(3회에 걸쳐 22시간 달 표면 탐색)까지 이어진 6차례의 달 탐사는 큰 성과를 거두었다. 9년간 250억 달러를 사용한 아폴로 계획 결과, 총 11회의 유인 비행이 수행되었고 12명이 달에 착륙했다.

끊임없는 우주 개발

미국과 (구)소련 간 동서 냉전의 시대는 1948년 (구)소련의 베를린 봉쇄로 시작되었으며, 1990년 독일이 통일될 때까지 지속되었다. 그러나 과학 기술 차원에서는 1970년대에 들어서서 미국과 (구)소련은 우주 공간의 평화적 이용을 위해 도킹 시스템을 연구하는 우주 협력의 시대를 맞이했다. 1975년 7월 (구)소련의 2인승 우주선 소유즈 19호가 발사되고 7시간 30분 후에 미국의 아폴로 18호가 발사되어 지구 궤도 위 도킹에 성공했다. 미소 간 힘을 합해 하나의 프로젝트를 실행해 긴장을 완화하고 치열한 우주 경쟁을 마치게 되었다. 이후 미국은 우주 개발에 대한 관심이 시들해지면서 예산 절감을 위해 더는 아폴로 우주선을 발사하지 않았다. 대신 1970년대 초부터 시작된 재사용이 가능하고 저렴한 우주 왕복선 개발에 집중한 결과, 1981년 4월에 첫 우주 왕복선인 컬럼비아 호를 발사했다. 컬럼비아 호는 그 후 2011년 7월까지 30년 동안 114회 비행했으며 지금은 역사 속으로 사라졌다. 이러한 우주 왕복선은 발사 비용을 줄이겠다는 당초 목표를 달성하지는 못했지만, 그래도 성공한 우주선이라 볼 수 있다.

이제는 민간 우주 업체인 블루 오리진(Blue Origin), 버진 갤럭틱(Virgin Galactic), 스페이스X 등이 주도해 끊임없이 우주 개발을 시도하고 있다. 민간 우주 업체들은 현재 국제 우주 정거장(International Space Station, ISS)으로 우주인들을 실어 나르고 있고, 지구 정지 궤도(geostationary orbit)에 인공 위성을 쏠 수 있는 발사체를 개발하고 있으며, 나아가서는 화성, 태양계 행성 탐사를 겨냥한 슈퍼 로켓도 개발한다고 한다. 한국도 우주 개발 중장기 계획을 수립해 2021년 한국형 발사체 누리호를 발사하고, 2030년까지 중궤도 및 정지 궤도 발사체뿐만 아니라 달 착륙선도 개발할 예정이다. 차후에는 3톤 이상 정지 궤도 대형 위성을 자력으로 발사하고 소행성 귀환선도 발사한다는 포부를 갖고 있다.

우주 개발과 로켓의 추진 원리

15장에서는 우선 우주 개발 과정과 로켓 추진의 원리에 대해 알아보았다. 우주 개발의 원년인 1903년에 러시아의 콘스탄틴 치올콥스키는 로켓에 대한 다양한 이론 논문을 발표했고, 1920년 미국의 로버트 고더드는 우주로 가기 위한 수학 이론 및 로켓 추진 원리에 대한 논문을 발표했다. 당시에는 아무도 로켓에 대한 논문을 인정해 주지 않았으며, 심지어 고더드는 공기가 없는 우주 공간에서 사용할 수 없는 뉴턴의 작용과 반작용 법칙을 적용했다며 혹평을 받았다. 그렇지만 현재에는 항공기와 마찬가지로 우주 공간을 날아가는 우주 발사체에도 역학적 원리와 수학을 얼마든지 적용 가능하다.

연습 문제:

1. 2018년 11월 28일 오후 4시 '누리호'의 75톤 엔진 1개를 장착한 시험 발사체가 전남 고흥 나로 우주 센터에서 발사되었다. 누리호에 장착될 75톤 액체 추진 로켓 시험에 성공한 것이다. 한국 항공 우주 연구원에서 개발하는 한국형 발사체 누리호는 1.5톤급 인공 위성을 600~800킬로미터 고도의 지구 궤도에 올려놓을 수 있다.

누리호의 1단 엔진은 75톤 추력의 엔진 4대를 묶어(클러스터링) 300톤의 추력으로 발사할 예정이며, 2단은 75톤 엔진 1대, 3단은 7톤 엔진 1대로 구성된다. 1단과 2단 엔진을 동일한 75톤급 엔진으로 만들면 개발해야 할 엔진 숫자를 줄일 수 있다. 또 연 10~20대로 제작 수요를 늘려 비용을 절감하는 효과를 얻을 수 있다.

로켓 노즐에서 나오는 분출류(outflow)는 초음속이기 때문에 엔진 노즐은 축소 확대 노즐을 사용해야 한다. 로켓 엔진은 외부 압력이 낮은 우주 공간에서 작용하고 노즐 출구에서의 압력도 아주 낮도록 설계하므로 압력 항은 무시할 수 있다. 따라서 추력은 무게 W=mg를 사용해 다음과 같이 간단하게 표현된다.

$$\vec{\tau} = \frac{dM}{dt}\vec{V_e}$$

추력 = (공기 질량 변화율) × (분출 속도)

$$= (\frac{\text{공기 무게 변화율}}{\text{중력 가속도}}) \times (\text{분출 속도}).$$

만약 누리호 장착 로켓 엔진 1개의 노즐에서 분출되는 공기 무게가 초당 243킬로그램이고, 엔진 노즐 출구에서 나오는 속도는 초당 3024.7미터이며, 중력 가속도의 크기가 제곱초당 9.8미터일 때 로켓 엔진에서 발생하는 추력은 몇 톤인지 계산하라.

2. 등엔트로피(가역 단열 과정) 흐름으로 간주할 수 있는 노즐에서 연속 방정식, 운동량 방정식, 등엔트로피 관계식을 이용해 다음과 같은 면적-속도 관계식을 유도할 수 있다.

$$\frac{dA}{A} = (M^2 - 1)\frac{dV}{V}.$$

이 식을 통해 아음속 영역($M < 1.0$)에서는 단면적 변화율과 속도 변화율은 서로 부호가 반대여서 노즐이 축소되면서 속도가 증가하며, 초음속 영역($M > 1.0$)에서 단면적 변화율과 속도 변화율은 서로 부호가 같아서 노즐이 확대되면서 속도가 증가해야 한다. 초음속 흐름에서 면적 증가율보다 밀도 감소율이 더 크므로 단위 시간당 같은 질량을 보내는 연속 방정식을 만족시키기 위해서는 속도 증가율이 높아야 한다. 이를 참조해 로켓과 같이 저장 탱크에 정체되어 있던 연소 기체가 노즐 출구에서 초음속으로 분사되기 위해서는 어떤 형태의 노즐이어야 하는지 설명하라.

16장

인공 위성과
원추 곡선

인공 위성과 우주선은 비행 속도에 따라 원, 타원, 포물선, 쌍곡선 중 하나를 비행 궤도로 한다. 공기 저항이 없는 대기권 밖에서 인공 위성이 지구 주위를 도는 것은 지구가 잡아당기는 중력과 인공 위성의 빠른 속도로 인한 원심력이 평형 상태를 이루기 때문이다. 따라서 인공 위성이 지구 중력을 극복하고 지구 주위를 회전하기 위해서는 제1우주 비행 속도(지구로 다시 떨어지지 않도록 지구 중력과 원심력의 크기를 같게 하는 최소한의 발사 속도로, 초속 7.9킬로미터다.)가 필요하다. 인공 위성 속도가 음속의 30배가 넘는 초속 11.2킬로미터가 되면 지구 궤도를 이탈해 달이나 화성과 같은 다른 위성이나 행성으로 갈 수 있게 되는데 이 비행 속도를 제2 우주 비행 속도 또는 탈출 속도라 한다.

우주 비행 궤도를 나타내는 원추 곡선

원추 곡선은 원추를 여러 각도의 평면으로 절단했을 때 만들어지는 원, 타원, 포물선, 쌍곡선 등을 통트는 말이다. 원추 곡선을 표시하는 식은 뉴턴의 운동 제2법칙과 만유인력의 법칙을 통해 얻은 운동 방정식의 각운동량을 고려해 수학적으로 잘 조합하면 위치 벡터로 표현된다. 이러한 원추 곡선의 식을 통해 인공 위성의 위치와 속도를 구할 수 있다.

고대 그리스 수학자이자 천문학자인 아폴로니우스(Apolo-nius)는 원추 곡선을 연구해 고대 최고의 과학서 중 하나인 『원추 곡선론(*Conic Sections*)』을 저술했다. 원추 곡선 또는 원뿔 곡선은 원뿔의 축에 대해 자른 평면의 기울기에 따라 원, 타원, 포물선, 쌍곡선이 되는데, 그 명칭을 아폴로니우스가 만든 것이다. 아폴로니우스는 타원, 포물선, 쌍곡선이라는 용어를 그리스 어로 부족하다(ellipsis), 일치한다(parabole), 초과한다(hyperbole)라는 단어에서 가져왔다. 그러나 당시에는 '좌표'라는 개념이 없어 그래프로 볼 수는 없었다. 『원추 곡선론』의 내용은 후에 그리스의 수학자 클라우디우스 프톨레마이오스(Claudius Ptolemaeus), 독일의 수학자 요하네스 케플러, 프랑스의 물리학자 르네 데카르트 등의

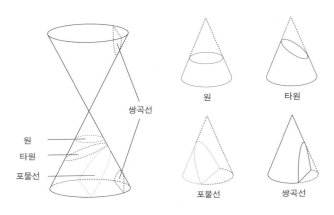

아폴로니우스의 원추 곡선.

학자에게 많은 영향을 주었다.

원추 곡선을 축에 수직으로 자르면 원이며, 원추의 기울기에 비해 작게 자르면 타원, 원추의 기울기와 평행인 평면으로 잘랐을 때는 포물선, 기울기보다 크게 자르면(즉 앞 쪽 그림에서와 같이 위와 아래의 원추 곡선 모두를 자른다.) 쌍곡선이 된다. 이러한 네 가지 곡선은 모두 2차 방정식으로 표현되며 계수가 취하는 값에 따라 구분된다.

2차 방정식으로 나타나는 타원과 포물선

타원은 돔 형태의 천장을 갖는 성당이나 국회 의사당에서 볼 수 있다. 미국 워싱턴 D. C. 국회 의사당의 내셔널 스태추어리 홀(National Statuary Hall)과 영국 런던의 세인트 폴 성당은 '속삭이는 회랑(whispering gallery)'으로 유명하다. 돔 아래 복도에서 벽에 대고 작은 소리로 속삭이는 경우 가까운 곳에서 잘 안 들리지만, 더 멀리 떨어진 건너편 복도에서는 또렷하게 잘 들린다. 이러한 신기한 현상은 돔 형태의 천장이 타원 형태로 제작된 데에 그비결이 있다.

타원은 평면 위 두 정점에서 거리의 합이 일정한 점들의 집합($P = \overline{PF} + \overline{PF'} = $ (일정))으로 정의하며, 두 정점 F와 F'을 타원의 초점이라고 한다. 타원 방정식의 표준형은 $\dfrac{x^2}{a^2} + \dfrac{y^2}{b^2} = 1$로 x^2과 y^2이 포함된 2차 방정식이다. 타원의 한 초점에서 사방으로 퍼져나간 소리는, 타원의 성질로 인해 음파가 돔에서 반사

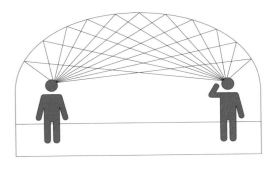

타원 형태의 속삭이는 회랑.

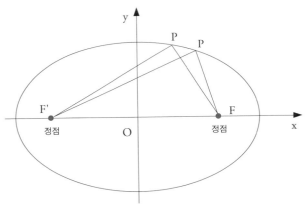

타원의 초점.

된 뒤 다른 초점으로 모인다. 따라서 한 초점에서 작은 소리로 속삭여도 건너편 초점에 있는 사람은 또렷이 들을 수 있다. 한 초점에서 나온 빛이나 전파가 타원면에 반사된 후 다른 초점에 도달하는 타원의 성질은 건축물 설계나 의료 기기에도 응용되고 있다. 신장 결석을 치료하는 결석 파쇄기(lithotripter)는 환자의 결석을 타원의 한 초점에 위치하도록 하고, 다른 초점에서 충격파를 쏜다. 어느 방향으로 충격파를 보내더라도 충격파가 모이게 되어 결석을 깨트릴 수 있다.

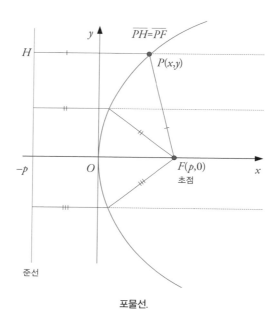

포물선.

포물선은 원추의 기울기와 동일하게 자른 경우이며, 지구 중력권을 이탈할 수 있는 비행 궤도다. 이것은 평면 위에서 한 정점 $F(p, 0)$와 이 점을 지나지 않는 한 정직선 $x = -p$에 이르는 거리가 같은 점의 집합을 말한다. 여기서 정점 $F(p, 0)$를 포물선의 초점이라 하며, 정직선 $x = -p$를 포물선의 준선이라고 한다.

포물선 위 임의의 점 $P(x, y)$에서 준선으로 내린 수선의 발을 점 H라고 할 때 점 P에서 점 H까지의 거리는 $\overline{PH} = |x + p|$이고, 점 $P(x, y)$에서 초점 $F(p, 0)$까지의 거리는 $\overline{PF} = \sqrt{(x - p)^2 + (y - 0)^2}$이다. 따라서 포물선은 $\overline{PH} = \overline{PF}$이어야 하므로 $(x + p)^2 = (x - p)^2 + y^2$이며, 이를 정리하면 $y^2 = 4px$가 된다. 이것은 초점이 $F(p, 0)$이고, 준선이 $x = -p$인 포물선 방정식의 표준형으로 y^2이 포함된 2차 방정식이다.

포물선을 2차 방정식으로 나타낼 수 있도록 좌표를 도입한 이는 프랑스의 르네 데카르트다. 그는 군대 막사에 누워 천장에서 기어 다니는 파리의 위치를 표현하려다가 '좌표'라는 아이디어를 창안해 직각 좌표계를 도입했다. 이전에는 도형을 다루는 기하학과 방정식을 다루는 대수학이 완전히 별개였지만, 데카르트는 좌표를 도입해 둘을 하나로 묶는 해석 기하학을 창시했다. 2차 방정식의 성질을 눈으로 보면서 더 명확하게 이해할 수 있게 되었다.

포물선은 위성 안테나의 설계에 아주 중요한 역할을 한다. 위성 안테나에 포물선의 축과 평행하게 들어온 전파는 반사되어 초점에 모여 강한 신호를 만든다. 이것은 포물선의 정의와 관련된 성질로 안테나가 포물면(포물선을 회전시켜 얻은 면이다.) 모양으로 되어 있기 때문이다. 또 자동차 헤드라이트의 반사경도 포물면 형태다. 자동차 전조등은 전구의 위치를 다르게 하는 기능

이탈리아 밀라노에 설치된 포물면 모양의 안테나.

으로 상향 전조등과 하향 전조등을 구현한다. 상향 전조등은 전구를 초점에 놓은 것으로 반사된 빛은 직진해 훨씬 더 먼 곳까지 비춘다. 반면에 하향 전조등은 전구를 초점보다 약간 위에 놓아 반사광의 대부분이 아래쪽 가까운 곳만 비추게 한다. 유럽식 하향 전조등은 전구를 초점보다 약간 앞에 놓아 반사광이 중심선 축에 모여 가까운 곳만 비추게 한다. 도로 교통법은 마주 오는 차량이 있거나 앞에 다른 차량이 주행하고 있을 때 상향 전조등을 사용하지 못하도록 규정하고 있다. 다른 차량 운전자의 시야를 방해하면 안 되기 때문이다.

지구 중력권에 있느냐 벗어나느냐 그것이 문제로다

우주 비행이란 공기가 없는 대기권 밖 우주 공간에서의 비행을 말하며, 우주 공간에서는 추진력이 없어도 공기 저항으로 감속되지 않기 때문에 관성으로 계속해서 비행할 수 있다. 질량을 가진 모든 물체에는 다른 물체를 서로 끌어당기는 만유인력이 작용하는데, 이 힘은 각 물체의 질량의 곱에 비례하고, 두 물체 사이의 거리의 제곱에 반비례한다. 지구의 중력은 만유인력과 지구 자전으로 인한 원심력을 합한 것을 말하므로 중력 가속도 $\vec{g}$ 의 크기는 자전에 따른 원심력의 영향을 받아 적도 지방에서는 작고 극지방에서는 크다.

지구 대기권 밖에서 포탄을 쏘았을 때 충분치 못한 속도로 쏜 경우 포탄은 지구 중력으로 인해 지표면으로 떨어지지만, 일정 이상의 속도로 쏘면 떨어지지 않고 지구를 계속 돈다. 공기 저항이 없는 대기권 밖에서 포탄에 작용하는 원심력과 중력이 평형 상태를 이루기 때문이다. 이처럼 인공 위성이 중력을 극복하고 지구 주위를 공전하기 위해서는 충분한 속도가 필요하다. 인공 위성은 원심력과 지구 중력 간의 평형으로 공전하기에 인공 위성의 궤도 표면은 항상 지구의 중심을 통과하는 평면이어야 한다.

아이작 뉴턴은 달이 직선 운동을 하지 않고 지구를 공전하는 이유는 어떤 힘이 작용해서라고 생각했다. 그리고 이 같은 힘이 사과나무에서 사과가 떨어지게 한다고 생각했고, 그 힘을 수학적으로 유도했다. 달의 운동과 지상에서 사과의 운동이 만유인력이라는 하나의 원리로 설명된 것이다. 인공 위성이 지구를 중심으로 공전하려면 지구 중심을 향한 가속도를 가져야 한다. 이것을 구심 가속도라고 하며 지구와 인공 위성 사이의 상호 만유인력으로 인해 공급된다. 직선 등속 운동을 하면 가속도가 없지만, 공전에서는 등속 운동을 하더라도 구심 가속도가 있게 된다.

질량이 M인 지구 중심에서 거리 r만큼 떨어져 있는 질량 m인 우주 비행체가 지구 주위를 속력 v로 돌고 있다고 하자. 우주 비행체에 주어진 전체 역학적 에너지 E는 다음과 같이 운동 에너지와 위치 에너지의 합으로 표현할 수 있다.

$$E = \frac{1}{2}mv^2 - \frac{GMm}{r}.$$

여기서 위치 에너지에 음($-$)의 부호가 붙은 것은 지구 표면이 아니라 지구에서 무한히 떨어진 곳이 기준이기 때문이다. 이 식에서 우주 비행체의 질량이 지구의 질량에 비해 매우 작으므로 지구에 속박된 궤도를 갖는 경우 E는 항상 0보다 작다는 것을 알 수 있다.

전체 역학적 에너지 E가 0보다 작다는 것은 위치 에너지에 비해 운동 에너지가 작아 지구 중력권을 벗어나지 못한다는 것을 의미하며, 원 또는 타원 궤도에 해당한다. $E = 0$인 경우는 지구 중력권을 벗어날 수 있는 최소 속도와 포물선 궤도를 갖는다. $E > 0$인 경우에는 운동 에너지가 위치 에너지보다 커서 빠른 속도로 지구 중력권을 벗어날 수 있는 쌍곡선 궤도에 해당한다. 이렇듯 우주 비행체는 비행 속도에 따라 아폴로니우스 원추 곡선 궤도로 비행한다.

행성 탐사의 베이스 캠프로 발전하는 우주 정거장

우주 정거장은 인공 위성처럼 지구 궤도를 도는 대형 우주 구조물로서 사람이 우주 공간에 장기간 머물면서 우주 실험이나 관측을 하는 기지다. 향후에는 지구 중력권 밖에 우주 정거장을 설치해 행성 탐사의 베이스 캠프 역할을 부여할 예정이다. 우주 정거장은 우주선과 달리 더 높은 궤도로 올라갈 수 있는 자체적인 추진 장치가 없으며, 지상으로 내려올 수 있는 착륙 설비도 없다. 그러므로 다른 발사체와 우주선이 우주 정거장 승무원들을 교체하고 필요한 화물을 공급한다.

1971년 (구)소련은 인류 최초로 우주 정거장 살류트(Salyut) 1호를 발사하고, 추가적으로 살류트 7호까지 발사했다. 전에 발사한 우주선에 도킹해 우주 정거장을 확대하는 방식이었다. 여기서 우주에서의 생활 문제와 천문학, 생물학 및 지구 자원 실험 등에 관해 다양한 장기 연구를 수행했다. 1973년 5월에 미국은 세계 두 번째 우주 정거장인 75톤의 스카이 랩(Sky lab)을 새턴 5 로켓으로 발사해 우주 공간에 띄워 놓았다. 세 번째 우주 정거장은

1986년 2월에 발사된 러시아의 미르(Mir) 호로 약 400킬로미터의 궤도를 돌면서 우주인이 장기간 머물 수 있는 대형 우주 과학 실험실 역할을 했다.

러시아 우주 비행사 세르게이 크리칼레프(Sergi Krikalev)는 미르 호에 1991년 5월부터 머무는 동안에 같은 해 12월 소련이 해체되는 사건이 발생하면서 우주 미아가 됐다. 러시아는 경제적으로 어려워 그를 지구로 귀환시킬 우주선을 발사하지 못했다. 그렇지만 다행히도 그는 독일의 경제적 지원을 받아 예정보다 5개월 늦은 1992년 3월 150여 일 만에 지구로 귀환했다. 러시아 우주 비행사 발레리 폴랴코브(Valeri Polyakov)는 미르 호에서 1994년 1월부터 1995년 3월까지 437일 18시간 동안 한 번의 우주 비행에서 가장 오래 체류한 기록을 세웠다. 2001년 3월에 미르 호는 수명이 다해 15년 동안의 임무를 마치고 남태평양 바닷속으로 영원히 가라앉았다.

미르 호에서 귀환하지 못한 어려움을 겪은 세르게이 크리칼레프.

현재 유일하게 운용 중에 있는 우주 정거장은 국제 우주 정거장으로 미국, 러시아 및 유럽 우주 기구(European Space Agency, ESA)를 포함한 16개국의 국제 협력 프로그램으로 추진된, 인류 역사상 가장 거대

국제 우주 정거장에 접근하는 스페이스X 드래곤 화물선.

한 우주 구조물이다. 이것은 1998년 11월 러시아가 전체 구조물의 한 부분인 '자랴' 모듈을 처음으로 우주 궤도에 올려놓음으로써 시작되었다. 국제 우주 정거장은 지표면에서 약 350킬로미터 상공의 지구 저궤도에서 시속 2만 7740킬로미터의 속도로 하루에 지구를 약 15.78회 돌고 있다. 국제 우주 정거장이 본격적으로 운영되기 시작한 이후에는 2~3명의 우주인이 항상 머무르고 있었다. 국제 우주 정거장은 고도를 유지하고 우주 쓰레기를 회피하기 위해 매년 평균 7,000킬로그램의 추진제가 필요하다. 또한 승무원 교체, 화물 공급을 위해 매년 정기적으로 우주선과 도킹해야 한다. 2015년 3월에 러시아 연방 우주청과 NASA는 국제 우주 정거장을 당초 계획했던 2020년에서 2024년까지 4년을 연장해 공동 운영하기로 했다.

국제 우주 정거장에 보급품을 수송하는 회사인 스페이스X는 일론 머스크(Elon Musk)가 2002년 5월 설립한 미국의 민간 우주 업체다. 이 회사는 현재 국제 우주 정거장에 보급품 수송 및 상용 인공 위성 발사를 주 업무로 하며, 차후에는 화성 유인 탐사 및 정착이라는 거대한 목표를 두고 있다.

우주 비행 속도에 따른 원, 타원, 포물선 궤도

공기 저항을 무시할 때 지표면에서 위성의 초기 회전을 위해서 필요한 이론적인 속도는 초속 7.9킬로미터로, 이를 제1차 우주 비행 속도라 한다. 원 궤도($E < 0$)는 지구를 공전하는 인공 위성에 작용하는 중력과 원심력이 평형 상태를 이루는 제1차 우주 비행 속도를 유지하며 궤도에 진입해 일정 고도로 비행하는 궤도를 말한다. 고도가 높아지면 중력이 감소하기 때문에 인공 위성의 비행 속도는 당연히 느려진다.

고도 3만 5800킬로미터의 정지 궤도 위성은 궤도 경사각이 0도인 적도면에서 원 궤도를 가지며 공전 주기는 지구의 자전 주기와 동일한 24시간이다. 정지 궤도 위성이 지구를 한 바퀴 공전하는 시간과 지구가 한 바퀴 자전하는 시간이 같기 때문에 지구에서 정지 궤도 위성을 보면 정지한 것처럼 보인다. 정지 궤도 위성은 항상 일정한 곳에 위치해 통신, 방송, 기상 위성 등으로 24시간 활용이 가능하다.

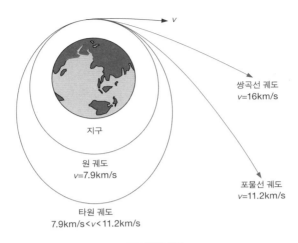

우주 비행 궤도.

초기 원 궤도로 공전하는 속력보다 속력이 더 커지면 인공
위성은 타원 궤도($E < 0$)를 그린다. 타원 궤도에서는 높은 고도
로 상승하면서 인공 위성의 속도가 줄어들다가, 다시 낮은 고도
로 내려오면서 가속되어 원래의 위치와 속도로 되돌아온다. 원
궤도인 정지 궤도 위성을 제외하고 일반적인 인공 위성은 타원
궤도로 궤도면이 적도면과 경사를 이룬다. 경사각은 로켓 발사장
의 위치 및 발사 조건에 따라 달라진다.

다음 쪽 그림은 ICBM 궤도 및 미국의 지상 기반 중간 경로
방어(Ground-based Midcourse Defense, GMD) 체계를 나타낸 것이
다. 지구 반대편에 있는 목표물을 타격할 수 있는 ICBM은 사정
거리가 5,500킬로미터 이상인 경우를 말한다. 핵탄두를 탑재할

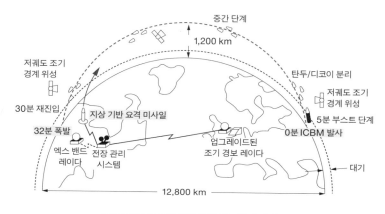

중간 단계

1,200 km

저궤도 조기
경계 위성

탄두/디코이 분리

저궤도 조기
경계 위성

30분 재진입

지상 기반 요격 미사일

5분 부스트 단계

0분 ICBM 발사

32분 폭발

엑스 밴드
레이다

전장 관리
시스템

업그레이드된
조기 경보 레이다

대기

12,800 km

ICBM 궤도 및 지상 기반 중간 경로 방어 체계.

수 있는 ICBM은 다단식 로켓으로 대략 1,200킬로미터의 고도
에 원지점을 갖고, 지구 내부에 근지점을 갖는 일종의 타원 궤도
를 형성하는 탄도 유도탄이다. 미사일이 우주 발사체와 크게 다
른 점은 탑재체와 비행 경로다. 우주 발사체는 인공 위성을 정해
진 궤도에 올려놓지만, 미사일은 탄두를 지상 목표물에 도달시키
기 위해 지구 대기권에 진입해야 한다.

　ICBM은 발사 후 3~5분 정도 부스트 단계를 거치며 일반적
으로 150~400킬로미터 고도까지 상승한다. 중간 단계에서는 약
1,200킬로미터 고도까지 상승했다가 발사 후 30분 시점에 다시
대기권 진입 후 약 2분이 지나 목표물에 충돌하는데, 총 32분 정
도 소요된다. 이때의 최대 충돌 속도는 초속 7~8킬로미터 정도
다. 진입할 때 3,000도 이상의 고열이 발생하며 이를 견디는 고

하늘의 과학

난이도 기술이 있어야 한다. 지상 기반 중간 경로 방어 체계는 ICBM 공격을 중간 단계에서 요격하는 미국의 미사일 방어 체계를 말한다. 지상 기반 중간 경로 방어 체계의 구성 요소인 지상 기반 요격 미사일은 대기권 밖에서 ICBM 탄두 요격에 적합하도록 개발된 미사일로 발사형 부스터 로켓을 사용한다.

우주 비행체가 대기권에 진입할 때 세 가지 형태의 진입 방식이 있다. 포물선 궤도를 그리며 자유 낙하하는 탄도 비행 진입(ballistic entry)과 30도 이상의 높은 받음각으로 마치 글라이더처럼 활공하는 활공 진입(glide entry), 지구 대기권 밖으로 기수를 들어 나갔다가 들어오는 과정을 반복하는 스킵 진입(skip entry) 방식 등이 있다. 우주 왕복선 이전까지의 모든 우주 비행체는 탄도 비행 방식을 사용하다가 우주 왕복선부터는 양항비를 4.0 이상 크게 발생시키는 활공 진입 방식을 사용했다. 이러한 진입 방식은 $10G$를 초과하지 않는 범위에서 속도를 최대로 감소시키고 태양 온도인 섭씨 5,500도를 넘을 수도 있는 공력 가열을 견뎌야 하는 기술적인 문제가 있다.

포물선 궤도는 에너지 $E = 0$인 경우로 인공 위성이 타원 궤도 유지 속도보다 더 큰 속도를 갖게 되면 지구 중력권을 탈출할 수 있다. 제2차 우주 비행 속도 또는 탈출 속도는 지구를 간신히 탈출 가능한 속도로 그 고도에서의 원 궤도 유지 속도를 대략 1.4배 증속하면 탈출 속도에 도달한다. 인공 위성이 포물선 궤도 유지 속도인 초속 11.2킬로미터를 초과하면 쌍곡선 궤도($E > 0$)를 갖는다. 우주 비행체는 에너지 크기에 해당하는 쌍곡선 궤적을 통해 중력권으로부터 탈출하며, 원하는 다른 행성을 향해 비행할 수 있다. 우주 비행 궤도는 뉴턴의 운동 제2법칙과 제3법칙, 에너지 보존 법칙 등을 이용해 벡터, 함수와 적분 등과 같은 수학으로 해석할 수 있다.

저렴한 우주 여행을 기대해 보자

우주 여행은 대기권 밖의 우주에서 푸른 지구와 은하수를 볼 수 있는 꿈의 관광 상품이다. 민간 우주 여행 산업의 선두 업체는 아마존 최고 경영자 제프 베조스(Jeff Bezos)가 이끄는 우주 개발 업체인 블루 오리진, 버진 그룹의 회장인 리처드 브랜슨(Richard Branson)이 이끄는 버진 갤럭틱, 전기 자동차 테슬라의 최고 경영자인 일론 머스크가 이끄는 민간 우주 업체인 스페이스X다.

다음 사진은 2017년 오시코시 에어쇼에 전시된 우주 관광선(왼쪽, 탑승객 캡슐)과 재활용 로켓 뉴 셰퍼드(New Shepard)를 보여준다. 블루 오리진이 개발한 뉴 셰퍼드는 100킬로미터 준궤도 상공까지 수직 이착륙형 로켓으로 우주 관광객을 올려 보내 우주 공간을 체험하는 방식이다. 재활용 준궤도 로켓은 추진력으로 회수하고 우주선 캡슐은 3개의 낙하산으로 회수해 다시 사용한다.

경쟁 업체인 버진 갤럭틱 사의 우주 관광은 자선인 스페이스십투(SpaceShipTwo)를 모선인 4발 터보팬 비행기 화이트나이트투(WhiteKnightTwo)로 준궤도에 올려 보내 우주 공간을 체험하

재활용 로켓 뉴 셰퍼드와 우주 관광선.

는 방식이다. 1단 로켓 역할을 하는 모선 비행기에 우주 관광선을 탑재하고 1만 5000미터 상공까지 올라가 자선을 공중 발사하겠다는 것이다. 그러나 두 회사의 방식 모두가 비용을 저렴하게 하기 위해 로켓과 모선 비행기를 재활용한다는 점에서는 동일하다. 블루 오리진은 벌써 수십 차례나 뉴 셰퍼드 발사에 성공했으며, 이제는 유료 승객을 태워 우주에 보내고 있다.

16장 인공 위성과 원추 곡선

뉴 세퍼드의 이름은 미국 최초로 1961년에 우주를 여행한 우주 비행사 앨런 셰퍼드에서 따왔다. 또 블루 오리진은 지구 정지 궤도까지 13톤 화물을 올려놓을 수 있는 3단형 로켓 뉴 글렌(New Glenn)을 2012년부터 개발 중이다. 기본 2단형 뉴 글렌은 지구 저궤도(low earth orbit, LEO) 임무 중량이 45톤으로 유인 비행을 하며, 1단의 최대 재사용 횟수는 100회를 목표로 하고 있다. 뉴 글렌의 이름 역시 미국 최초로 1962년에 지구 궤도를 비행한 우주 비행사 존 글렌에서 따왔다. 이외에도 블루 오리진은 달을 비롯해 화성, 태양계 행성 탐사를 겨냥한 슈퍼 로켓 뉴 암스트롱(New Armstrong)도 개발한다고 한다. 역시 인류 최초로 달에 발을 디딘 닐 암스트롱의 이름에서 따온 것이다. 블루 오리진의 로켓 명칭은 전부 유명한 우주 비행사의 이름에 '뉴'자를 붙였다.

. 우주 여행을 할 수 있는 우주 비행기는 장착된 극초음속 공기 흡입식 추진 시스템에 따라 완전히 재사용이 가능한 SSTO(single-stage-to-orbit, 1단 궤도 진입 비행체)와 TSTO(two-stage-to-orbit, 2단 궤도 진입 비행체)로 구분된다. 분리 단계가 없는 SSTO형 우주 비행기는 리액션 엔진스 리미티드 사(Reaction Engines Limited)의 스카이론(Skylon)을 비롯해 맥도넬 더글러스 사의 DC-X, 록히드 마틴 사의 X-33 등이 있다. TSTO형 우주 비행기는 달과 화성으로 가기 위한 스페이스X 사의 빅 팰컨 로켓(Big Falcon Rocket, BFR)을 비롯해 블루 오리진 사의 뉴 글렌, 아틀라스 V 및 델타 IV 로켓 기술을 적용하는 유나이티드 론치

록히드 마틴 사의 X-33.

얼라이언스(United Launch Alliance, ULA) 사의 벌컨(Vulcan) 등이 있다.

　SSTO형 저비용 재사용 우주 비행기인 스카이론은 공기 흡입 모드의 제트 엔진과 고도가 높아지면서 작동되는 로켓 추진 모드 엔진으로 구성된 세이버(synergetic air-breathing rocket engine, SABRE)를 장착한다. 이러한 우주 비행체는 수평으로 이착륙하며, 최대 30명까지 승객을 탑승시켜 국제 우주 정거장까지 저렴한 비용으로 운송할 수 있다. 2004년부터 연구가 시작된 스카이론은 2025년쯤에 시험 비행을 수행할 예정이다.

　X-33은 재사용 가능한 발사체인 벤처스타(VentureStarTM)의 2분의 1 크기의 시제품으로, 2개의 로켓 엔진을 장착한 '리프

16장 인공 위성과 원추 곡선　　　　　　　　　　　**535**

팅 바디'(lifting body, 동체가 날개처럼 양력을 발생시키는 비행체를 말한다.) 형태의 우주 비행체다. 이는 수직으로 발사되어 고도 96.6킬로미터에 도달하고 마하 13보다 빠른 속도로 우주를 비행한다. 우주 왕복선처럼 착륙할 때는 활주로에 수평으로 착륙하는 자율 조종 우주 비행체로 개발하고자 했지만 지금은 연구가 중단된 상태다.

한편, TSTO형 빅 팰컨 로켓 우주 비행기는 승객이나 화물을 지구에서 우주로 빠르게 운송할 수 있는 능력뿐만 아니라 지구 저궤도에 위성을 올려놓거나 달과 화성으로 여행객을 보내는 데에도 사용될 수 있다. 빅 팰컨 로켓은 1단 로켓인 슈퍼 헤비(Super Heavy) 로켓과 2단 우주선인 스타십(Starship)으로 구성된다. 여기에는 추력 200톤의 랩터(Raptor) 엔진이 주 엔진으로 사용되며, 슈퍼 헤비는 31대, 스타십은 7대의 랩터 엔진으로 구성된다. 이러한 로켓은 스페이스 X의 본사가 있는 캘리포니아 주 호손에서 개발 중이며, 2023년도에 억만장자의 일본인 승객을 태우고 달 주위를 도는 비행을 수행할 예정이라고 한다. 누구나 쉽게 우주관광을 즐길 수 있는 시대가 오기를 기대해 보자.

인공 위성과 원추 곡선

16장에서는 인공 위성의 궤도 및 원추 곡선에 대해 살펴보았다. 지구 궤도를 도는 대형 우주 구조물인 우주 정거장의 역학적 원리가 수학으로 표현된다. 비행 속도에 따라 다양한 궤도로 비행하는 인공 위성도 비행기처럼 상당한 수준의 수학이 필요한 분야임은 두말할 나위 없다. 이처럼 수학과 물리학의 응용 분야는 무궁무진하며, 항공 우주 과학을 이끌어갈 과학자들이 끊임없이 탄생하기 바란다.

연습 문제:

1. 인공 위성이 지구 주위를 원 궤도를 그리면서 일정한 속력으로 공전할 때 지구와 인공 위성 사이에 작용하는 만유인력(중력)과 원심력은 서로 상쇄된 상태에 있다. 인공 위성의 질량을 m, 지구 질량을 M, 인공 위성 속력을 v, 지구 중심에서 인공 위성까지의 거리를 r이라 할 때 운동 방정식은 다음과 같이 표현된다.

$$G\frac{Mm}{r^2} = m\frac{v^2}{r}.$$

여기서 m과 r을 없애고 속력 v에 대해 정리하면

$$v = \sqrt{\frac{GM}{r}}.$$

여기서 r은 지구의 반지름 $R_E = 6.37 \times 10^6 m$와 고도 h를 합한 값이며, 만유인력 상수는 $G = 6.67 \times 10^{-11} Nm^2/kg^2$, 지구의 질량은 $M = 5.97 \times 10^{24} kg$이다. 지구를 한 바퀴 도는 데 걸리는 시간 t는 다음과 같이 계산할 수 있다.

$$t = \frac{2\pi r}{v}.$$

2019년 10월 미국 공군 무인 우주 왕복선 X-37B 궤도 시험기 (orbital test vehicle)가 2017년 9월 스페이스X 팰컨 9호 로켓에 실려

우주로 날아가 지구 궤도를 비행한 지 2년 만에 지구로 귀환했다.

NASA의 우주 왕복선보다 훨씬 작지만 비슷한 모습을 한 X-37B 는 당연히 정찰과 감시 임무를 수행했겠지만, 비밀이라 정확히 알 수 는 없다. 네덜란드 천문학자는 X-37B가 고도 340킬로미터에서 인공 위성과 같이 지구 주위를 공전하는 장면을 촬영했다고 한다. 그렇다 면 이 고도 정보를 통해 X-37B의 속력과 공전 주기를 계산할 수 있 다. X-37B가 일정한 속력으로 고도 340킬로미터에서 원 궤도를 그 리면서 지구 주위를 공전할 때 속력을 구하고 지구를 하루에 몇 바퀴 도는지 계산하라.

2. 지구 둘레를 도는 우주 정거장에서는 지구가 잡아당기는 중력과 바깥으로 나가려는 원심력으로 인해 무중력 상태를 느낀다. 무중력 상 태는 무게나 중력이 없어서 발생하는 것이 아니고 겉보기 무게가 0인 상태다. 우주 비행사에게 무중력 훈련을 시키기 위해 항공기를 이용 하기도 한다. 항공기가 45도의 아주 높은 받음각 자세로 상승 비행할 때 어떻게 무중력 상태가 되는지 양력, 항력, 추력, 무게 등을 그려 설 명하라.

17장

태양계와
각운동량 보존
법칙

태양계에는 태양 주위를 도는 수성, 금성, 지구, 화성, 목성, 토성, 천왕성, 해왕성 등 8개의 행성이 존재한다. 직선 운동에서의 선형 운동량 보존 법칙과 마찬가지로 회전 운동에서는 각운동량 보존 법칙이 성립한다. 지구는 태양 주위를 타원 궤도로 공전하며, 각운동량은 보존되므로 태양에 가까워지면 공전 속도가 빨라지고 멀어지면 느려지는 것이다. 태양계 가족들도 각각 공전 속도는 다르지만 지구처럼 태양 주위를 공전하고 있다.

각운동량 보존 법칙

뉴턴은 직선 운동에서 힘과 가속도에 관한 법칙인 $\sum \vec{F} = m\vec{a}$ 를 유도했다. 이 법칙에는 물체가 힘을 통해 운동량을 교환한다는 의미가 내포되어 있다. 계가 고립되어 외부에서 힘이 작용하지 않는 경우 각 입자에 대한 운동량 $\vec{mv}$ 의 합이 보존되므로 $\vec{mv}$ 가 중요한 물리량이라는 것을 알 수 있다. 이것을 선형 운동량이라 하며 질량과 속도의 곱으로 정의된다. 선형 운동량은 속도 $\vec{v}$ 로 움직이는 질량 m인 물체가 갖는 운동 효과를 나타낸다. 예를 들어 공이 전달하는 충격은 질량이 크면 클수록, 속도가 빠르면 빠를수록 커진다. 따라서 충격량은 어느 시간 동안 일어난

운동량의 변화로 정의된다. 뉴턴의 운동 제2법칙은 '물체 선형 운동량의 시간에 대한 변화율은 물체에 작용하는 모든 힘의 합과 같다.'라는 뜻이며 다음과 같이 표현된다.

$$\sum \vec{F} = m\vec{a}$$
$$= \frac{d(m\vec{v})}{dt}.$$

그러므로 외부로부터 힘이 작용하지 않으면, 선형 운동량은 시간에 따라 변하지 않고 보존된다.

뉴턴의 운동 제2법칙은 물체의 직선 운동뿐만 아니라 회전 운동에도 적용된다. 스케이트를 타고 가다가 서 있는 막대를 잡으면 막대를 중심으로 회전하게 된다. 회전 운동은 일상 생활에서 흔히 볼 수 있는 물리 현상으로 지구의 자전과 공전, 자동차 바퀴, 놀이 기구, 자이로, 시곗바늘, 피겨 스케이팅 선수의 회전 등과 같이 물체가 회전하는 운동을 말한다. 회전하는 물체의 운동량을 각운동량이라 하며, 회전 운동을 분석하는 데 도움을 준다. 선형 운동량 보존 법칙과 마찬가지로 각운동량 보존 법칙도 성립한다. 돌림힘은 회전 운동을 유발한다.

어떤 물체가 원운동을 하는 경우 선형 운동량의 크기 mv는 불변이지만, 방향이 변하므로 선형 운동량 $\vec{p} = m\vec{v}$ 는 보존되지 않는다. 방향이 변하는 것은 원운동을 할 수 있도록 원 중심으로 향하는 구심력이 작용하고 있기 때문이다. 그러나 질량 m과 속력 v, 반지름 r은 일정하므로 선형 운동량에 거리를 곱한 값인 각운동량의 크기 mvr은 일정하게 유지된다. 만약 외부에서 강제적으로 돌림힘을 가하지 않는다면 각운동량의 시간에 대한 변화가 없으며 각운동량은 일정하게 보존된다.

각운동량 $\vec{L}$은 축을 중심으로 회전하는 물체의 위치 벡터 $\vec{r}$과 선형 운동량 $\vec{p}$의 벡터 곱으로 정의된다.

$$\vec{L} = \vec{r} \times \vec{p}.$$

여기서 선형 운동량 $\vec{p}$는 질량 m과 속도 $\vec{v}$의 곱으로 정의되는 중요한 물리량이다. 돌림힘 $\vec{\tau}$는 각운동량을 시간에 대해 미분한 $\vec{\tau} = \dfrac{dL}{dt}$이다. 질량 m인 돌멩이를 길이 l인 실 끝에 매달아 속력 V로 회전시켰을 때, 이 돌멩이의 각운동량의 크기는 mVl이 된다. 이는 관성 모멘트 $I = ml^2$과 각속력 $\omega = \dfrac{V}{l}$를 곱한 양인 $L = I\omega$와 동일하며, 벡터 형태 $\vec{L} = I\vec{\omega}$로 쓸 수 있다. 여기서 $I = ml^2$은 관성 모멘트로 선형 운동량 $\vec{p} = m\vec{v}$와 비교해 보면 회전 운동에서 일종의 질량과 같은 역할을 하는 물리량이다. 두 구의 질량이 같으면 속이 꽉 찬 구의 관성 모멘트는 질량이 회전축에서 떨어진 구의 표면에만 분포해 있는 속이 빈 구의 관성 모멘트보다 작다. 각속도 방향의 일정한 크기의 돌림힘으로 회전시키는 경우 관성 모멘트가 작으면 작을수록 각속도가 빠르게 증가한다.

각운동량을 시간에 대해 미분하면

$$\frac{d\vec{L}}{dt} = \left(\frac{d\vec{r}}{dt} \times \vec{p}\right) + \left(\vec{r} \times \frac{d\vec{p}}{dt}\right)$$
$$= (\vec{v} \times m\vec{v}) + (\vec{r} \times \vec{F})$$
$$= \sum \vec{\tau}$$

가 된다.

만약 어떤 원점을 기준으로 돌림힘이 작용하지 않는 경우 $\frac{d\vec{L}}{dt} = 0$이므로 각운동량 $\vec{L}$ 이 일정하게 된다. 각운동량 보존 법칙은 계가 고립되어 외부로부터 돌림힘이 작용하지 않는 경우 계 내부에서의 전체 각운동량이 항상 일정한 값으로 보존된다는 법칙이다. 만약 각운동량이 0이고 선형 운동량이 0이 아닌 경우의 운동은 회전 운동이 아니라 직선 운동이 된다. 각운동량의 크기는 $L = I\omega$이므로 각운동량이 보존되면 관성 모멘트 I와 각속력 ω의 곱이 일정해야 한다. 고립된 회전계가 변형 가능하다면 계의 질량 분포는 달라져 관성 모멘트가 변하게 된다. 그러면 각운동량 보존 법칙에 의거해 각속력도 변하게 된다. 따라서 각운동량 보존 법칙은 다음과 같이 표현할 수 있다.

$$I_i\omega_i = I_f\omega_f = (일정).$$

각운동량 보존 법칙은 뉴턴의 운동 제2법칙에서 직선 운동이 아니라 회전 운동을 하는 경우를 말한다.

각운동량 보존의 사례

각운동량 보존 법칙의 대표적인 예로 피겨 스케이팅 선수들의 회전 동작이 있다. 피겨 스케이팅 선수들이 점프를 하기 직전에 양팔을 몸에 바짝 붙이며 신체의 반지름을 줄여 회전 속도를 빠르게 하는 광경을 볼 수 있다. 선수들이 공중 점프할 때 외부에서 어떤 돌림힘도 작용하지 않으므로 각운동량은 보존되어야 한다. 따라서 회전하면서 팔과 다리를 몸에 붙이면 관성 모멘트 I = ml^2이 작아지므로 각운동량 보존 법칙에 따라 각속력이 증가해 빨리 회전하게 되는 것이다. 또 공중에서 착지할 때는 각속력을 감소시켜야 실수하지 않으므로 관성 모멘트가 최대인 편이 유리하다. 그러므로 팔과 다리를 몸에서 멀리 떨어지게 해 관성 모멘트를 증가시켜 각속력이 감소하게 하는 것이다. 관성 모멘트는 회전 중심축으로부터 거리의 제곱에 비례하므로 팔과 다리를 펴면 질량 요소들이 회전축에서 멀어져 관성 모멘트가 커진다.

다이빙 선수들이 공중에서 회전하는 경우에도 각운동량 보존 법칙이 적용된다. 공중에서 팔과 다리를 자신의 몸 가까이 끌어당겨 회전한다. 질량 중심에 대한 관성 모멘트를 작게 해 최대한 빨리 회전하기 위한 행동이다.

또한 헬리콥터에서도 각운동량 보존 법칙은 매우 중요하다. 헬리콥터에 주 로터(main rotor) 하나만 있고 꼬리 로터(tail rotor)

가 없는 경우 주 로터가 회전하면 각운동량이 발생하며 이를 상쇄시키기 위해 동체가 회전하게 된다. 외부에서 헬리콥터에 작용하는 돌림힘이 없어 전체 각운동량이 0으로 보존되기 때문이다. 그래서 동체가 회전하는 것을 막기 위해 헬리콥터에는 꼬리 로터가 필요하다.

1993년 소말리아에서의 모가디슈 전투를 영화화한 「블랙 호크 다운(Black Hawk Down)」에서 꼬리 로터가 파손된 UH-60 블랙 호크가 추락하면서 빙글빙글 도는 장면을 볼 수 있다. 꼬리로터가 파손되어 주 로터가 회전함에 따라 동체가 회전하는 것을 막지 못한 것이다. 동축 반전 로터 헬리콥터(coaxial rotor helicopter)는 같은 축에 2개의 로터를 서로 반대 방향으로 회전시켜 돌림힘을 상쇄시킨다. 동축 반전 로터 헬리콥터의 대표격으로는 러시아의 공격용 헬리콥터인 카모프 사의 KA-50이 있으며, 돌림힘을 상쇄하기 위한 꼬리 로터가 필요하지 않다. 전체 형상이 크지 않아 좁은 갑판에서 운용하기 적절하다.

앞뒤 로터 헬리콥터(tandem rotor helicopter)는 꼬리 로터가 없는 대신 주 로터를 동체 전방과 후방에 하나씩 두고 서로 반대 방향으로 회전시켜 돌림힘을 상쇄한다. 또 주 로터끼리의 충돌을 방지하고 전방 로터에서 발생한 후류(wake)에 잠기지 않게 하기 위해 후방 로터는 전방 로터보다 더 높은 위치에 장착한다. 앞뒤 로터 헬리콥터로는 보잉 사가 제작한 CH-47 치누크(Chinook)를 들 수 있다. 치누크는 1961년 9월 첫 비행을 했으며 현재까지

치누크.

1,200여 대가 생산되어 미국은 물론 한국, 일본, 이집트 등에서도 운용 중이다.

드론(drone)은 사람이 타지 않고서도 전파를 통해 비행 및 조종을 할 수 있는 무인 항공기(unmanned aerial vehicle, UAV)를 의미한다. 비행 방법에 따라 날개가 고정된 고정익기와 날개 자체가 회전하는 회전익기로 구분한다. 날개가 회전하는 회전익 무인기는 헬리콥터가 대표적이며 수직 이착륙이 가능하다. 시중에서 장난감 드론으로 많이 판매되며 동체 상단에 로터가 여러 개 달린 무인기를 멀티콥터(multi-copter)라 한다. 멀티콥터는 로터 숫자에 따라 4개는 쿼드콥터(quad-copter), 6개는 헥사콥터(hexa-copter), 8개는 옥타콥터(octa-copter)라 부른다. 이외에도 헥사콥터의 각 축에 회전 방향이 서로 반대인 2개의 로터를 묶어 로터가 총 12개인 도데카콥터(dodeca-copter)도 있다. 멀티콥터도 하나의 계로 간주하면 외부에서 돌림힘이 작용하지 않으므로 각운동량의 시간에 대한 변화율은 0으로 각운동량은 일정하게 보존되어야 한다.

멀티콥터의 로터가 회전하기 시작하면 각운동량이 발생하며, 각운동량 보존 법칙에 의거 반대 방향의 각운동량이 발생하게 된다. 이는 드론 동체를 회전시키므로 반대 방향의 각운동량

헥사콥터.

을 상쇄하도록 멀티콥터를 설계해야 한다. 그래서 로터들이 대각선 방향으로 2개씩 짝을 이뤄 하나는 시계 방향, 다른 하나는 반시계 방향으로 서로 엇갈려 회전한다.

위 사진은 제14회 한국 로봇 항공기(드론) 경연 대회에 출전한 로터 6개짜리 헥사콥터를 보여 준다. 로터 6개의 회전 방향은 서로 엇갈려 로터의 회전으로 동체의 회전을 상쇄하고 있다.

케플러의 법칙

독일의 천문학자인 요하네스 케플러는 스승이었던 튀코 브라헤(Tycho Brahe)가 남긴 행성 위치 관측 기록을 바탕으로, 행성들의 움직임에 대한 수학적 모형을 유도했다. 그는 움직이는 지구에서 움직이는 행성을 관찰한 브라헤의 자료를 분석하는 데 큰 어려움을 겪었다. 케플러는 태양을 중심으로 공전하는 행성(특히 화성)의 운동을 관찰하고 완벽하게 해석해 케플러의 법칙을 유도했다. 뉴턴의 만유인력 법칙이 발표되기도 전에 선구자적인 세 가지 법칙을 만든 것이다.

케플러의 제1법칙은 "모든 행성은 태양을 한 초점으로 하는 타원 궤도를 따라서 이동한다."라는 것이다. 이 법칙은 거리의 제곱에 반비례하는 만유인력을 직접적으로 나타낸 것으로 태양 중력에 속박된 소행성, 혜성도 이 법칙을 따른다. 이는 타원 궤도의 기하학적 모양을 정확하게 기술하는 것으로 달도 지구 주위를 타원 궤도로 운행한다.

케플러의 제2법칙인 면적의 법칙은 궤도상에서 행성의 속도를 다룬 것이다. "행성과 태양을 연결하는 직선이 단위 시간에 움직이며 그리는 면적은 일정하다."라는 이 법칙은 행성과 태양에 만유인력이 작용하지만 이를 하나의 고립된 계로 간주하면 외부에서 행성에 작용하는 돌림힘이 없어 행성의 각운동량이 보존된다는 뜻이다.

지구는 태양 주위를 타원 궤도로 공전하며 각운동량이 보존된다. 만약 지구가 태양에 가까워지면 거리 r_1이 짧아지므로 관성 모멘트 I가 줄어든다. 그러므로 각운동량의 크기 L을 일정하게 만들기 위해 각속력이 커져 회전 속도가 빨라진다. 지구가 태양에서 멀어지면 거리 r_2가 길어지는 대신 회전 속도가 느려진다. 지구는 자전축이 공전면에 수직인 축과 23.5도의 각도로 기울어진 채로 자전과 공전을 하고 있어 일일 기온과 계절 기온이 변화한다. 계절의 기온 변화는 23.5도 기울어진 지구의 공전면 위치에 따라 태양의 고도각(solar elevation angle, 지구 수평면과 태양의 중심이 이루는 각으로 지구 위도에 따라 태양 방사열을 받아들이는 각도를 말한다.)이 변화하기 때문에 생긴다. 지구 북반구에서는 일 년 중 태양과 원거리에 있을 때 태양 쪽으로 기울어 태양 방사열을 많이

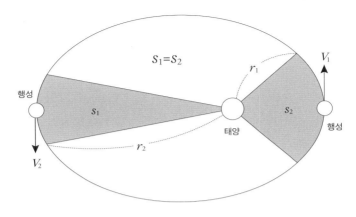

케플러의 제2법칙인 면적의 법칙.

받아들이는 여름에 해당된다. 태양과 근거리에 있을 때는 태양과 반대쪽으로 기울어 가장 추운 겨울에 해당되며, 이때 남반구는 여름이다. 지구의 위성인 달의 자전 속도는 일정하며 공전 속도는 케플러의 제2법칙으로 인해 변한다. 그리고 달의 자전 주기와 공전 주기가 같기 때문에 지구를 향하는 면은 항상 동일하다.

케플러의 제3법칙인 주기의 법칙은 "모든 행성의 궤도 주기의 제곱은 그 궤도의 긴반지름의 세제곱에 비례한다."라는 것이다. 이 법칙은 모든 행성의 궤도 주기에 로그를 취하고 그 궤도의 긴반지름에 로그를 취하니 두 값의 관계가 직선으로 나타나며, 그 직선의 기울기가 $\frac{3}{2}$ 이라는 것을 통해 알아낸 것이다. 또한 서로 회전하는 두 물체의 질량과 궤도 파라미터 사이의 관계를 설명한다. 거대한 궤도의 작은 별은 질량 중심을 중심으로 회전하고 있으며, 우리는 질량 중심에 대한 행성의 움직임을 측정해 그 별과 관련된 행성계를 발견하는 데 사용할 수 있다.

우리 은하의 변두리 태양계

태양계는 우리가 속해 있는 '우리 은하(Milky Way)'의 중심에서 약 2만 5000광년(1광년은 빛이 진공 속에서 1년 동안 가는 거리를 말한다.) 떨어진 가장자리에 있다. 핵융합 반응을 하는 태양과 같은 항성과 달리, 항성 주위를 도는 행성은 핵융합 반응을 하지 못한다. 행성이 태양을 중심으로 곡선 경로로 공전하려면 태양을 향한 가속도가 있어야 한다. 이것을 구심 가속도라 하며 태양과 행성 사이의 상호 만유인력으로 발생된다.

태양계에는 수성, 금성, 지구, 화성, 목성, 토성, 천왕성, 해왕성 등 8개의 행성이 존재한다. 이러한 행성 주위를 공전하는 천체를 위성이라 하는데 태양계에는 약 240개의 자연 위성이 있다. 자연 위성 이외에도 인류가 특정한 목적을 위해 쏘아 올려 일정한 주기로 지구 주위를 공전하는 인공 위성이 있다. 매일 밤 볼 수 있는 달은 지구의 유일한 자연 위성으로 서쪽에서 동쪽으로 지구 주위를 돌고 있다. 반면에 지구 궤도를 도는 인공 위성은 대략 6,000여기에 달하는 것으로 알려져 있다.

태양은 태양계에 속하는 행성, 소행성, 혜성 등의 운동을 지배하며, 태양계의 8개 행성은 태양을 초점으로 동일 평면 위에서 타원 궤도를 그리며 돌고 있다. 모든 행성은 지구와 같이 서쪽에

수성 금성 지구 화성 목성 토성 천왕성 해왕성 — 행성

세레스 명왕성 하우메아 마케마케 에리스 — 왜행성

태양계.

서 동쪽으로 공전하며, 금성과 천왕성은 자전축 기울기가 지구와 완전히 달라 해가 서쪽에서 뜬다. 태양계의 질량은 태양의 질량이 99.85퍼센트로 대부분을 차지하며, 행성을 비롯해 왜소 행성, 위성, 소행성, 혜성 등 나머지의 모든 질량이 0.15퍼센트에 해당한다.

지구 질량의 33만 배가 넘을 정도로 거대한 태양의 중력은 핵 내부에 극심한 압력과 온도를 만들어 수소 핵을 융합하고 헬륨 핵을 생성하는 핵융합 반응을 유지한다. 이 에너지를 모두 사용하는 태양의 수명은 대략 100억 년으로 계산되므로 54억 년 정도 남은 셈이다. 태양의 핵융합 반응은 1초에 약 40억 킬로그램의 질량을 에너지로 변환한다. 핵에서 변환된 에너지가 표면에 도달하고 빛과 열로 방출되는 데 약 100만 년이 소요된다. 1958년 미국의 태양 천체 물리학자인 유진 파커(Eugene Parker)가 발견한 태양풍은 태양으로부터의 이온과 전자(함께 우주 플라스마를 구성한다.) 흐름이다. 태양풍은 태양의 가장 바깥 대기층에 있는 엷은 가스층인 코로나 때문이며 태양으로부터 모든 방향으로 흐른다. 코로나 온도는 섭씨 100만 도 정도로 매우 높으며 개기 일식 때는 맨눈으로 관찰할 수 있다.

태양계 내에서 가장 많이 사용되는 거리 측정 단위는 천문단위(astronomical unit, AU)다. 1.0천문단위는 태양에서 지구까지의 평균 거리이며 1억 5000만 킬로미터를 말한다. 만약 지구에서 시속 900킬로미터 속도로 날아가는 여객기로 태양까지 간다면 약 19년이 걸리는 거리다.

작고 단단한 지구형 행성인 수성, 금성, 지구, 화성

태양계는 물리적 특성에 따라 수성, 금성, 지구, 화성 같은 지구형 행성과 거대 행성인 목성, 토성, 천왕성, 해왕성 같은 목성형 행성이 있다. 작고 단단한 고체 표면을 갖는 지구형 행성을 먼저 살펴보자.

수성은 태양계에서 가장 안쪽에 위치한 행성으로 표면은 지구의 달과 매우 비슷하고 표면에 구덩이가 있다. 태양과의 평균 거리는 0.39천문단위로 태양에서 지구까지의 거리를 1.0미터라고 생각할 때 수성까지의 거리는 0.39미터다. 수성의 지름은 4,800킬로미터이며, 크기가 작고 중력이 작아 대기를 형성하지 못하고 있다. 수성은 자전 주기(58.6일)보다 공전 주기(88일)가 길고 자전 방향과 공전 방향이 같으므로 하루가 176일로 아주 길다. 그러므로 햇빛을 한쪽이 오래 받기 때문에 태양 쪽은 섭씨 400도인 반면 반대쪽은 섭씨 -170도로 온도 차이가 아주 심하다.

지구에서 보았을 때 금성은 행성 중 가장 밝게 보인다. 태양에서 지구까지의 거리를 1.0미터라고 생각할 때 태양에서 금성까지의 거리는 0.7미터다. 대기가 두꺼운 이산화탄소층으로 이루어져 온실 효과가 발생하므로 표면 온도가 약 섭씨 460도로 수성보다 뜨겁다. 한마디로 말해 금성은 사람이 1초도 못 버티는 생지옥이라 해도 과언이 아니다. 또 대기의 96.5퍼센트가 이산화탄소로 반사되는 햇빛의 양이 많고 지구와도 가까워 아주 밝기 때문에 새벽에 보이는 금성을 샛별이라 부른다. 금성은 자전 주기(243일)와 공전 주기(224.7일)가 비슷하므로 낮과 밤의 길이가 아주 길어 하루가 지나고 나면 116.8일이 된다. 또 금성은 자전축이 177.4도 기울어져 거의 물구나무 선 상태에서 자전한다. 금성은 지구와 반대 방향으로 자전하면서 태양 주위를 공전하기 때문에 해가 서쪽에서 뜬다.

지구는 태양에서 약 1.5억 킬로미터 떨어져 있으며 햇빛이 도달하는 데 8분 19초 걸린다. 지구는 자전축이 23.5도 기울어진 상태로 태양 주위를 공전하기 때문에 공전 궤도상의 지구 위치에 따라 햇빛의 입사 각도가 달라져 계절 변화가 일어난다. 지구 대기 성분은 질소 78퍼센트, 산소 21퍼센트, 미량의 물, 아르곤, 이

산화탄소 등으로 이루어져 있으며, 이는 지구의 크기에 따른 중력과 관련된다. 또 지구는 금성과 달리 태양으로부터 적당하게 떨어져 있기 때문에 생명체가 생존하기에 적합한 온도를 유지하고 있다. 이러한 온도와 물의 존재 때문에 지구는 생명체가 살아가기에 괜찮은 환경이다.

화성은 영어로 Mars이며 로마 신화에 나오는 군신(軍神)인 마르스를 의미한다. 화성 지름은 지구 지름의 반 정도이며, 기압은 지구의 약 200분의 1 정도다. 태양에서 지구까지의 거리를 1.0미터라고 생각할 때 태양에서 화성까지의 거리는 1.5미터다. 화성의 대기는 매우 희박한 이산화탄소(95퍼센트)를 갖고 있고, 붉게 보이는 것은 주로 산화철 때문이다. 화성은 지구와 같이 자전축이 약 25도 기울어진 상태로 태양 주위를 공전하기 때문에 계절 변화가 있고, 지구보다 태양으로부터 먼 곳에 있으므로 평균 온도가 섭씨 −23도로 낮다. 지구로부터 화성까지의 거리는 태양, 지구, 화성이 일직선을 이룰 때 5759만 킬로미터로 가장 가까우며, 지구로부터 가장 멀리 있을 때는 4억 100만 킬로미터로 7배나 멀리 떨어져 있다. 2020년 10월에 태양, 지구, 화성이 일직선상에 놓였고 최근 지구에서 화성까지의 거리 중 가장 짧았다. 그래서 세계 각국은 화성이 가까운 시기를 맞춰 2020년 7월에 미국 NASA는 '마르스 2020'을, 중국은 '훠싱 1호'를, 아랍 에미리트 연합국은 '호프 마르스' 탐사선을 화성으로 발사했다. 그렇지만 유럽 우주국의 '엑소마르스'는 발사를 2년 연기했다.

아름다운 목성형 행성인 목성, 토성, 천왕성, 해왕성

크기가 작고 밀도가 큰 지구형 행성에 이어 크기가 거대하고, 내부가 대부분 유체로 구성되어 있어 밀도가 작은 목성형 행성을 살펴보자.

가장 큰 행성인 목성은 지구보다 지름이 약 11배 크며 태양으로부터 약 5.2천문단위(태양에서 지구까지를 1미터라고 하면 5.2미터다.) 떨어져 있다. 또 목성은 빠른 자전 속도(자전 주기는 9.93시간이다.)에 따른 대류 현상 때문에 표면에 줄무늬가 있으며 적도 반지름이 극반지름보다 크다. 목성은 지구보다 질량이 318배 정도 크므로 지구에서 공기보다 가벼워 날아가는 수소와 헬륨 등을 대기층에서 중력으로 잡고 있다. 목성은 태양과 유사하게 수소와 헬륨이 99퍼센트를 차지하므로 만약 지금보다 1,000배 더 컸다면 제2의 태양이 됐을 것이다. 지구가 2개의 태양을 갖는 행성이 되었다면 과연 어떠한 일이 벌어졌을까?

태양계에서 두 번째로 거대한 행성인 토성은 목성과 마찬가지로 중력이 크므로 대기가 수소와 헬륨으로 구성되어 있다. 토성의 지름은 지구 지름의 9.5배이고 질량은 95배 정도며, 부피는 목성 부피의 60퍼센트에 해당된다. 토성은 태양에서 지구까지 거리를 1미터라고 할 때 태양으로부터 9.5미터 떨어져 있다. 작은 알갱이에서 화물차 크기에 이르는 큰 얼음들로 구성된 적도면의 고리는 아주 아름다워 태양계의 보석이라 불린다. 1609년 갈릴레오 갈릴레이(Galileo Galilei)는 처음으로 토성의 고리를 관측하

2013년 7월 NASA의 카시니 우주선이 찍은 토성.

고 다음 해 『별의 소식(Sidereus Nuncius)』이라는 책에 발표했다. 토성 고리의 얼음들은 빛을 반사해 다른 행성의 고리에 비해 더욱 뚜렷하게 보이며 맨눈으로도 볼 수 있다. 토성은 10시간 39분을 주기로 27도 기울어진 상태로 자전을 하며 29.6년을 주기로 태양 주위를 공전한다.

천왕성은 그리스 신화에서 제우스의 할아버지인 하늘의 신 우라노스(Uranus)의 이름에서 따온 것이다. 천왕성은 가장 질량이 작은 목성형 행성으로 질량이 지구의 15배 정도이지만 중력은 지구의 0.88배다. 직경이 지구 직경의 4배가 넘지만 직경에 비해 질량이 상대적으로 가벼운 가스 행성이기 때문이다. 천왕성은 온도가 섭씨 -224도로 태양에서 더 먼 곳에 있는 해왕성보다 차가워 태양계 행성 중에서 가장 차갑다. 또 태양에서 지구까지 거리를 1미터라고 할 때 태양으로부터 19.5미터 떨어져 있다. 자전축이 98도로 기울어져 거의 누워서 자전하는 상태에서 공전하고 있으므로 공전면에서 공이 구르듯이 자전한다. 그러므로 천왕성에서 북극과 남극을 가리키는 방향이 다른 행성의 적도를 가리키는 방향과 비슷하다. 자전축이 공전 궤도면보다 남쪽에 있으므로 해는 당연히 서쪽에서 떠오른다. 천왕성의 자전 주기는 17시간 14분이고, 공전 주기는 84년이다. 대기에 존재하는 메테인(메탄)이 햇빛의 붉은색은 흡수하고 녹색과 푸른색은 반사해 천왕성은 녹색과 푸른색으로 보인다.

해왕성은 천왕성과 매우 닮은 행성으로 질량은 지구의 17배로 태양계 행성 중에서 세 번째로 무거우며, 적도 직경은 지구의 3.9배로 태양계 행성 중에서 네 번째로 크다. 태양에서 지구까지 거리를 1미터라고 할 때 태양으로부터 거리가 30.1미터로 태양계 행성 중 태양에서 가장 멀리 떨어져 있다. 해왕성 중심의 온도는 약 섭씨 5,000도로 열원이 존재해 천왕성보다 태양으로부터 더 먼 곳에 있지만 더 차갑지는 않다. 해왕성의 자전축은 29.6도 기울어져 거의 원에 가깝게 공전하고 있으며, 자전 주기는 16시간 6분이고 공전 주기는 163.7년이다. 해왕성의 대기는 붉은색을 흡수하고 푸른색을 반사해 천왕성보다 훨씬 푸르게 보인다. 해왕성은 보이저 2호가 방문했으며 2014년 8월 미국의 뉴 호라이즌스(New Horizons, 명왕성과 그 주변 위성을 탐사하는 우주선이다.)가 해왕성 궤도를 통과했다. 명왕성은 달보다 작은 왜소 행성으로 2006년에 태양계 가족에서 빠지면서 해왕성이 태양계의 마지막 행성이 되었다.

태양계와 각운동량 보존 법칙

17장에서는 뉴턴의 만유인력 법칙이 나오기도 전에 발표된 케플러의 법칙과 우리 은하의 변두리 태양계의 작고 단단한 지구형 행성, 아름다운 목성형 행성 등에 대해 살펴봤다. 직선 운동에서의 선형 운동량 보존 법칙과 회전 운동에서의 각운동량 보존 법칙 등 우주 발사체의 역학적 원리가 수학으로 표현된다. 우주 분야에서 수학과 물리학이 어떻게 활용되는지 파악하기 위해 수학과 물리학에 대한 기본 지식의 필요성은 아무리 강조해도 지나치지 않다.

연습 문제:

1. 1977년 8월 NASA는 외계 행성을 연구하기 위해 우주 탐사선 보이저 2호를 발사했다. 현재 보이저 2호는 1979년 목성, 1981년 토성, 1986년 천왕성, 1989년 해왕성을 거쳐 태양계를 벗어나 성간 영역을 비행하고 있으며, 성간 플라스마의 밀도와 온도를 직접 측정하기 시작했다. 보이저 2호에 장착된 고속으로 회전하는 테이프 녹음기가 작동하거나 정지하면 보이저 2호는 원치 않는 방향으로 회전을 했다. 이러한 회전을 정지시키기 위해 NASA는 예정에 없었던 외부 추진기를 작동시켜야 했다. 왜 테이프 녹음기가 작동하거나 정지하면 보이저 2호가 왜 원하지 않은 방향으로 회전을 하는지 설명하라.

2. 태양계에는 수성, 금성, 지구, 화성, 목성, 토성, 천왕성, 해왕성 등 8개의 행성이 존재한다. 각 행성의 질량과 반지름이 다르면서 탈출 속도가 다르기 때문에 각 행성의 대기 성분이 다를 수밖에 없다. 지구의 대기는 산소와 질소 등 무거운 기체로 덮여 있는 반면에 목성의 대기는 가벼운 기체인 수소로 이루어져 있다. 지구에서의 탈출 속도는 시속 11.2킬로미터이며 이 탈출 속도로는 헬륨이나 수소와 같이 가벼운 분자들은 잡지 못하고 날아가 버리기 때문이다.

어떤 행성으로부터 무한히 멀어지기 위해서는 행성 표면에서 탈출 속도보다 빠른 속도여야 한다. 질량이 M이고 반지름이 R인 행성 표면으로부터의 탈출 속도는 다음과 같이 나타낼 수 있다.

$$v_{esc} = \sqrt{\frac{2GM}{R}} \; .$$

여기서 G는 만유인력 상수 $G = 6.674 \times 10^{-11} \text{N} \cdot \text{m}^2/\text{kg}^2$이다. 질량이 클수록 탈출 속도가 크다는 것을 알 수 있다. 질량이 태양의 질량보다 3배 이상 크게 되어 탈출 속도가 빛의 속도보다 빠르게 되면 빛도 탈출하지 못하는 블랙홀이 되는 것이다. 그러니까 블랙홀 내에서 발생하는 어떠한 사건도 바깥의 관측자에게는 보이지 않는 일이 발생한다. 태양 질량의 수백만 배에 해당하는 블랙홀이 은하계에 존재하기도 한다. 엄청난 중력이 작용하는 블랙홀 근처에서 한 번 빨려 들어가면 영원히 빠져나오지 못하게 된다.

달의 질량이 7.35×10^{22}킬로그램이고, 평균 반지름은 1.74×10^6미터다. 달의 탈출 속도를 계산하면 다음과 같다.

$$
\begin{aligned}
v_{esc} &= \sqrt{\frac{2GM}{R}} \\
&= \sqrt{\frac{2 \times 6.674 \times 10^{-11} \times 7.35 \times 10^{22}}{1.74 \times 10^6}} \text{m/s} \\
&= 2.37 \text{km/s}.
\end{aligned}
$$

달의 탈출 속도는 달의 질량이 작아 중력이 작기 때문에 태양계 행성들의 탈출 속도에 비해 느리다. 탈출 속도는 태양계 내에서 태양이 제일 빠르고 그 뒤를 이어서 목성, 토성, 해왕성, 천왕성, 지구, 금성, 화성, 수성 순이다.

태양계 행성 중에서 거대한 목성의 탈출 속도가 제일 빠르다는 것을 알 수 있다. 목성의 질량이 1.90×10^{27}킬로그램이고 평균 반지름은 6.99×10^7미터다. 목성의 탈출 속도를 계산하고, 목성의 대기가 지구의 대기와 다른 기체로 구성된 이유를 설명하라.

18장

우주 탐사와
우주 생명체 교신

지구에서 쏘아 올린 태양계 탐사선이 지금 이 순간에도 귀중한 자료를 우리에게 보내 주고 있으며, 이미 태양계를 넘어간 우주선도 통신이 가능하다고 한다. 지구에서 태양계 끝에 있는 해왕성까지는 29천문단위로 빛의 속도로 약 4시간 걸리며, 시속 900킬로미터의 여객기 속도로는 약 552년이 걸리는 거리다. 그렇지만 끝없이 광활한 우주에서는 이보다 더 큰 광년이란 단위를 사용하며 지구에서 태양까지는 0.0004563광년이다. 별이 300광년(9조 5천억 킬로미터) 떨어져 있으면 아주 가까운 별로 취급하며 그 거리를 계산하는 데 수학이 필요하다. 또 우주에는 지구와 유사한 행성이 흔하므로 외계 생명체가 존재하는 행성이 반드시 존재한다고 말할 수 있다. 인류는 우주 망원경을 지구 대기권 바깥에 올려서 대기층으로 인한 파장의 제한을 제거하고 우주를 관측할 수 있게 한다. 이러한 우주 탐사로 우주의 생성 기원을 탐구하고 자원을 확보하며, 우주로부터 지구를 보호할 수 있다.

별까지 거리 계산

관측 가능한 우주에는 약 1700억 개 정도의 은하가 존재한다고 하지만 최근 그 숫자가 최대 12배 정도 많다는 연구 결과가 제시

됐다. 지구가 포함된 우리 은하에서 가장 가까운 안드로메다 은하가 지구에서 약 250만 광년 떨어져 있다고 한다. 그러니 우주의 많은 별과 비교해 볼 때 300광년 떨어져 있는 별은 지구에서 가까운 별에 해당한다. 밤하늘에 보이는 별들은 지구에서 얼마나 멀리 떨어져 있을까?

300광년 이내의 가까운 별의 거리를 재는 방법으로 삼각 함수를 이용한 연주 시차(annual parallax)를 이용한다. 연주 시차는 태양을 중심으로 공전하는 지구에서 어떤 별을 보았을 때 공전에 따라 생기는 시차를 의미한다. 여기서 시차란 관측자가 각기 다른 위치에서 한 물체를 관찰할 때 방향의 차이에 따라 발생하는 각을 의미한다. 또 연주라는 말은 지구가 태양을 중심으로 공전하며 시차가 생기기 때문에 붙여진 말이다. 거의 무한대에 가까울 정도로 멀리 떨어져 있는 별은 움직이지 않는 것으로 보이겠지만 지구에 가까이 있는 별이면 고정되어 보이는 별을 배경으로 움직이는 것으로 보인다. 지구의 공전 궤도의 양 끝에서 가까운 별을 바라보면 가까운 별이 멀리 떨어진 별들을 배경으로 임의의 각도만큼 이동하는 것처럼 보이기 때문에 멀리 떨어진 별들의 연주 시차는 측정할 수 없다. 지구가 고정되어 있다면 연주 시차가 보일 수 없으므로 연주 시차는 지구가 태양을 중심으로 공전하는 지동설의 증거가 된다.

다음 쪽 그림에서와 같이 P는 거리를 알고자 하는 가까운 별의 위치, P_1과 P_2는 별 P에 비해 무한히 멀리 있어 위치가 고정

고정되어 보이는 별들

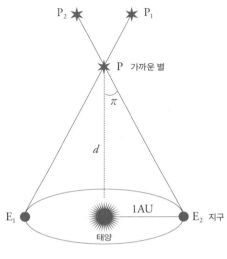

P_2 ★ ★ P_1

★ P 가까운 별

π

d

1AU

E_1 ● ● E_2 지구

태양

별까지 거리 계산.

된 별의 위치다. 태양(항성)은 고정되어 있고 지구(행성)는 태양을 공전하므로 별 P의 위치가 상대적으로 이동한다. 지구 공전 궤도 상에서 1개월 간격으로 별 P를 측정한다면 1년 동안 타원을 그릴 것이다. 예를 들어 E_1은 북반구에서 태양이 가장 가까운 1월의 지구 위치이며, E_2는 태양이 가장 먼 7월의 지구 위치라고 한다면 두 위치에서 지구는 태양을 가운데 두고 정반대에 위치하게 된다. 연주 시차 π는 지구 위치 E_1과 E_2에서 별 P를 바라본 최대 시차의 반이다.

태양과 지구 그리고 별 사이에 형성된 직각삼각형을 만들어

낼 수 있다. 태양에서 별까지의 거리를 d라고 하면, 별은 지구에서 태양까지의 거리보다 아주 멀리 떨어져 있어서 지구에서 별사이의 거리는 d로 볼 수 있다. 이미 지구와 태양 간의 거리(1천문단위)를 알고 있으므로 삼각 함수를 이용해 다음과 같이 별까지의 거리 계산이 가능하다.

$$\tan \pi = \frac{1\text{AU}}{d}.$$

여기서 연주 시차 π는 그 각도가 너무 작아 맨눈으로 관찰하기 상당히 어려우며 $\tan \pi \approx \pi$로 근사를 할 수 있다. 연주 시차가 1초($''$)인 별까지의 거리는 1파섹(parsec, pc, 시차를 의미하는 parallax와 초를 의미하는 second의 조합으로 만든 단위다.)으로 정의한다. 즉 지구에서 태양까지의 거리(1천문단위)가 1초의 각 크기로 보이는 거리를 말한다. 1파섹은 3.26광년이고 2.06×10^5천문단위에 해당한다. 파섹 단위로 나타내는 지구에서 별까지의 거리는 다음과 같이 초 단위로 나타내는 연주 시차의 역수를 이용해 구한다.

$$d(\text{파섹}) = \frac{1\text{AU}}{\pi''}.$$

연주 시차 방법을 이용해 처음으로 태양에서 별까지의 거리를 정확히 잰 사람은 독일의 천문학자이자 수학자이며 베셀 함수

독일의 천문학자 및 수학자 베셀.

로도 유명한 프리드리히 베셀(Friedrich Bessel)이다.

그는 1838년에 백조자리 61번(61 Cygni) 별을 관측해 0.314초라는 연주 시차를 측정했다. 백조자리 61번 별은 태양계 밖에서 발견된 것으로는 행성계를 가진 최초의 항성이다. 지구에서 이 별까지의 거리는

$$d = \frac{1\mathrm{AU}}{0.314''} \approx 3.1847 \text{ 파섹}$$

이므로 약 10.38광년(9.82 × 10^{13}킬로미터) 떨어져 있는 것으로 계산된다. 그러나 지금은 11.4광년 떨어져 있는 것으로 확인되어 베셀의 연주 시차 계산은 대략 9퍼센트의 오차를 갖는다. 이러한 연주 시차 방법은 어떤 별의 시차를 구하기 위해 6개월의 시간을 두고 반복 관측해야 했지만, 당시로써는 최고의 방법이었고 지금도 가까운 별까지의 거리를 측정하는 데 활용하고 있다.

현재는 대기의 영향을 받지 않는 우주 망원경과 인공 위성을 띄워 더 먼 거리의 별까지 거리를 직접 측정한다. 유럽 우주 기구는 연주 시차를 정확하게 측정하기 위해 1989년에 시차 측정 인공 위성인 히파르코스(Hipparcos, High Precision Parallax Collecting Satellite)를 발사했다. 히파르코스 위성으로 측정한 1,000파섹 거

리 이내 12만 개의 자료로 별들의 정확한 고유 운동과 시차 자료를 얻어 지구에서 별까지의 거리와 접선 속도 등 많은 정보를 얻었다. 이어 2013년 12월에 발사된 가이아 위성은 지구와 태양의 중력이 균형을 이루는 지구로부터 약 150만 킬로미터 고도에서 안정적으로 천체를 관측해 왔다. 가이아 위성은 수십억 개의 항성 거리를 비롯한 항성 정보를 측정했으며 아직도 활동하고 있다.

태양계 끝까지 날아간 보이저 호

태양계 탐사는 크게 지구를 기준으로 태양 쪽에 있는 내부 행성(수성, 금성, 달) 탐사와 태양 반대쪽으로 있는 외부 행성(화성, 목성, 토성, 천왕성, 해왕성) 탐사, 화성과 목성 궤도 사이에 존재하는 소행성 및 혜성 탐사 등으로 나뉜다.

(구)소련과 미국은 1960년 이후 내부 행성인 금성 탐사를 위해 각각 18기와 6기의 탐사선을 발사했다. 미국의 매리너 계획(Mariner program)은 수성, 금성, 화성을 탐사하기 위한 무인 로봇 행성 탐사 계획으로 1962년에서 1973년까지 10기가 발사되었다. 특히 매리너 10호는 수성과 금성의 환경, 대기, 표면 특성을 측정하고 2개의 행성 사이의 중력하에서 경험을 얻기 위한 목적이었으며, 수성의 온도를 알아내고 관측하는 데 성공했다.

(구)소련은 화성 탐사를 위해 마르스 1호를 1962년 발사했고, 화성의 위성인 포보스 탐사를 위해 포보스 1호를 1988년 발사했다. 한편 미국은 1964년에 발사된 매리너 4호부터 화성을 탐

사하기 시작했으며, 1975년 발사된 바이킹(Viking) 1호 착륙선은 궤도선에서 분리되어 화성 표면에 안착했다. 1996년 발사체 델타 II에 실려 발사된 마스 패스파인더(Mars Pathfinder)는 1997년 화성에 착륙한 무인 착륙선과 이동식 로버인 소저너(Sojourner)를 말한다. 소저너는 화성에서 생명체 및 화성 구조를 탐사했으며 과거 물이 존재했던 흔적을 발견했다.

목성은 1972년 발사된 파이오니어 10호, 1977년에 발사된 보이저, 1989년에 발사된 갈릴레오, 그리고 가장 최근인 2011년에 발사된 NASA의 목성 탐사선 주노(Juno) 등 여러 무인 탐사선을 통해 탐사되었다.

태양계 내의 8개 행성 중에서 목성에 이어 두 번째로 큰 토성은 파이오니어 11호와 보이저 1, 2호 등이 탐사했다. NASA의 파이오니어 계획은 달, 태양, 금성, 목성, 토성 등의 탐사를 목표로 1958년부터 20년간 진행된 계획이었다. 1973년 발사된 파이오니어 11호는 1974년 목성을 통과하면서 목성과 위성 사진을 전송했으며, 목성 탐사를 끝낸 후 1979년 토성의 고리에 3,500킬로미터까지 접근해 통과했다. 토성의 고리 입자는 대부분이 얼음 입자로, 일부는 암석 물질로 구성되어 있다. 1997년에 발사된 미국과 유럽의 공동 토성 무인 탐사선 카시니-하위헌스(Cassini-Huygens)는 2004년 토성 궤도에 진입했으며, 하위헌스 착륙선은 토성의 위성인 타이탄에 도착해 다양한 자료를 지구로 전송했다.

이러한 우주선들은 행성의 공전 방향과 같은 방향으로 접

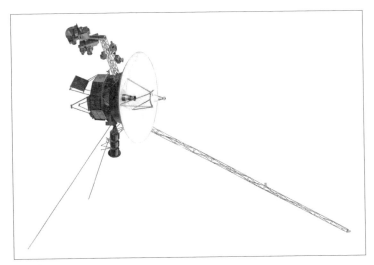

보이저 2호.

근하는 중력 도움 기동(gravity assist maneuver 또는 swing-by maneuver)을 통해 속도를 증가시켰다. 파이오니어 10호, 11호와 보이저가 사용한 중력 도움 기동은 거의 모든 탐사선이 사용하는 비행 방식으로 미국의 수학자 마이클 미노비치(Michael Minovich)가 1960년대 초반 캘리포니아 대학교 로스앤젤레스 캠퍼스 대학원생 때 증명한 것이다. 파이오니어 10호는 1973년 12월 목성을 지나면서 중력 도움 기동을 이용해 속력을 시속 5만 2000킬로미터에서 13만 2000킬로미터로 높이는 데 성공했다. 우주선이 중력에 포획되지 않을 정도의 빠른 속도로 행성의 공전 방향으로 행성 근처에 들어갔다가 튕겨 나오는 방식을 통해 가속한 것이다. 우주선이 행성의 공전 방향의 반대 방향으로 들어갔다가 튕겨 나오면 감속된다.

보이저 1호와 2호는 미국 캘리포니아 주 패서디나(Pasadena)에 있는 NASA 제트 추진 연구소(Jet Propulsion Laboratory, JPL)에서 설계, 제작한 우주 탐사선이다. 1977년 8월 보이저 1호보다 먼저 발사된 보이저 2호는 천왕성과 해왕성을 방문한 유일한 탐사선으로 천왕성과 해왕성의 고화질 사진을 찍어 전송했다. 보이저 2호는 1989년 해왕성을 통과한 후 태양계를 벗어나 성간(별과 별 사이의 공간) 영역을 비행하고 있다. 보이저 2호보다 늦게 1977년 9월 발사된 보이저 1호는 목성에서 중력 도움 기동을 통해 가속되어 1980년 목성과 토성의 임무를 완성한 후 태양계를 벗어나 성간 영역을 쌍곡선 궤도로 비행하면서 통신하고 있다. 보이저 호와의 통신은 발사된 지 40여 년이 지난 지금도 가능하며, 2025년까지는 통신할 수 있다고 보고 있다.

세계 각국은 태양을 비롯해 화성이나 목성을 가거나 행성 탐사의 전초 기지로 달에 우주 정거장을 건설하는 등 야심 찬 우주 탐사 계획을 갖고 진행하고 있다. 후속 세대는 언젠가는 지구를 떠나 우주 공간에 근사한 집을 짓고 사는 시대를 맞이할 것이다.

우주의 지적 생명체와 교신할 수 있을까?

NASA는 2017년 6월에 태양계를 벗어난 우주에서 지구와 유사한 행성을 추가로 발견했다. 또 2020년 4월 미국《천체 물리학

저널 회보(*Astrophysical Journal Letters*)》에 지구와 매우 유사한 행성인 케플러 1649c를 발견했다고 발표했다. 2018년 퇴역한 케플러 우주 망원경으로 획득한 자료를 분석하던 중 우여곡절 끝에 발견했다고 한다. 이번에 발표된 논문에서 케플러 1649c는 지구보다 6퍼센트 정도 크고, 지구가 태양으로부터 받는 빛의 75퍼센트 정도를 받는다고 한다. 또 지구에서 300광년 떨어져 있으며, 표면 온도가 지구와 유사하고 표면에 물이 있을 가능성이 높아 생명체가 존재할 가능성이 높다고 한다.

그러면 우주에 지적 생명체가 존재하고 인류가 교신할 수 있을까? 아주 궁금하고 흥미로운 주제다. 태양과 같은 항성과 적당한 거리에 떨어져 공전하며, 지구처럼 자기장이 존재해 항성풍을 보호해 주고, 지구의 크기와 비슷해 중력이 유사하고, 물이 존재하는 행성이 있을까? 만약 지구와 매우 유사한 환경을 갖는다면 생명체가 존재할 가능성이 높다.

지구에서 4.2광년 거리에 있는 가까운 행성인 프록시마 b (Proxima b)는 지구 유사도 지수(Earth Similarity Index, ESI)가 0.87로 생명체가 존재할 가능성이 높은 외계 행성이다. 여기서 지구 유사도 지수는 행성이 지구(ESI=1.0)와 얼마나 비슷한지를 나타내는 것으로 2011년 처음으로 제안되었다. 이것은 행성의 내부 구조, 표면 온도, 탈출 속도 등 여러 요소를 고려한다. 2016년《네이처(*Nature*)》에 발표된 프록시마 b는 태양보다 작고 온도가 낮은 적색 왜성 센타우루스자리 프록시마 별(Proxima Centauri) 주

지구　　　　　　　　　　케플러 1649c

지구와 케플러 1649c 사진.

위를 공전하고 있는 행성이다. 이 행성의 질량은 지구의 1.3배 정
도로 생명체가 존재하는지를 파악하기 위해 대기와 조성물 등 다
양한 정보를 조사하고 있다.

지적 생명체를 적극적으로 탐사하는 메티 프로젝트

지구에서는 외계 지적 생명체 탐사 프로젝트인 세티(SETI,
Search for Extra-Terrestrial Inteligence)와 외계 생명체에게 지
구인의 메시지를 보내는 프로젝트인 메티(METI, Messaging
ExtraTerrestrial Intelligence)를 진행하고 있다. 수동적으로 외계
지적 생명체의 신호를 받는 세티에 비해 메티는 적극적으로 인공
적인 전파 신호를 보내려 한다. 메티 프로젝트를 수행하는 대표
적인 단체로 2015년에 설립된 미국의 메티 인터내셔널을 들 수
있다. 이 비영리 단체는 샌프란시스코에 본부를 두고 전파 신호

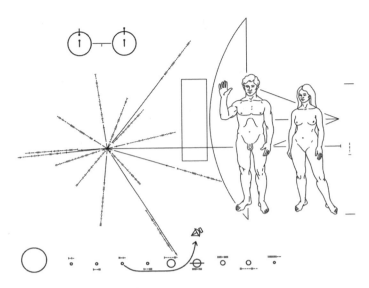

파이오니어 10호와 11호의 금속판.

를 외계에 보내는 과제를 수행하고 있다.

적극적으로 외계 지적 생명체를 찾으려는 시도의 최초 사례는 1972년 3월에 발사된 우주 탐사선 파이오니어 10호에 장착된 금속판(plaque)이다. 이어서 1973년 4월에 발사된 파이오니어 11호와 함께 2번째 금속판이 우주 공간으로 보내졌다. 파이오니어 금속판은 폭이 22.9센티미터이고 높이가 15.2센티미터이며 지구의 정보가 담겨져 있다. 금속판 왼쪽에는 태양을 중심으로 14개 펄서(pulsar, 일정 주기로 펄스 형태의 전파를 방사하는 천체다.)의 상대 위치를 나타냈고, 오른쪽에는 탐사선 외형을 배경으로 남녀의 모습이 그려져 있다. 또 아래에는 태양계의 개념도와 파이어니어 궤도가 그려져 있다. 이 금속판은 미국의 천체 물리학자인 칼 세이건(Carl Sagan)과 프랭크 드레이크(Frank Drake)가 설계했고, 남녀의 모습은 당시 세이건의 아내였던 린다 살츠먼(Linda Salzman)이 그렸다.

1974년 11월 아레시보 메시지(Arecibo message)가 푸에르토리코의 아레시보 전파 망원경에서 송출된 이래, 2017년 메티 인터내셔널이 보낸 메시지 등을 비롯해 여러 차례 인류의 메시지가 담긴 전파가 우주 공간으로 송출되었다. 또 1977년에 8월과 9월에 발사된 보이저 탐사선 2호와 1호에는 파이오니어 금속판보다 더 자세한 메시지를 기록한 보이저 금제 음반(Voyager Golden Record)을 탑재했다. 이것은 축음기 음반으로 지구의 문화와 정보를 알리기 위한 사진과 55개의 언어로 된 인사말, 파도, 바람, 천둥, 1977년 당시 미국 대통령인 제임스 얼 카터 주니어(James Earl Carter, Jr.)의 메시지 등이 기록되어 있다.

지적 생명체로부터 오는 신호를 추적하는 세티 프로젝트

세티 프로젝트는 1960년 미국의 천체 물리학자 프랭크 드레이크가 웨스트 버지니아 주 그린 뱅크에 있는 국립 전파 천문대(National Radio Astronomy Observatory, NRAO)에서 전파 탐사로 지적 생명체를 검출하려는 오즈마 프로젝트(Ozma project)에서 시작됐다. 우주에서 오는 전파 신호를 추적해 외계 지적 생명체를 찾으려는 계획을 처음으로 시도한 것이다. 또 그는 인간과 교신할 수 있는 지적 외계 생명체가 존재할 확률을 계산하는 드레이크 방정식을 만들었다.

천체 물리학자이자 과학 대중서 작가인 세이건은 1984년 코넬 대학교에 SETI 연구소를 창설했다. 그는 NASA와 미국 과학 재단, 연방 정부 프로그램 등의 지원을 통해 외계 생명체를 찾는 연구를 수행해 왔다. 그렇지만 이렇다 할 연구 성과를 얻지 못해 2011년 SETI 연구를 중단할 수밖에 없었다. 지금은 비영리 단체인 SETI 연구소 주도로 민간의 후원을 받아 연구를 진행하고 있다. 2015년 7월 러시아 출신의 재벌인 유리 밀너(Yuri Milner)는 외계 지적 생명체를 찾으려는 브레이크스루 리슨(Breakthrough Listen) 프로젝트에 10년간 1억 달러라는 엄청난 금액을 기부한다고 발표했다. 이 프로젝트를 주도하고 있는 캘리포니아 대학교 버클리 캠퍼스의 SETI 연구 센터를 비롯한 관련 기관에서는 10년간 활기차게 외계 지적 생명체 탐사를 연구할 수 있게 됐다.

예를 들어 끝없이 광활한 우주에 은하계가 2조 개가 있고, 은하계마다 대략 1,000억 개의 별이 있다고 추정해 보자. 스스로 빛을 내는 별보다는 그 주위를 맴도는 행성에서 생명체가 존재할 가능성이 높다. 한마디로 지구와 유사한 행성이 흔하다고 말할 수 있다. 그래서 외계 생명체가 존재하는 행성이 존재하리라고 낙관적으로 추정할 수 있다. 그렇지만 생명체가 존재할 만한 행성은 인류가 접근하기에 너무 멀다.

현재의 기술로는 인류가 오르트 구름(Oort cloud, 태양계를 껍질처럼 둘러싸고 있는 가상적인 천체 집단이다.)조차도 접근하기 힘들다. 더군다나 태양계를 넘어 외계 지적 생명체가 있는 곳까지 가기란 현재 기술로는 불가능하다. 그러면 외계 지적 생명체로부터 신호라도 받아 보자는 것이다. SETI 창설 60주년을 맞이했지만 아직 우주는 침묵하고 있고, 외계 지적 생명체가 있다는 어떠한 증거도 찾지 못했다. 그래도 '과연 우주에 우리만 존재할까?'하는 강한 호기심이 생긴다.

차세대 우주 망원경과 라그랑주 점

우주 망원경은 지구 대기권 바깥 우주 공간에서 대기층의 차단으로 인한 파장의 제한을 제거하고 우주를 관측할 수 있는 장비다. 대기의 요동 현상으로 천체의 상이 흐려지는 현상을 막을 수 있는 장점이 있지만, 유지 보수가 힘들고 수명이 짧은 것이 단점으로 꼽힌다.

17세기 초 이탈리아의 과학자인 갈릴레오 갈릴레이가 최초로 기존의 망원경을 개량해 천체를 관측했다. 갈릴레오식 굴절 망원경은 볼록 렌즈(돋보기)를 이용해 빛을 모으고 오목 렌즈를 통해 평행 광선으로 보내는 방식이다. 그는 목성 주위 4개의 위성뿐만 아니라 태양의 흑점을 발견했다. 이외에도 금성이 태양 주변을 돌고 있음을 증명했으며, 지구가 태양을 중심으로 회전하는 지동설을 지지했다.

　미국의 천문학자 에드윈 허블(Edwin Hubble)은 1924년 당시 세계 최대였던 윌슨 산의 2.54미터 망원경을 이용해 안드로메다은하의 변광성(별의 밝기가 주기적으로 변하는 항성이다.)을 관측, 그 거리가 90만 광년이라는 것을 측정함으로써 은하계 밖에 다른 은하계가 존재한다는 사실을 밝혔다. 1946년에는 미국의 천체 물리학자 라이먼 스피처 주니어(Lyman Spitzer, Jr.)가 대기 바깥에서 우주를 관측해 대기로 인해 관측되지 않는 것까지도 관측하는 우주 망원경의 개념을 처음으로 고안해 냈다.

　1969년 미국은 3미터의 우주 망원경을 구체적으로 제안했으며, 1971년부터 NASA에서 검토하기 시작했다. 1977년 미국 정부는 유럽과 협력한다는 조건하에 2.4미터 허블 우주 망원경을 제작하기로 결정했다. 1990년 허블 우주 망원경은 우주 왕복선 디스커버리 호에 실려 지상 610킬로미터 저궤도에 설치되었다. 그러나 주 거울의 면이 초기 설계와 다르게 제작되어 촬영한 영상이 초점이 맞지 않아 흐리게 나오게 되었다. 허블 우주 망원경의 본격적인 사용은 우주 왕복선 엔데버 호를 통해 고속 광도계가 광학 교정 장치로 교체되는 1993년 12월까지 기다려야 했다. 2009년 5월 NASA는 허블 우주 망원경을 수리해 수명을 5년 이상 연장했으며 차세대 제임스 웹 우주 망원경(James Webb Space Telescope, JWST)으로 교체될 때까지 지구 주위를 회전하며 많은 관측 자료를 제공할 예정이다.

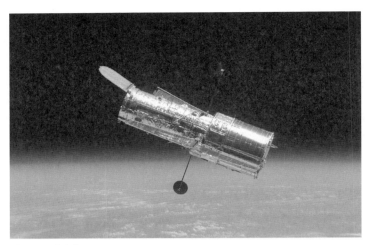
허블 우주 망원경.

　이외에도 2003년 발사되어 2019년까지 운용된 NASA의 적외선 망원경인 스피처 우주 망원경, 2009년에서 2013년까지 운용했던 유럽 우주국의 허셜 우주 망원경, 2009년 우주로 발사돼 임무를 수행하고 2018년 퇴역한 케플러 우주 망원경 등이 우주 관측에 사용되었다.

　NASA 고다드 우주 비행 센터는 자외선에서 근적외선까지 관측할 수 있는 허블 우주 망원경을 대체할 적외선 관측용 제임스 웹 우주 망원경을 개발했다. 이것은 직경이 1.32미터인 육각형 거울 18개로 직경 6.5미터의 주 거울을 구성한다. 멀고 희미한 은하에서 나오는 빛을 주 거울로 수집해 130억 광년 이상 떨어져 있는 별을 관찰한다. 제임스 웹 우주 망원경은 수차례 연

노스롭 그루먼 사가 조립한 제임스 웹 망원경 모형.

기됐지만 2021년 12월 프랑스령 기아나에서 아리안 5호 로켓으로 발사되어 지구에서 150만 킬로미터 지점에 안착했다. 영원히 알 수 없다고 생각한 우주 탄생의 비밀을 알아내는 맹활약을 기대해 본다. NASA는 2대 국장이었던 제임스 웹(James Webb)의 명예를 기리기 위해 2002년 차세대 망원경을 그의 이름을 따서 붙였다. 제임스 웹은 1961년 2월에서 1968년 10월까지 NASA의 국장(administrator)으로서 아폴로 계획에 지대한 공헌을 한 인물이다.

지구에 대해 정지한 라그랑주 점에 설치될 제임스 웹 우주 망원경

제임스 웹 우주 망원경은 적외선 관측용 망원경으로 근적외선에서 중간 적외선까지 관측할 수 있다. 이것을 지구에서 150만 킬로미터 떨어진 태양-지구의 L_2 라그랑주 점(Lagrangian point)까지 운반해 햇빛과 지구에 반사되는 빛을 차단하고, 아주 먼 곳에 있는 천체를 관측해 초기 우주를 연구할 예정이다. 라그랑주 점은 1772년 프랑스의 천문학자 조제프루이 라그랑주(Joseph-Louis Lagrange)가 발견한 위치로, L_1부터 L_5까지 5개 지점이 있으며 두 천체 주변에서 중력의 합이 0이 되는 지점이다.

　L_1과 L_2는 태양과 지구를 잇는 직선상에 있는 지점으로 지구

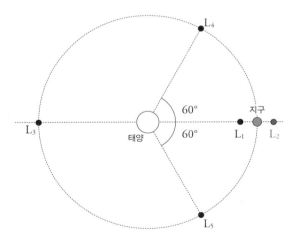

태양과 지구 사이 5개의 라그랑주 점.

와 가까이 있기 때문에 태양의 중력뿐만 아니라 지구의 중력에도 영향을 받는다. 그래서 태양에서부터 지구보다 가까운 지점에 있는 L_1에서는 원래 지구보다 빠르게 공전하지만, 지구의 중력이 뒤로 잡아당겨 공전 속도가 느려지게 만든다. 태양에서부터 지구보다 먼 지점에 있는 L_2에서는 지구보다 느리게 공전하지만 지구가 앞으로 잡아당겨 공전 속도를 더 빠르게 한다. 그래서 L_1과 L_2는 태양과 지구를 잇는 직선상에서 태양에 지구보다 가깝거나 먼 궤도를 돌면서 지구와 같은 주기로 공전하므로 지구에 대해 정지해 있을 수 있는 위치다.

L_2 지점의 헤일로 궤도(halo orbit, 라그랑주 지점 주위의 궤도다.)는 제임스 웹 우주 망원경을 올려놓기에 적당한 위치다. 그 위치에 올려놓으면 우주 망원경의 관측 시야에서 지구와 태양이 동일한 상대적 위치에 있게 되므로 지구가 차광판 역할을 제대로 수행할 수 있게 된다. 제임스 웹 우주 망원경은 2021년 아리안 로켓으로 발사돼 L_2 지점에 성공적으로 안착했다. 세계 최고의 우주 관측소로서 생명체 존재 여부, 별의 탄생 순간, 은하 형성 과정, 초기 우주 등의 관측 임무를 적어도 10년 이상 수행할 것이다.

또 지구의 유일한 자연 위성인 달은 중력이 작고, 전리층과 대기가 거의 없으며, 달 뒤쪽은 천문 관측에 아주 적합한 환경이다. 그러므로 언젠가는 달 뒷면에 거대한 월면 천문대가 설치돼 우주 관광객이 자주 방문하는 우주 관측 명소가 될 것을 기대해 본다.

우주 탐사와 우주 생명체 교신

칼 세이건은 1990년 보이저 1호가 찍은 지구를 보고 감명받아 저술한 『창백한 푸른 점(The Pale Blue Dot)』에서 인간은 서로 겸손하고 우주의 티끌인 지구를 보존해야 한다고 다음과 같이 썼다.

제게 이 사진은 우리가 서로를 더 배려해야 하고,
우리가 아는 유일한 삶의 터전인 저 창백한 푸른 점을
아끼고 보존해야 한다는 책임감에 대한 강조입니다.

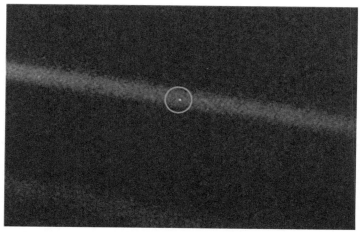

1990년 7월 6일 보이저 1호가 지구에서 64억 4000만 킬로미터 이상 떨어진 거리에서 찍은, 칼 세이건이 감명받았던 비교적 밝은 빛의 지구 사진.

『하늘의 과학』 마지막 장에서는 우주 탐사와 우주 생명체 교신, 별까지 거리 계산 공식 등을 살펴보았다. 지구 대기권 바깥 우주 공간에 설치된 우주 망원경은 우주 탐사를 가능하게 한다. 우주 자원을 확보하고, 우주로부터 지구를 보호하기 위한 우주 탐사에도 수학과 물리학이 필요하다. 무궁무진한 응용 분야를 갖는 수학과 물리학은 지구를 지키는 데도 필요하다. 이 책이 되짚어 본 주제들이 앞으로 항공 우주 과학을 이끌어갈 그 누구에게라도 영감과 즐거움을 선사하기 바란다.

연습 문제:

1. 《사이언스(Science)》는 '2019년 올해 최고의 과학 연구 성과'로 인류 최초로 블랙홀의 실제 모습을 직접 촬영한 영상을 선정했다. 블랙홀은 중력이 너무 커서 자신의 중력으로 인해 아주 작은 물체가 될 때까지 수축한 별의 잔재로 볼 수 있다. 블랙홀에 탈출 속도가 빛의 속도인 가상의 반지름인 사건 지평선(event horizon)을 만들 수 있다. 사건 지평선 내에서는 빛의 속도로도 탈출할 수 없으므로 어떤 사건이라도 외부 관측자에게는 보이지 않는다. 국제 연구 협력 프로젝트 연구팀인 사건 지평선 망원경(Event Horizon Telescope, EHT) 연구팀은 2017년 4월 5일부터 14일 사이에 5일간 남극, 하와이, 멕시코, 안데스 산맥, 미국 애리조나 전파 천문대 등 전 세계 8개 전파 망원경으로 처녀자리 은하단 M87 블랙홀을 동시에 관측했다. 블랙홀은 중력이 너무 강해서 입자나 빛이 빠져나갈 수 없어 보이지 않는 흑체(black body, 주파수 또는 입사각과 관계없이 모든 전자기 복사를 흡수하는 이상적인 물리적 물체다.)인데 어떻게 촬영했는지 설명하라.

2. 칼 세이건은 미국의 천체 물리학을 전공한 교수이자 크게 성공한 과학 대중서 작가다. 1934년 11월 뉴욕의 브루클린에서 태어나 어려서부터 우주에 대한 관심이 많았다. 유년 시절부터 허버트 웰스(Herbert Wells)의 『타임머신(*The Time Machine*)』, 『투명 인간(*The Invisible Man*)』, 『우주 전쟁(*The War of the Worlds*)』과 에드거 버로스(Edgar Burroughs)의 『화성의 달 아래서(*Under the Moons of*

Mars)』 등의 공상 과학 소설을 읽고 화성을 비롯한 다른 행성에서의 삶에 대한 상상력을 발휘했다.

칼 세이건.

그는 1948년 뉴저지 주 로웨이(Rahway)로 이사해 그곳에 있는 로웨이 고등학교를 1951년에 졸업했다. 고교 시절에는 아서 찰스 클라크(Arthur Charles Clarke)의 『행성 간 비행(*Interplanetary Flight*)』을 읽고 궤도 역학, 로켓 설계 및 성능 등 우주 탐사에 대한 기술을 배웠다. 그는 이외에도 많은 공상 과학 서적을 읽고 본인의 역량을 키웠으며 특히 우주 비행에서 수학의 중요성도 깨달았다.

그는 1955년 시카고 대학교에서 물리학 학사 학위를 받고 1956년 물리학 석사 학위를 받았으며, 1960년 시카고 대학교에서 '행성의 물리 연구(physical studies of the planets)'란 주제로 천문학과 천체 물리학 박사 학위를 취득했다. 1963년부터 1968년까지 그는 매사추세츠 주 하버드 대학교에서 강의와 연구를 수행하면서 동시에 보스턴의 위성 도시 케임브리지에 있는 스미스소니언 천문대에서도 근무했다. 1968년 하버드 대학교에서 종신 교수직(tenure)을 받지 못하자 하버드 대학교를 떠나 코넬 대학교 부교수로 2년간 근무한 후 1970년 종신직 정교수가 되었다. 그는 1996년 사망할 때까지 거의 30년을 코넬 대학교에서 교수직을 유지했으며 1972년부터 1981년까지 코넬 대학교 라디오 물리학 및 우주 연구 센터(Center for Radiophysics and Space Research)의 부소장직을 맡았다.

세이건은 미국 로봇 우주선 임무에 커다란 역할을 했으며, 1950년대부터 NASA의 고문으로서 행성 탐사에 많은 공헌을 했다. 그는 NASA의 제트 추진 연구소 방문 과학자로서 금성 탐사용 매리너 계획을 설계하고 관리하는 일을 했다. 또 그는 금성에서 나오는 전파를 조사해 온실 효과로 인해 표면 온도가 섭씨 500도라고 했는데 매리너 2호는 1962년 그의 결론이 맞았다는 것을 보여 주었다. 또 태양계를 벗어나 성간 비행을 하는 보이저 1호 계획에 참여해 '창백한 푸른 점'인 지구를 찍을 수 있게 했다.

세이건은 코넬 대학교에서 비판적 사고력(critical thinking)에 관한 강좌를 개설해 1996년 사망할 때까지 학생들을 가르쳤다. 그는 골수암을 앓았으며 3번의 골수 이식 수술을 하는 고통을 받았다. 그는

1996년 만 62세의 나이로 워싱턴 주 시애틀 암 센터에서 사망했다.

세이건은 과학 대중서 작가로서 대중이 우주를 잘 이해할 수 있도록 글을 써 본인의 생각을 쉽게 전달했다. 그는 600편 이상의 대중 기사와 과학 논문을 집필했고, 『혜성(Comet)』, 『콘택트(Contact)』, 『창백한 푸른 점』, 『우주의 지적 생명(Intelligent Life in the Universe)』, 『에덴의 용: 인간 지성의 기원을 찾아서(The Dragons of Eden: Speculations on the Evolution of Human Intelligence)』, 『브로카의 뇌: 과학과 과학스러움에 대하여(Broca's Brain: Reflections on the Romance of Science)』 등 20권 이상의 책을 저술하는 데 참여했다.

칼 세이건의 『코스모스(Cosmos)』는 처음에 다큐멘터리로 제작되어 1980년 9월 전 세계 60여 개국 5억여 명이 시청했으며, 이어서 같은 연도에 책으로 발간되었다. 이 책은 총 13장으로 구성되어 있으며 인류학, 우주론, 생물학, 천문학 등 광범위한 주제를 다룬다. 국내에서 50만 부 이상 팔린 과학 베스트셀러다. 전 세계적으로는 500만 부 이상 팔린 서적으로 과학의 대중화에 커다란 기여를 했다. 우주에 대해 누구든지 상상할 수 있는 궁금증을 명쾌하게 해결해 준다.

칼 세이건이 저술한 베스트셀러 『코스모스』를 읽고 독후감을 작성하라.

참고 문헌

Abbott, Ira H., and von Doenhoff, A. E., *Theory of Wing Sections: Including a Summary of Airfoil Data*, Dover Publications, Inc., 1959.

Anderson Jr., John D., *Aircraft Performance and Design*, The McGraw-Hill Company, 2000.

Anderson Jr., John D., *Fundamentals of Aerodynamics*, The McGraw-Hill Company, 2000.

Anderson Jr., John D., *Introduction to Flight*(Fifth edition), The McGraw-Hill Company, 2005.

Anderson Jr., John D., *The Airplane: a History of Its Technology*, American Institute Aeronautics and Astronautics, Inc., 2002.

Barnard, R. H., and Philpott, D. R., *Aircraft Flight*, PEARSON, 2010.

Brandt, Steven A, *Introduction to Aeronautics —A Design Perspective*(Third edition), American Institute Aeronautics and Astronautics, Inc., 2015.

Craig, Gale M., *Abusing Bernoulli!: How Airplanes Really Fly*, Regenerative Press, 1998.

Daglis, I. A., *Space Storms and Space Weather Hazards*(NATO Science series), Kluwer Academic publishers, 2001.

Evans, Julien, *All You Ever Wanted to Know about Flying: A Passenger's Guide to How Airliners Fly*, Motorbooks International, 1997.

Greenwood, John T., *Milestones of Aviation: Smithsonian Institution National*

Air and Space Museum, Hugh Lauter Levin Associates Inc., 1989.

Kennedy, Gregory P., and Maxwell, Ted A., *Life in Space*, Time Life Books Inc., 1984.

Lan, Chuan-Tau E., and Roskam, Jan, *Airplane Aerodynamics and Performance*, DARcorporation, 2016.

Lawrence, Loftin K., Quest for Performance: The Evolution of Modern Aircraft, NASA SP-468, 1985.

Sreejith, K. M., Agrawal Ritesh, and Rajawat, A. S., "Constraints on the location, depth and yield of the 2017 September 3 North Korean nuclear test from InSAR measurements and modelling", *Geophysical Journal International*, Volume 220, Issue 1, January 2020, PP 345 – 351.

U.S. Federal Aviation Administration, *Pilot's Handbook of Aeronautical Knowledge*, United States Department of Transportation Federal Aviation Administration, 2003.

과학기술부,《2006 우주개발백서》(과학기술부, 2006년).

곽수정, 「제7차 교육과정 개정안에 따른 실생활 활용 소재 연구-고등학교 수학1의 행렬과 그래프 단원을 중심으로」, 상명여자대학교 교육대학원, 2009년.

구자예, 『항공추진엔진』(동명사, 2019년).

국방부, 『2018 국방백서』(국방부, 2018년).

김병식, 「아르키메데스와 베르누이」,《한국수자원학회지》, Vol. 39, No. 9, 2006년.

김용운, 김용국, 『수학클리닉』(김영사, 2004년).

김응석, 「뉴턴: Isaac Newton」,《한국수자원학회지》, Vol. 39, No. 6, 2006년.

김종섭, 「항공기 세로축 무게중심의 변화에 따른 민감도 해석에 관한 연구」,《한국항공우주학회지》, 제34권, 6호, 2006년.

김춘택, 양인영, 이경재, 이양지, 「재사용 발사체 및 미래추진기관 기술발전 전망 및 방향」,《한국항공우주학회지》, 제44권, 제8호, 2016년.

나카무라 간지, 전종훈 옮김, 『비행기 구조 교과서: 에어버스 보잉 탑승자를 위한 항공기 구조와 작동 원리의 비밀』(보누스, 2017년).

나카무라 간지, 신찬 옮김, 『비행기 엔진 교과서: 제트 여객기를 움직이는 터보팬 엔진의 구조와 과학 원리』(보누스, 2017년).

나카무라 간지, 김정환 옮김, 『비행기 조종 교과서 - 기내식에 만족하지 않는 마니아를 위한 항공 메커니즘 해설』(보누스, 2016년).

노건수, 『항공기 성능』(공간아트, 2009년).

노오현, 『압축성 유체 유동』(박영사, 2004년).

노웅래, 이기주, 『우주발사체공학 개론』(경문사, 2016년).

대학물리학 교재편찬위원회, 『대학물리학 I』(북스힐, 2013년).

박경미, 『수학비타민 플러스』(김영사, 2009년).

배형옥, 「자연을 지배하는 공식 해석한다」, 《과학동아》, Vol. 7, 2001년.

심종수, 원동헌, 『항공기 객실구조 및 안전장비』(기문사, 2007년).

유은희, 「행렬을 이용한 실생활 문제와 해결에 관한 고찰」, 순천대학교 교육대학원, 2003년.

윤용현, 『최신 비행역학』(경문사, 2006년).

윤종호, 『항공정보통신공학』(교학사, 2009년).

이강희, 『계기비행』(비행연구원, 2009년).

이강희, 『비행기 조종학』(비행연구원, 2013년).

이강희, 『운항학 개론』(비행연구원, 2007년).

장선영, 강경묵, 박진규, 이주희, 장성현, 「생활속의 행렬에 대한 연구(Study on the Application of Matrices in the Life)」, 과학고 연구과제 보고서, 한국과학창의재단, 2012년.

장조원, 『하늘에 도전하다』(중앙북스, 2012년).

장조원, 『비행의 시대』(사이언스북스, 2015년).

조용욱, 서욱, 『항공역학』(청연, 2001년).

조원국, 박순영, 문윤완, 남창호, 김철웅, 설우석, 「한국형 발사체 액체로켓 엔진시스템(Liquid Rocket Engine System of Korean Launch Vehicle)」, 《한국추진공학회지》, 제4권, pp.56-64, 2010년.

패트릭 스미스, 김세중 옮김, 『비행기 상식사전』(예원미디어, 2006년).

하윤금, 『모바일콘텐츠 활성화 방안 연구』(커뮤니케이션북스, 2004년).

한국항공우주학회, 『항공 우주학 개론』제6판 (경문사, 2020년).

한병호, 『고교수학이란 무엇인가』(진리세계사, 2003년).

홍용식, 『인공 위성과 우주발사체』(청문각, 1987년).

http://cirrusaircraft.com.

http://www.airliners.net.

http://www.airport.kr.

http://www.hansfamily.kr.

http://www.kari.re.kr.

http://www.narospacecenter.kr.

http://www.nasa.gov.

http://www.koreaaero.com.

https://ko.wikipedia.org.

https://www.wikipedia.org.

도판 저작권

찾아보기

하늘의
과학 항공 우주 과학의 정석

1판 1쇄 펴냄 2021년 6월 15일
1판 2쇄 펴냄 2024년 5월 31일

지은이 장조원
펴낸이 박상준
펴낸곳 ㈜사이언스북스

출판등록 1997. 3. 24.(제16-1444호)
(06027) 서울특별시 강남구 도산대로1길 62
대표전화 515-2000, 팩시밀리 515-2007
편집부 517-4263, 팩시밀리 514-2329
www.sciencebooks.co.kr

ISBN 979-11-91187-07-6 03550